土木工程专业毕业设计指导书

（建筑工程分册）

（第 3 版）

贾莉莉　　陈道政　　江小燕　编

合肥工业大学出版社

图书在版编目(CIP)数据

土木工程专业毕业设计指导书(建筑工程分册)/贾莉莉,陈道政,江小燕编．—合肥:合肥工业大学出版社,2014.8(2015.7重印)

ISBN 978-7-5650-1863-3

Ⅰ.①土… Ⅱ.①贾…②陈…③江… Ⅲ.①土木工程—毕业设计—高等学校—教学参考资料②建筑工程—毕业设计—高等学校—教学参考资料 Ⅳ.①TU

中国版本图书馆 CIP 数据核字(2014)第 128485 号

土木工程专业毕业设计指导书(第 3 版)

(建筑工程分册)

	贾莉莉　陈道政　江小燕　编	责任编辑　陆向军	

出　版	合肥工业大学出版社	版　次	2007 年 3 月第 1 版
地　址	合肥市屯溪路 193 号		2014 年 8 月第 3 版
邮　编	230009	印　次	2015 年 7 月第 6 次印刷
电　话	综合编辑部:0551-62903028	开　本	787 毫米×1092 毫米　1/16
	市场营销部:0551-62903198	印　张	19.5　字　数　465 千字
网　址	www.hfutpress.com.cn	发　行	全国新华书店
E-mail	hfutpress@163.com	印　刷	合肥学苑印务有限公司

ISBN 978-7-5650-1863-3　　　　　　　　定价：39.00 元

如果有影响阅读的印装质量问题,请与出版社发行部联系调换

第3版说明

《土木工程专业毕业设计指导书》一书自2007年3月初版以来,承蒙学术届同行和广大读者的厚爱,已有多家高校采用此书为土木工程类本科生和专科生的教材,使本书的发行量迅速增加。虽然如此,本书出版使用一年来的实践表明,它仍然存在许多不足之处。为了保证本书的先进性和实用性,进行修订是十分必要的。

再版时,根据读者及编写者在实际使用过程中的要求,对本书第2版内容做了适当调整,重点是建筑部分,根据新颁布的《无障碍设计规范》(GB50763—2012)和《中小学校设计规范》(GB50999—2011)修编了相关内容。程曦、罗志远、王倩同学参与了修订工作。

本书虽然经我们认真的修订、补充和校正,但由于我们的理论水平、知识深广度的限制,本书难免存在缺点和错误,真诚希望广大读者批评指正。

编　者

2014年8月于合肥工业大学

前　言

毕业设计是土木工程专业本科培养计划中最后一个教学环节,也是重要的综合性实践教学环节,目的是通过毕业设计培养学生综合应用所学基础课、专业基础课及专业课知识的相应技能,解决土木工程设计问题所需的综合能力和创新能力。毕业设计中学生在指导教师的指导下,独立系统地完成一项工程设计,熟悉相关设计规范、标准图,掌握工程设计中常用的方法,具有实践性、综合性强的特点,对培养学生的综合素质、增强工程概念和创新能力具有其他教学环节无法代替的重要作用。

毕业设计过程包括设计准备、正式设计、毕业答辩三个阶段。设计准备阶段主要是根据设计任务书要求,明确工程特点和设计要求,收集有关资料,拟定设计计划;正式设计阶段需完成设计、结构手算和电算及对比分析等。这一阶段分为:建筑设计、结构设计、施工设计等不同阶段,具体阶段有严格的时间分配,由不同的教师指导;毕业答辩阶段是总结毕业设计过程和成果,使学生深化对有关概念、理论、方法的认识。

学生在毕业设计前,应该了解毕业设计不同阶段要做什么、达到什么标准,形成一个清晰的设计思路。因此,编写本毕业设计指导书,对毕业设计程序、过程、设计步骤、成果表达等进行了简明的论述,并配以实例介绍了建筑设计、结构设计、施工设计中的基本内容和相关设计规范,引导学生顺利完成毕业设计。

本书第一章由贾莉莉编写,第二章由陈道政编写,第三章由江小燕编写。

本书在编写过程中,得到了合肥工业大学土木建筑工程学院、合肥工业大学出版社、吴庆老师、李兰同学、江莉同学、汪运梅同学的支持和帮助,借本书出版之际,作者谨向他们表示衷心的感谢。

由于编者的水平和条件限制,难免挂一漏万,恳请读者批评指正。

编　者

2007 年 3 月

目　录

第 1 章　建筑设计的内容和方法

在毕业设计阶段,建筑设计由方案设计、定稿图绘制和施工图设计三个阶段组成,每个阶段的内容和重点都不同。方案阶段主要是了解设计任务的要求,查找资料,解决功能布置和结构选择;定稿图绘制是选择构造方案,解决结构设计与建筑方案之间的矛盾,并绘制较完整的平、立、剖图,为结构设计提供计算依据;施工图设计是在结构设计及计算完成后,进一步调整建筑方案和构造方案,使建筑、结构设计统一对应,并绘制成符合要求的建筑施工图。

1.1　建筑设计的前期准备

房屋建造是一个复杂的生产过程,在施工前必须综合考虑各种因素,编制出一整套设计施工图纸和文件,用于指导施工,并在房屋建成后,作为正常使用、维护维修的完整资料。因此,做好设计前的准备工作,划分必要的设计阶段,对房屋建造和使用是十分必要的。

1.1.1　编制设计任务书

建设单位(甲方)根据使用要求提出设计委托并编制设计任务书,包括以下内容:

1. 拟建建筑物的名称、建造目的、性质及使用要求。

2. 拟建建筑物的规模、具体使用要求以及各类房间的面积分配,包括建筑面积、层数等。

3. 拟建建筑物基地范围、大小、形状、自然地形;周围原有建筑、道路、环境的现状,并附基地平面图(含道路及建筑红线图)。

4. 对建筑设计的特殊要求。

5. 建筑设计的完成期限和图纸要求。

有时,由于建设单位对专业知识不了解,或是可行性研究不深入,提供的设计任务书内容不能满足设计要求,这时设计者可与建设单位共同编制一个完整的任务书,以满足设计的需要。

1.1.2　收集设计资料

设计人员在熟悉任务书之后,应要求建设单位提供相关设计数据和设计资料。

1. 地质水文资料:拟建场地的地质报告和抗震设防烈度等。

2. 气象资料:即所在地区的温度、湿度、日照、雨雪、主导风向和风速,以及冻土深度等。

3. 设备管线资料:建筑基地给排水、电缆、电信、市政供暖、供气等管线的布置情况及规划的发展性。

4. 与设计项目有关的国家及所在地区的具体规定。如环境影响评估报告、规划日照间距、限高、容积率等。

1.2 民用建筑设计的基本原则

建筑类型有许多种,都需要遵守一些基本原则,即建筑设计规范。如《民用建筑设计通则》、《建筑设计防火规范》、《城市道路和建筑物无障碍设计规范》、《公共建筑节能设计标准》等,都是建筑设计的前提。本节将对民用建筑设计规范里的一些重要内容作概要论述,用于指导建筑设计。

1.2.1 《民用建筑设计通则》部分

1. 基本规定

(1)《民用建筑设计通则》适用于各类新建、扩建和改建的民用建筑,是各类民用建筑必须遵守的共同规则。

(2)建筑耐久年限以建筑物的主体结构确定分为四级:

一级耐久年限:100年以上,适用于纪念性建筑和特别重要的建筑;

二级耐久年限:50~100年,适用于普通建筑和构筑物;

三级耐久年限:25~50年,适用于易于替换结构构件的建筑;

四级耐久年限:15年以下,适用于临时性建筑。

(3)民用建筑高度与层数的划分,有以下规定:

住宅建筑按层数划分为:1~3层为低层;4~6层为多层;7~9层为中高层;10层及10层以上为高层。

公共建筑及综合性建筑总高度超过24m者为高层(不包括高度超过24m的单层主体建筑);建筑物高度超过100m时,不论住宅或公共建筑均为超高层。

(4)建筑热工和节能设计要符合中国建筑气候区划要求,见表1.1所列。

表1.1 不同分区对建筑基本要求

分区名称		热工分区名称	气候主要指标	建筑基本要求
Ⅰ	ⅠA ⅠB ⅠC ⅠD	严寒地区	1月平均气温≤−10℃ 7月平均气温≤25℃ 7月平均相对湿度≥50%	1. 建筑物必须满足冬季保温、防寒、防冻等要求 2. ⅠA、ⅠB区应防止冻土、积雪对建筑物的危害 2. ⅠB、ⅠC、ⅠD区的西部,建筑物应防冰雹、防风沙
Ⅱ	ⅡA ⅡB	寒冷地区	1月平均气温 −10℃~0℃ 7月平均气温 18℃~28℃	1. 建筑物应满足冬季保温、防寒、防冻等要求,夏季部分地区应兼顾防热 2. ⅡA区建筑物应防热、防潮、防暴风雨,沿海地带应防盐雾侵蚀
Ⅲ	ⅢA ⅢB ⅢC	夏热冬冷地区	1月平均气温 0℃~10℃ 7月平均气温 25℃~30℃	1. 建筑物必须满足夏季防热、遮阳、通风、降温要求,冬季应兼顾防寒 2. 建筑物应防雨、防潮、防洪、防雷电 3. ⅢA区应防台风、暴雨袭击及盐雾侵蚀

（续表）

分区名称		热工分区名称	气候主要指标	建筑基本要求
Ⅳ	ⅣA ⅣB	夏热冬暖地区	1 月平均气温 ＞10℃ 7 月平均气温 25℃～29℃	1. 建筑物必须满足夏季防热、遮阳、通风、防雨要求 2. 建筑物应防暴雨、防潮、防洪、防雷电 3. ⅣA 区应防台风、暴雨袭击及盐雾侵蚀
Ⅴ	ⅤA ⅤB	温和地区	7 月平均气温 18℃～25℃ 1 月平均气温 0℃～13℃	1. 建筑物应满足防雨和通风要求 2. ⅤA 区建筑物应注意防寒，ⅤB 区应特别注意防雷电
Ⅵ	ⅥA ⅥB	严寒地区	7 月平均气温 ＜18℃ 1 月平均气温 0℃～－22℃	1. 热工应符合严寒和寒冷地区相关要求 2. ⅥA、ⅥB 应防冻土对建筑物地基及地下管道的影响，并应特别注意防风沙 3. ⅥC 区的东部，建筑物应防雷电
	ⅥC	寒冷地区		
Ⅶ	ⅦA ⅦB ⅦC	严寒地区	7 月平均气温 ≥18℃ 1 月平均气温 －5℃～－20℃ 7 月份平均相对湿度 ＜50％	1. 热工应符合严寒和寒冷地区相关要求 2. 除ⅦD 区外，应防冻土对建筑物地基及地下管道的危害 3. ⅦB 区建筑物应特别注意积雪的危害 4. ⅦC 区建筑物应特别注意防风沙，夏季兼顾防热 5. ⅦD 区建筑物应注意夏季防热，吐鲁番盆地应特别注意隔热、降温
	ⅦD	寒冷地区		

（5）无障碍设计

①居住区道路、公共绿地和公共服务设施应设置无障碍设施，并与城市道路无障碍设施相连接；

②设置电梯的民用建筑的公共交通部位应设无障碍设施；

③残疾人、老年人专用的建筑物应设置无障碍设施。

（6）停车

①新建、扩建的居住区应就近设置停车场（库）或将停车库附建在住宅建筑内。机动车和非机动车停车位数量应符合有关规范或当地城市规划行政主管部门的规定。

②新建、扩建的公共建筑应按建筑面积或使用人数，并根据当地城市规划行政主管部门的规定，在建筑物内或在同一基地内，或统筹建设的停车场（库）内设置机动车和非机动车停车车位。

（7）无标定人数的建筑

①建筑物除有固定座位等标明使用人数外，对无标定人数的建筑物应按有关设计规范或经调查分析确定合理的使用人数，并以此为基数计算安全出口的宽度。

②公共建筑中如为多功能用途，各种场所有可能同时开放并使用同一出口时，在水平方向应按各部分使用人数叠加计算安全疏散出口的宽度，在垂直方向应按楼层使用人数最多一层计算安全疏散出口的宽度。

2. 基地及场地设计

(1)基地应与道路红线相邻接,否则应设基地道路与道路红线所划定的城市道路相连接。

(2)基地地面应按城市规划确定的控制标高设计,并不妨碍相邻各方的排水。

(3)建筑物与相邻基地之间应按建筑防火等要求留出空地和道路;本基地内建筑物和构筑物均不得影响本基地或其他用地内建筑物的日照标准和采光标准。

(4)除城市规划确定的永久性空地外,紧贴基地用地红线建造的建筑物不得向相邻基地方向设洞口、门、外平开窗、阳台、挑檐、空调室外机、废气排出口及排泄雨水。

(5)基地机动车出入口位置应符合下列规定:

与大中城市主干道交叉口的距离,自道路红线交叉点量起不应小于 70m;与人行横道线、人行过街天桥、人行地道(包括引道、引桥)的最边缘线不应小于 5m;距地铁出入口、公共交通站台边缘不应小于 15m;距公园、学校、儿童及残疾人使用建筑的出入口不应小于 20m;当基地道路坡度大于 8%时,应设缓冲段与城市道路连接;与立体交叉口的距离或其他特殊情况,应符合当地城市规划行政主管部门的规定。

(6)大型、特大型的文化娱乐、商业服务、体育、交通等人员密集建筑的基地应至少有一面直接邻接城市道路;至少有两个或两个以上不同方向通向城市道路的(包括以基地道路连接的)出口;建筑物主要出入口前应有供人员集散用的空地,其面积和长宽尺寸应根据使用性质和人数确定;绿化和停车场布置不应影响集散空地的使用,并不宜设置围墙、大门等障碍物。

(7)建筑间距应符合防火规范要求和建筑用房天然采光的要求,并应防止视线干扰。表 1.2～1.6 是几种常见民用建筑的采光系数标准值;有日照要求的建筑,比如住宅,应符合建筑日照标准的要求,并应执行当地城市规划行政主管部门制定的相应的建筑间距规定,表 1.7 和表 1.8 是住宅建筑日照标准和不同方位的折减系数。

表 1.2　居住建筑的采光系数标准值

采光等级	房间名称	侧面采光	
		采光系数最低值 C_{min}(%)	室内天然光临界照度 (1x)
IV	起居室(厅)、卧室、书房、厨房	1	50
V	卫生间、过厅、楼梯间、餐厅	0.5	25

表 1.3　办公建筑的采光系数标准值

采光等级	房间名称	侧面采光	
		采光系数最低值 C_{min}(%)	室内天然光临界照度 (1x)
II	设计室、绘图室	3	150
III	办公室、视屏工作室、会议室	2	100
IV	复印室、档案室	1	50
V	走道、楼梯间、卫生间	0.5	25

表 1.4　学校建筑的采光系数标准值

采光等级	房间名称	侧面采光	
		采光系数最低值 C_{min}（%）	室内天然光临界照度（1x）
Ⅲ	教室、阶梯教室、实验室、报告厅	2	100
Ⅴ	走道、楼梯间、卫生间	0.5	25

表 1.5　图书馆建筑的采光系数标准值

采光等级	房间名称	侧面采光		顶部采光	
		采光系数最低值 C_{min}（%）	室内天然光临界照度（1x）	采光系数平均值 C_{av}（%）	室内天然光临界照度（1x）
Ⅲ	阅览室、开架书库	2	100	—	—
Ⅳ	目录室	1	50	1.5	75
Ⅴ	书库、走道、楼梯间、卫生间	0.5	25	—	—

表 1.6　医院建筑的采光系数标准值

采光等级	房间名称	侧面采光		顶部采光	
		采光系数最低值 C_{min}（%）	室内天然光临界照度（1x）	采光系数平均值 C_{av}（%）	室内天然光临界照度（1x）
Ⅲ	诊室、药房、治疗室、化验室	2	100	—	—
Ⅳ	候诊室、挂号处、综合大厅、病房、医生办公室（护士室）	1	50	1.5	75
Ⅴ	书库、走道、楼梯间、卫生间	0.5	25	—	—

表 1.7　住宅建筑日照标准

建筑气候区划	Ⅰ、Ⅱ、Ⅲ、Ⅵ气候区		Ⅳ气候区		Ⅴ、Ⅵ气候区
	大城市	中小城市	大城市	中小城市	
日照标准日	大　寒　日				冬　至　日
日照时效（h）	≥2		≥3		≥1
有效日照时间带（h）	8～16				9～15
计算起点	底层窗台面（距室内地坪 0.9m 高的外墙位置）				

表 1.8　不同方位间距折减系数

方　　位	0°～15°	15°～30°	30°～45°	45°～60°	>60°
折减系数	1.0L	0.9L	0.8L	0.9L	0.95L

注：1. 表中方位为正南向(0°)偏东、偏西的方位角；

　　　2. L 为当地正南向住宅的标准日照间距(m)。

3. 建筑物设计

(1)建筑平面布局宜具有一定的灵活性,地震区的建筑,平面布置宜规整,不宜错层。

(2)室内净高

室内净高应按楼地面完成面至吊顶、楼板或梁底面之间的垂直距离计算；楼盖、屋盖的下悬构件或管道底面影响有效使用空间者,应按楼底面完成面至下悬构件下缘或管道底面之间的垂直距离计算；地下室、局部夹层、走道等有人员正常活动的最低处的净高不应小于 2m。

(3)厕所、盥洗室、浴室

①建筑物的厕所、盥洗室、浴室不应直接布置在餐厅、食品加工、食品贮存、医药、医疗、变配电等有严格卫生要求或防水、防潮要求用房的上层；除本套住宅外,住宅卫生间不应直接布置在下层的卧室、起居室、厨房和餐厅的上层。

②卫生用房宜有天然采光和不向邻室对流的自然通风,无直接自然通风和严寒及寒冷地区用房宜设自然通风道；当自然通风不能满足通风换气要求时,应采用机械通风。

③公用男女厕所宜分设前室,或有遮挡措施；公用厕所宜设置独立的清洁间。

④卫生设备间距应符合下列规定：洗脸盆或盥洗槽水嘴中心与侧墙面净距不宜小于 0.55m；并列洗脸盆或盥洗槽水嘴中心间距不应小于 0.70m；单侧并列洗脸盆或盥洗槽外沿至对面墙的净距不应小于 1.25m；双侧并列洗脸盆或盥洗槽外沿之间的净距不应小于 1.80m；并列小便器的中心距离不应小于 0.65m；单侧厕所隔间至对面墙面的净距：当采用内开门时,不应小于 1.10m；当采用外开门时不应小于 1.30m；双侧厕所隔间之间的净距：当采用内开门时,不应小于 1.10m；当采用外开门时不应小于 1.30m；单侧厕所隔间至对面小便器或小便槽外沿的净距：当采用内开门时,不应小于 1.10m；当采用外开门时,不应小于 1.30m。

⑤厕所和浴室隔间的平面尺寸不应小于表 1.9 的规定。

表 1.9　厕所和浴室隔间平面尺寸

类　　别	平面尺寸(宽度 m×深度 m)
外开门的厕所隔间	0.90×1.20
内开门的厕所隔间	0.90×1.40
医院患者专用厕所隔间	1.10×1.40
无障碍厕所隔间	1.40×1.70(改建用 1.00×2.00)
外开门淋浴隔间	1.00×1.20
内设更衣凳的淋浴隔间	1.00×(1.00+0.60)
无障碍专用浴室隔间	盆浴(门扇向外开启)2.00×2.25 淋浴(门扇向外开启)1.50×2.35

（4）楼梯

①墙面至扶手中心线或扶手中心线之间的水平距离即楼梯梯段宽度除应符合防火规范的规定外，供日常主要交通用的楼梯的梯段宽度应根据建筑物使用特征，按每股人流为 0.55＋（0～0.15）m 的人流股数确定，并不应少于两股人流，公共建筑人流众多的场所应取上限值。

②梯段改变方向时，扶手转向端处的平台最小宽度不应小于梯段宽度，并不得小于1.20m；当有搬运大型物件需要时应适量加宽。

③每个梯段的踏步不应超过 18 级，亦不应少于 3 级，应采取防滑措施。楼梯踏步的高宽比应符合表 1.10 的规定。

表 1.10　楼梯踏步最小宽度和最大高度(m)

楼 梯 类 别	最小宽度	最大高度
住宅共用楼梯	0.26	0.175
幼儿园、小学校等楼梯	0.26	0.15
电影院、剧场、体育馆、商场、医院、旅馆和大中学校等楼梯	0.28	0.16
其他建筑楼梯	0.26	0.17
专用疏散楼梯	0.25	0.18
服务楼梯、住宅套内楼梯	0.22	0.20

注：无中柱螺旋楼梯和弧形楼梯离内侧扶手中心 0.25m 处的踏步宽度不应小于 0.22m。

④楼梯平台上部及下部过道处的净高不应小于 2m，梯段净高不宜小于 2.20m。注：梯段净高为自踏步前缘（包括最低和最高一级踏步前缘线以外 0.30m 范围内）量至上方突出物下缘间的垂直高度。

⑤楼梯应至少于一侧设扶手，梯段净宽达三股人流时应两侧设扶手，达四股人流时宜加设中间扶手；室内楼梯扶手高度自踏步前缘线量起不宜小于 0.90m。靠楼梯井一侧水平扶手长度超过 0.50m 时，其高度不应小于 1.05m。

⑥托儿所、幼儿园、中小学及少年儿童专用活动场所的楼梯，梯井净宽大于 0.20m 时，必须采取防止少年儿童攀滑的措施，楼梯栏杆应采取不易攀登的构造，当采用垂直杆件做栏杆时，其杆件净距不应大于 0.11m。

（5）电梯、自动扶梯

①电梯不得计作安全出口；以电梯为主要垂直交通的高层公共建筑和 12 层及 12 层以上的高层住宅，每栋楼设置电梯的台数不应少于 2 台；每个服务区单侧排列的电梯不宜超过 4台，双侧排列的电梯不宜超过 2×4 台；电梯不应在转角处贴邻布置；电梯候梯厅的深度应符合表 1.11 的规定，并不得小于 1.50m。

②自动扶梯不得计作安全出口；扶梯上下出入口畅通区的宽度不应小于 2.50m；扶手带顶面距自动扶梯前缘的垂直高度不应小于 0.90m；扶手带外边至任何障碍物不应小于 0.50m，否则应采取措施防止障碍物引起人员伤害；扶手带中心线与平行墙面或楼板开口边缘间的距离、相邻平行交叉设置时两梯（道）之间扶手带中心线的水平距离不宜小于 0.50m，否则应采取措施防止障碍物引起人员伤害。

表 1.11　候梯厅深度

电梯类别	布置方式	候梯厅深度
住宅电梯	单　台	≥B
	多台单侧排列	≥B*
	多台双侧排列	≥相对电梯 B* 之和并＜3.50m
公共建筑电梯	单　台	≥1.5B
	多台单侧排列	≥1.5B*,当电梯群为 4 台时应≥2.40m
	多台双侧排列	≥相对电梯 B* 之和并＜4.50m
病床电梯	单　台	≥1.5B
	多台单侧排列	≥1.5B*
	多台双侧排列	≥相对电梯 B* 之和

注:B 为轿厢深度,B^* 为电梯群中最大轿厢深度。

③自动扶梯的梯级或胶带上空,垂直净高不应小于 2.30m;自动扶梯的倾斜角不应超过 30°,当提升高度不超过 6m,额定速度不超过 0.50m/s 时,倾斜角允许增至 35°;自动扶梯单向设置时,应就近布置相匹配的楼梯。

④设置自动扶梯所形成的上下层贯通空间,应符合防火规范所规定的有关防火分区等要求。

(6)台阶、坡道和栏杆

①公共建筑室内外台阶踏步宽度不宜小于 0.30m,踏步高度不宜大于 0.15m,并不宜小于 0.10m,踏步应防滑;室内台阶踏步数不应少于 2 级,当高差不足 2 级时,应按坡道设置;人流密集的场所台阶高度超过 0.70m 并侧面临空时,应有防护设施。

②室内坡道坡度不宜大于 1∶8,其水平投影长度超过 15m 时,宜设休息平台;室外坡道坡度不宜大于 1∶10;供轮椅使用的坡道不应大于 1∶12,困难地段不应大于 1∶8;自行车推行坡道每段坡长不宜超过 6m,坡度不宜大于 1∶5;坡道应采取防滑措施。

③阳台、外廊、室内回廊、内天井、上人屋面及室外楼梯等临空处应设置防护栏杆,栏杆应以坚固、耐久的材料制作,并能承受荷载规范规定的水平荷载;临空高度在 24m 以下时,栏杆高度不应低于 1.05m,临空高度在 24m 及 24m 以上(包括中高层住宅)时,栏杆高度不应低于 1.10m,栏杆离楼面或屋面 0.10m 高度内不宜留空;住宅、托儿所、幼儿园、中小学及少年儿童专用活动场所的栏杆必须采用防止少年儿童攀登的构造,当采用垂直杆件做栏杆时,其杆件净距不应大于 0.11m;文化娱乐建筑、商业服务建筑、体育建筑、园林景观建筑等允许少年儿童进入活动的场所,当采用垂直杆件做栏杆时,其杆件净距也不应大于 0.11m。

注:栏杆高度应从楼地面或屋面至栏杆扶手顶面垂直高度计算,如底部有宽度大于或等于 0.22m,且高度低于或等于 0.45m 的可踏部位,应从可踏部位顶面起计算。

(7)门窗

①外门构造应开启方便,坚固耐用;手动开启的大门扇应有制动装置,推拉门应有防脱轨的措施;双面弹簧门应在可视高度部分装透明安全玻璃;旋转门、电动门、卷帘门和大型门的邻近应另设平开疏散门,或在门上设疏散门;开向疏散走道及楼梯间的门扇开足时,不应影响走

道及楼梯平台的疏散宽度；全玻璃门应选用安全玻璃或采取防护措施，并应设防撞提示标志；门的开启不应跨越变形缝。

②窗扇的开启形式应方便使用、安全和易于维修、清洗；开向公共走道的窗扇，其底面高度不应低于 2m；临空的窗台低于 0.80m 时，应采取防护措施，防护高度由楼地面起计算不应低于 0.80m；天窗应采用防破碎伤人的透光材料；天窗应便于开启、关闭、固定、防渗水，并方便清洗；低窗台、凸窗等下部有能上人站立的宽窗台面时，贴窗护栏或固定窗的防护高度应从窗台面起计算。住宅窗台低于 0.90m 时，应采取防护措施。

(8)建筑幕墙

①幕墙所采用的型材、板材、密封材料、金属附件的物理性能，如风压变形、雨水渗漏、空气渗透、保温、隔声、耐撞击、平面内变形、防火、防雷、抗震及光学性能等应符合现行的有关标准的规定。

②玻璃幕墙应采用安全玻璃，并应具有抗撞击的性能；与楼板、梁、内隔墙处连接牢固，并满足防火分隔要求；玻璃窗扇开启面积应按幕墙材料规格和通风口要求确定，并确保安全。

4. 室内环境要求

(1)采光要求：建筑物各类用房采光标准除必须计算采光系数最低值外，应按单项建筑设计规范的窗地比确定窗洞口面积。厕所、浴室等辅助房间的窗地比不应小于 1/10，楼梯间、走道等处不应小于 1/14；内走道长度不超过 20m 时至少应有一端采光口，超过了 20m 时应两端有采光口，超过 40m 时应增加中间采光口，否则应采用人工照明；侧墙采光口离地面高度在 0.80m 以下的部分不应计入有效采光面积；侧窗采光口上部有效宽度超过 1m 以上的外廊、阳台等外挑遮挡物，其有效采光面积可按采光口面积的 70% 计算；平天窗采光时，其有效采光面积可按侧面采光口面积的 2.5 倍计算。

(2)通风要求：建筑物室内应有与室外空气直接流通的窗户或开口，否则应设有效的自然通风道或机械通风设置。采用直接自然通风的空间应符合下列规定：生活、工作房间的通风开口面积不应小于该房间地板面积的 1/20，厨房的通风开口面积不应小于其他地板面积的 1/10，并不得小于 0.60m^2。

1.2.2　《建筑设计防火规范》部分

建筑设计应遵守"预防为主，防消结合"的方针，采用先进的防火设计和构造技术，有效防止和减少火灾危害。本节中概要介绍非高层民用建筑的防火设计规范。

1. 民用建筑防火间距：不应小于表 1.12 的规定。

表 1.12　民用建筑的防火间距

防火间距(m)　耐火等级 / 耐火等级	一、二级	三级	四级
一、二级	6	7	9
三级	7	8	10
四级	9	10	12

2. 民用建筑的耐火等级、层数、长度和面积应符合表 1.13 的要求。

(1)歌舞厅、录像厅、夜总会、放映厅、卡拉 OK 厅(含具有卡拉 OK 功能的餐厅)、游艺厅(含电子游艺厅)、桑拿浴室(除洗浴部分外)、网吧等歌舞娱乐放映游艺场所宜设置在一、二级耐火等级建筑内的首层、二层或三层的靠外墙部位,不应设置在袋形走道的两侧或尽端。当必须设置在建筑的其他楼层时,尚应符合下列规定:

①不应设置在地下二层及二层以下。当设置在地下一层时,地下一层地面与室外出入口地坪的高差不应大于 10m。

②一个厅、室的建筑面积不应大于 200m²。

③应设置防烟、排烟设施。对于地下房间、无窗房间或有固定窗扇的地上房间,以及超过 20m 且无自然排烟的疏散走道或有直接自然通风、但长度超过 40m 的疏散内走道,应设机械排烟设施。

(2)建筑物内如设有上下层相连通的走马廊、自动扶梯等开口部位时,应按上、下连通层作为一个防火分区,其建筑面积之和不宜超过表 1.13 的规定。多层建筑的中庭,当房间、走道与中庭相通的开口部位,设有可自动关闭的乙级防火门或防火卷帘;与中庭相通的过厅、通道等处,设有乙级防火门或防火卷帘;中庭每层回廊设有火灾自动报警系统和自动喷水灭火系统;以及封闭屋盖设有自动排烟设施时,可不受表 1.13 之规定限制。

表 1.13　民用建筑的耐火等级、层数、长度和面积

耐火等级	最多允许层数	防火分区间		备　　注
		最多允许长度(m)	每层最大允许建筑面积(m²)	
一、二级	≤9 层 (高≤24m)	150	2500	1. 体育馆、剧院、展览建筑等的观众厅、展览厅的长度和面积可以根据需要确定 2. 托儿所、幼儿园的儿童用房不应设在四层及四层以上
三级	5 层	100	1200	1. 托儿所、幼儿园的儿童用房及儿童游乐厅等儿童活动场所和医院、疗养院的住院部分不应设在三层及三层以上或地下、半地下建筑内 2. 商店、学校、电影院、剧院、礼堂、食堂、菜市场不应超过两层
四级	2 层	60	600	学校、食堂、菜市场、托儿所、幼儿园、医院等不应超过一层

注:1. 重要的公共建筑应采用一、二级耐火等级的建筑。商店、学校、食堂、菜市场如采用一、二级耐火等级的建筑有困难,可采用三级耐火等级的建筑。

2. 建筑物的长度,系指建筑物各分段中线长度的总和。如遇有不规则的平面而有各种不同量法时,应采用较大值。

3. 建筑内设有自动灭火设备时,每层最大允许建筑面积可按本表增加一倍。局部设置时,增加面积可按该局部面积一倍计算。

4. 防火分区间应采用防火墙分隔,如有困难时,可采用防火卷帘和水幕分隔。

5. 托儿所、幼儿园及儿童游乐厅等儿童活动场所应独立建造。当必须设置在其他建筑内时,宜设置独立的出入口。

3. 民用建筑的安全疏散

(1)安全疏散出口

公共建筑和通廊式居住建筑安全出口的数目不应少于两个,但符合下列情况可设一个:

①一个房间的面积不超过 60m² ,且人数不超过 50 人时,可设一扇门;位于走道尽端的房间(托儿所、幼儿园除外)内由最远一点到房门口的直线距离不超过 14m 且人数不超过 80 人时,也可设一个向外开启的门,但门的净宽不应小于 1.4m;歌舞娱乐放映游艺场所的疏散出口不应少于 2 个,当其建筑面积不大于 50m² 时,可设置 1 个疏散出口。

②二、三层的建筑(医院、疗养院、托儿所、幼儿园除外)符合表 1.14 要求时,可设一个疏散楼梯。

表 1.14　设一个疏散楼梯的条件

耐火等级	层　数	每层最大建筑面积(m²)	人　　数
一、二级	二、三层	500	第二层和第三层人数之和不超过 100 人
三　级	二、三层	200	第二层和第三层人数之和不超过 50 人
四　级	二　层	200	第二层人数不超过 30 人

③单层公共建筑(托儿所、幼儿园除外)如面积不超过 200m² 且人数不超过 50 人时,可设一个直通室外的安全门。

④设有不少于两个疏散楼梯的一、二级耐火等级的公共建筑,如顶层局部升高时,其高出部分的层数不超过两层,每层面积不超过 200m² ,人数之和不超过 50 人时,可设一个楼梯,但应另设一个直通平屋面的安全出口。

⑤9 层及 9 层以下,建筑面积不超过 500m² 的塔式住宅,可设一个楼梯;9 层及 9 层以下的每层建筑面积不超过 300m² 且每层人数不超过 30 人的单元式宿舍,可设一个楼梯。

⑥地下、半地下建筑每个防火分区的安全出口数目不应少于 2 个,但面积不超过 50m² ,且人数不超过 10 人时可设一个。当地下、半地下建筑内有 2 个或 2 个以上防火分区相邻布置时,每个防火分区可利用防火墙上一个通向相邻分区的防火门作为第二安全出口,但每个防火分区必须有 1 个直通室外的安全出口。

⑦自动扶梯和电梯不应作为安全疏散设施。

(2)安全疏散距离及疏散宽度

①直接通向公共走道的房间门至最近的外部出口或封闭楼梯间的距离,应符合表 1.15 的要求。

②建筑中的安全出口或疏散出口应分散布置。建筑中相邻 2 个安全出口或疏散出口最近边缘之间的水平距离不应小于 5.0m。疏散楼梯间在各层的平面位置不应改变。

③学校、商店、办公楼、候车(船)室、歌舞娱乐放映游艺场所等民用建筑中的楼梯、走道及首层疏散外门的各自总宽度,均应根据疏散人数,按表 1.16 规定的净宽度指标计算。

④剧院、电影院、礼堂等人员密集的公共场所观众厅的疏散内门和观众厅外的疏散外门、楼梯和走道各自总宽度,均应按不小于表 1.17 的规定计算。

表 1.15　安全疏散距离

名　　称	房门至外部出口或封闭楼梯间的最大距离(m)					
	位于两个外部出口或楼梯间之间的房间			位于袋形走道两侧或尽端的房间		
	耐火等级			耐火等级		
	一、二级	三　级	四　级	一、二级	三　级	四　级
托儿园、幼儿园	25	20	—	20	15	—
医院、疗养院	35	30	20	20	15	—
学　校	35	30	—	22	20	—
其他民用建筑	40	35	25	22	20	15

注：1. 敞开式外廊建筑的房间门至外部出口或楼梯间的最大距离可按表增加 5m。

2. 设自动喷水灭火系统的建筑物，其安全疏散距离的可按表增加 25%。

3. 房间门至最近的非封闭楼梯间的距离，如房间位于两个楼梯间之间时，应按表减少 5m；如房间位于袋形走道两侧或尽端时，应按表减少 2m。

4. 不论采用何种形式的楼梯间，房间内最远一点到房门的距离，不应超过表中规定的袋形走道两侧或尽端的房间从房门到外部出口或楼梯间的最大距离。

表 1.16　楼梯门和走道的净宽度指标(m/百人)

层　　数	耐　火　等　级		
	一、二级	三　级	四　级
一、二层	0.65	0.75	1.00
三　层	0.75	1.00	—
>四层	1.00	1.25	—

注：1. 每层疏散楼梯的总宽度应按本表规定计算。当每层人数不等时，其总宽度可分层计算，下层楼梯的总宽度按其上层人数最多一层的人数计算。

2. 每层疏散门和走道的总宽度应按本表规定计算。

3. 底层外门的总宽度应按该层或该层以上人数最多的一层人数计算，不供楼上人员疏散的外门，可按本层人数计算。

4. 录像厅、放映厅的疏散人数应根据该场所的建筑面积按 1.0 人/m² 计算；其他歌舞娱乐放映游艺场所的疏散人数应根据该场所建筑面积按 0.5 人/m² 计算。

表 1.17　电影院、体育馆疏散宽度指标

名　称 宽度指标 (m/百人) 疏散部位		电影院疏散宽度指标		体育馆疏散宽度指标		
		观众厅座位数(个)				
		≤2500	≤1200	3000~5000	5001~10000	10001~20000
		耐火等级				
		一、二级	三　级	一、二级	一、二级	一、二级
门和走道	平坡地面	0.65	0.85	0.43	0.37	0.32
	阶梯地面	0.75	1.00	0.50	0.43	0.37
楼　　梯		0.75	1.00	0.50	0.43	0.37

⑤人员密集的公共场所、观众厅的疏散门不应设置门槛,其净宽度不应小于 1.4m,且紧靠门口内外各 1.4m 范围内不应设置踏步。人员密集的公共场所的室外疏散小巷的,其宽度不应小于 3m。

(3)疏散楼梯间

①公共建筑的室内疏散楼梯宜设置楼梯间。医院、疗养院的病房数、设有空气调节系统的多层旅馆和超过 5 层的其他公共建筑的室内疏散楼梯均应设置封闭楼梯间(包括底层扩大封闭楼梯间);塔式住宅超过 6 层时宜设封闭楼梯间,如户门采用乙级防火门则可不设。公共建筑门厅的主楼梯如不计入总疏散宽度,可不设楼梯间;设有歌舞娱乐放映游艺场所且超过 3 层的地上建筑,应设置封闭楼梯间。

②疏散楼梯间的底层处应设置直接对外的出口。当层数不超过 4 层时,将对外出口布置在离楼梯间不超过 15m 处。

③疏散楼梯的总宽度应根据 m/百人进行计算,每座楼梯的梯段最小宽度不应小于 1.10m;不超过 6 层的单元式住宅中一边设有栏杆的疏散楼梯,其最小宽度可不小于 1m;疏散用楼梯和疏散通道上的阶梯,不应采用螺旋楼梯和扇形踏步,但踏步上下两级所形成的平面角度不超过 10°,且每级离扶手 25cm 处的踏步深度超过 22cm 时可不受此限制。

1.2.3 《无障碍设计规范》部分

无障碍设计主要是为部分肢体、感知和认知方面有障碍的人群创造正常生活和参与社会活动的便利条件,在城市道路和建筑物的新建、扩建和改建设计中要充分贯彻无障碍设计理念。

1. 无障碍设计的部位可参照表 1.18 的原则

表 1.18　建筑物设计内容

建　筑　类　型	执行本规范范围	基　本　要　求
政府及纪念性建筑(政府及司法部门办公楼,集会、纪念建筑场馆等)	接待部门及公共活动区	无障碍相应措施
文化、娱乐、体育建筑(图书馆、美术馆、博物馆、文化馆、影剧院、游乐场、体育场馆等)	公共活动区	1. 无障碍相应设施 2. 主要阅览室、观众厅等应设无障碍席位 3. 根据需要设无障碍演出或比赛的相应的设施
商业服务建筑(大型商场、百货公司、零售网点、餐饮、邮电、银行等)	营业区	1. 无障碍相应设施 2. 大型商业服务楼应设无障碍电梯 3. 中小型商业服务楼出入口应设无障碍坡道
宿舍及旅馆建筑	公共活动区及部分客房	1. 无障碍相应设施 2. 宿舍及旅馆根据需要设无障碍房间
医疗建筑(医院、疗养院、门诊所、保健及康复机构)	病患者使用的范围	无障碍相应设施
交通建筑(汽车站、火车站、地铁站、航空港、轮船客运站等)	旅客使用的范围	1. 无障碍相应设施 2. 提供无障碍通行的路线

注:无障碍相应设施指各类建筑为公众设的通路、坡道、入口、楼梯、电梯、座席、电话、饮水机、售品、厕所、浴室等设施。具体设施内容可根据实际使用需要确定。

2. 无障碍设计的交通部位

(1)建筑入口

①建筑入口为无障碍入口时,入口室外的地面坡度不应大于1:20。

②公共建筑与高层、中高层居住建筑入口设台阶时,必须设轮椅坡道和扶手。

③大中型公共建筑入口轮椅通行平台最小宽度应≥2.00m,小型公共建筑入口轮椅通行平台最小宽度应≥1.50m。

④供残障人使用的出入口室内外地面宜相平,如室内外地面有高差时,应采用坡道连接;出入口的内外,应留有不小于1.50m×1.50m平坦的轮椅回转面积;出入口设有两道门时,门扇开启时两道门的间距不应小于1.50m。

(2)无障碍轮椅坡道

①不同位置的坡道,其坡度和宽度应符合表1.19的规定。

表 1.19　不同位置的坡道坡度和宽度

坡道位置	最大坡度	最小宽度(m)
有台阶的建筑入口	1:12	≥1.2
只设坡道的建筑入口	1:20	≥1.5
室内走道	1:12	≥1.0
室外通路	1:20	≥1.5
困难地段	1:10～1:8	≥1.2

②坡道在不同坡度情况下,坡道高度和水平长度应符合表1.20的规定。

表 1.20　不同坡度高度和水平长度

坡　　度	1:20	1:16	1:12	1:10	1:8
最大高度(m)	1.20	0.90	0.75	0.60	0.30
水平长度(m)	24.00	14.40	9.00	6.00	2.40

③坡道起点、终点和中间休息平台的水平长度不应小于1.50m,如图1.1所示。

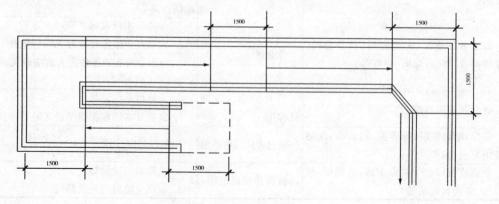

图 1.1　坡道示例

（3）无障碍通道和门：室内走道不应小于 1.20m，人流较集中的大型公共建筑室内走道宽度不宜小于 1.80m，室外通道不宜小于 1.50m；无障碍门的设置不宜弹簧门、玻璃门，自动门开启后通行净宽度不应小于 1.00m，平开门、推拉门、折叠门开启后的通行净宽度不宜小于 900mm，在门扇内外应留有直径不小于 1.50m 的轮椅回转空间。

（4）无障碍楼梯、台阶及扶手：公共建筑无障碍楼梯宜为直线形楼梯，楼梯的踏步宽度不应小于 280mm，踏步高度不应大于 160mm，宜在两侧均做扶手；室内外台阶踏步宽度不宜小于 300mm，踏步高度宜在 100mm～150mm 之间；三级及三级以上的台阶应在两侧设置扶手；楼梯和台阶上行及下行的第一阶在颜色或材质上与平台需有明显的区别。无障碍单层扶手的高度应为 850mm～900mm，无障碍双层扶手的上层扶手高度应为 850mm～900mm，下层扶手高度应为 650mm～700mm。扶手应保持连贯，靠墙面扶手的起点和终点处应水平延伸不小于 300mm 的长度，如图 1.2 所示。

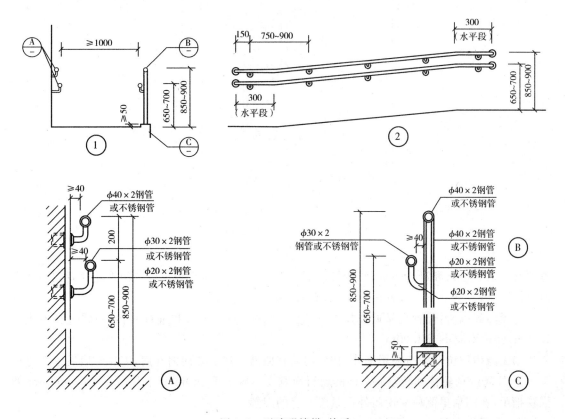

图 1.2　无障碍楼梯、扶手

（5）无障碍电梯：候梯厅深度不宜小于 1.50m，公共建筑及设置病床梯的候梯厅深度不宜小于 1.80m。轿厢的规格应依据建筑性质和使用要求的不同而选用，最小规格深度不应小于 1.40m，宽度不应小于 1.10m；中型规格深度不应小于 1.60m，宽度不应小于 1.40m。医疗建筑与老人建筑宜选用病床专用电梯。

（6）无障碍厕位及无障碍厕所如图 1.3 所示。

①女厕所的无障碍设施包括至少 1 个无障碍厕位和 1 个无障碍洗手盆；男厕所的无障碍设施包括至少 1 个无障碍厕位、1 个无障碍小便器和 1 个无障碍洗手盆，厕所的入口和通道应

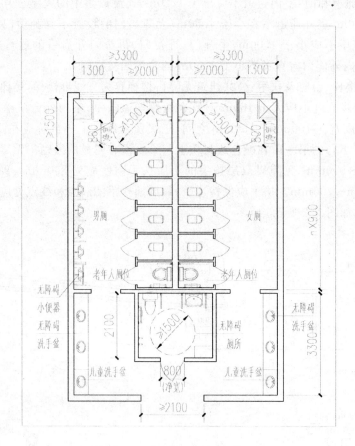

图 1.3　无障碍厕位及无障碍厕所

方便乘轮椅者进入和进行回转,回转直径不小于 1.50m;无障碍厕位应方便乘轮椅者到达和进出,尺寸宜做到 2.00m×1.50m,不应小于 1.80m×1.00m。

②无障碍厕所:位置宜靠近公共厕所,应方便乘轮椅者进入和进行回转;回转直径不小于 1.50m,面积不应小于 4.00m²。

当无障碍厕位及厕所采用平开门时,门扇宜向外开启。如向内开启,需在开启后留有直径不小于 1.50m 的轮椅回转空间。门的通行净宽度不应小于 800mm,平开门应设高 900mm 的横扶把手,在门扇里侧应采用门外可紧急开启的门锁。

(7)无障碍客房及无障碍住房

①宾馆等公共建筑设置无障碍客房时,应位于便于到达、进出和疏散的位置。房间内应有空间能保证轮椅进行回转,回转直径不小于 1.50m;且客房内的卫生间应符合无障碍的相关要求,如图 1.4 所示。

②住宅、公寓、宿舍等居住建筑都需要设置无障碍住房(宿舍)。单人卧室面积不应小于 7.00m²,双人卧室面积不应小于 10.50m²;兼起居室的卧室面积不应小于 16.00m²,起居室面积不应小于 14.00m²;厨房面积不应小于 6.00m²,如图 1.5 所示。

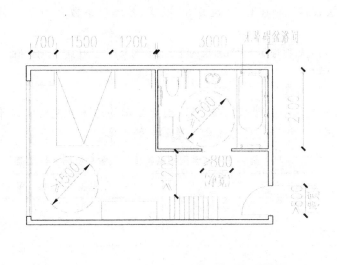

图 1.4　无障碍客房

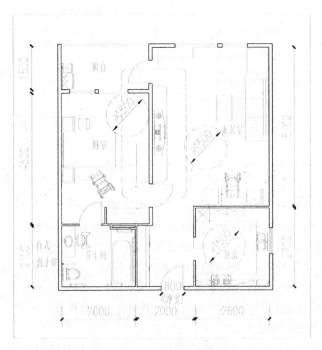

图 1.5　无障碍住房

1.2.4　《公共建筑节能设计标准》部分

改善建筑室内环境,提高能源利用效率,已成为建筑设计和建造的重要内容。目前国家颁布了适用于新建、改建和扩建建筑的节能设计标准,本节将重点介绍公共建筑节能设计的一般规定。

1. 建筑总平面布置

建筑布局宜利用冬季日照并避开冬季主导风向,利用夏季自然通风。建筑的主朝向宜选择本地区最佳朝向或接近最佳朝向。

　　建筑物体形系数宜控制在 0.30 及 0.30 以下；若体形系数大于 0.30，则屋顶和外墙应加强保温。

　　注：建筑体型系数：建筑物与室外大气接触的外表面积与其所包围的体积的比值。外表面积中，不包括地面和不采暖楼梯间隔墙和户门的面积。

　　2. 围护结构热工设计

　　(1)根据建筑所处城市的建筑气候分区、围护结构的热工性能要满足不同的规范要求，表1.21 为夏热冬冷地区围护结构传热系数和遮阳系数限值。

表 1.21　夏热冬冷地区围护结构传热系数和遮阳系数限值

围护结构部位		传热系数 K　W/(m² · K)	
屋　面		≤0.70	
外墙(包括非透明幕墙)		≤1.0	
底面接触室外空气的架空或外挑楼板		≤1.0	
外墙(包括透明幕墙)		传热系数 K W/(m² · K)	遮阳系数 SC (东、南、西向/北向)
单一朝向外窗 (包括透明幕墙)	窗墙面积比≤0.2	≤4.7	—
	0.2＜窗墙面积比≤0.3	≤3.5	≤0.55/—
	0.3＜窗墙面积比≤0.4	≤3.0	≤0.50/0.60
	0.4＜窗墙面积比≤0.5	≤2.8	≤0.45/0.55
	0.5＜窗墙面积比≤0.7	≤2.5	≤0.40/0.50
屋顶透明部分		≤3.0	≤0.40

　　注：有外遮阳时，遮阳系数＝玻璃遮阳系数×外遮阳的遮阳系数；无外遮阳时，遮阳系数＝玻璃的遮阳系数

　　(2)建筑每个朝向的窗(包括透明玻璃)墙面积比均不应大于 0.70，当窗(包括透明幕墙)墙面积比小于 0.40 时，玻璃(或其他透明材料)的可见光透射比不应小于 0.40。

　　(3)屋顶透明部分的面积不应大于屋顶总面积的 20%。

　　(4)外窗的可开启面积不应小于窗面积的 30%；透明幕墙应具有可开启部分或设有通风换气装置。

　　注：当建筑围护结构热工设计不能满足上述规定时，应进行权衡判断。

　　3. 冬季保温和夏季防热

　　(1)公共建筑，在严寒地区出入口处应设门斗或热风幕等避风设施；在寒冷地区出入口处宜设门斗或热风幕等避风设施；建筑物外部窗户面积不宜过大；应减少窗户缝隙长度，并采取密闭措施；围护结构的构造设计应考虑防潮要求。

　　(2)建筑物的夏季防热应采取自然通风、窗户遮阳、围护结构隔热和环境绿化等综合性措施；建筑物的总体布置，单体的平、剖面设计和门窗的设置，应有利于自然通风，并尽量避免主要房间受东、西向的日晒；建筑物的向阳面，特别是东、西向窗户，应采取有效的遮阳措施；在建筑设计中，宜结合外廊、阳台、挑檐等处理方法达到遮阳目的；屋顶和东、西向外墙的内表面温度，应满足隔热设计标准的要求；为防止潮霉季节湿空气在地面冷凝泛潮，居室、托幼园所等场

所的地面下部宜采取保温措施或架空做法。

1.2.5　建筑面积计算方法

1. 单层建筑物的建筑面积,应按其外墙勒脚以上结构外围水平面积计算,并应符合下列规定:

　　(1)单层建筑物高度在 2.20m 及以上者应计算全面积;高度不足 2.20m 者应计算 1/2 面积。

　　(2)利用坡屋顶内空间时净高超过 2.10m 的部位应计算全面积;净高在 1.20m 至 2.10m 的部位应计算 1/2 面积;净高不足 1.20m 的部位不应计算面积。

2. 单层建筑物内设有局部楼层者,局部楼层的二层及以上楼层,有围护结构的应按其围护结构外围水平面积计算,无围护结构的应按其结构底板水平面积计算。层高在 2.20m 及以上者应计算全面积;层高不足 2.20m 者应计算 1/2 面积。

3. 多层建筑坡屋顶内和场馆看台下,当设计加以利用时净高超过 2.10m 的部位应计算全面积;净高在 1.20m 至 2.10m 的部位应计算 1/2 面积;当设计不利用或室内净高不足 1.20m 时不应计算面积。

4. 地下室、半地下室(车间、商店、车站、车库、仓库等),包括相应的有永久性顶盖的出入口,应按其外墙上口(不包括采光井、外墙防潮层及其保护墙)外边线所围水平面积计算。层高在 2.20m 及以上者应计算全面积;层高不足 2.20m 者应计算 1/2 面积。

5. 建筑物的门厅、大厅按一层计算建筑面积。门厅、大厅内设有回廊时,应按其结构底板水平面积计算。层高在 2.20m 及以上者应计算全面积;层高不足 2.20m 者应计算 1/2 面积。

6. 建筑物间有围护结构的架空走廊,应按其围护结构外围水平面积计算。层高在 2.20m 及以上者应计算全面积;层高不足 2.20m 者应计算 1/2 面积。有永久性顶盖无围护结构的应按其结构底板水平面积的 1/2 计算。

7. 建筑物外有围护结构的落地橱窗、门斗、挑廊、走廊、檐廊,应按其围护结构外围水平面积计算。结构层高在 2.20m 及以上者应计算全面积;结构层高不足 2.20m 者应计算 1/2 面积。

8. 建筑物顶部有围护结构的楼梯间、水箱间、电梯机房等,设有围护结构不垂直于水平面而超出底板外沿的建筑物,应按其底板面的外围水平面积计算。层高在 2.20m 及以上者应计算全面积,层高不足 2.20m 者应计算 1/2 面积。

9. 建筑物内的室内楼梯间、电梯井、观光电梯井、提物井、管道井、通风排气竖井、垃圾道、附墙烟囱应按建筑物的自然层计算;雨篷结构的外边线至外墙结构外边线的宽度超过 2.10m 者,应按雨篷结构板的水平投影面积的 1/2 计算;室外楼梯应按建筑物自然层的水平投影面积的 1/2 计算;主体结构内的阳台,按其结构外围水平面积计算全面积,主体结构外的阳台,按其结构底板水平投影面积计算 1/2 面积;有顶盖无围护结构的车棚、货棚、站台、加油站、收费站等,应按其顶盖水平投影面积的 1/2 计算。

10. 以幕墙作为围护结构的建筑物,应按幕墙外边线计算建筑面积。

11. 建筑物内的变形缝,应按其自然层合并在建筑物面积内计算。

12. 建筑物的外墙外保温层,按保温材料水平截面积计算,计入自然层建筑面积。

1.3　建筑设计的几个阶段

1.3.1　方案设计

方案设计是建筑设计的第一个阶段,是在前期准备工作的基础上,合理布置总平面,组合内部使用功能,选择结构方案,确定房间高度,构思建筑体型及立面形象。

1. 建筑平面设计

建筑平面由使用部分和交通联系部分组成。

(1)使用部分的平面设计

使用部分的房间又分为主要使用房间(包括生活用房、工作用房和公共活动用房)和辅助房间。

住宅、宿舍中的起居室、卧室,旅馆、招待所中的客房、餐厅,教学楼里的教室、实验室,办公楼里的办公室,医院建筑的病房、疗养室等属于主要使用房间,平面常采用矩形,与结构柱网尺寸相对应,设计时应考虑有较好的朝向和采光与通风,并布置室内各种活动空间与家具。

文娱、体育、展览、集会等活动所用的观众厅、比赛厅、展览厅等属于公共活动用房。由于使用人数多,功能复杂,需要解决视线、声学、安全疏散、采光照明及大跨度结构等诸多问题。平面上常采用圆形、梯形、多边形等多种平面形状。

属于辅助活动用的有公共建筑浴室、厕所、盥洗室等,由于上、下管道多,平面布置应尽量集中,与主要房间既要联系方便,又要适当隔离和隐蔽,而且采光、通风要好;属于服务供应用的厨房、设备机房等应按工艺过程、操作要求及设备情况进行设计;有贮藏功能的衣帽间、贮藏室等房间,应满足贮藏需要及物品进出方便的要求。总之,辅助房间应尽量利用建筑物的暗间、夹层及不利朝向,并节约面积。

(2)交通联系部分的平面设计

建筑物交通联系部分设计不仅关系到建筑物内部联系通行是否方便,而且直接影响工程造价、平面组合方式等。交通联系部分力求路线简洁明确,利于疏散,在节约面积的同时兼顾空间的造型处理等。

建筑物内部交通联系部分可分为以下几个方面:

①水平交通联系部分——走廊、过道、连廊,其宽度应满足人流通畅和建筑防火的要求。图1.6为一般走道的宽度。人员密集的建筑,如剧院、体育馆等的走道宽度要根据其相应的百人疏散指标计算得出,见表1.17所列。

②垂直交通联系部分——楼梯、坡道、电梯和自动扶梯

楼梯位置及各部分尺寸的确定应满足《民用建筑设计通则》和建筑防火的要求。坡道一般用于有大量人流出入的场所、有无障碍设计要求的建筑和有车通行之处;电梯通常在人群密集的多层、高层建筑及一些有特殊要求的建筑中使用,如医院、疗养院等。此外,电梯设计中要注意地坑和机房的设置,如图1.7所示。施工图设计时,应以所选电梯厂的产品样本为准。

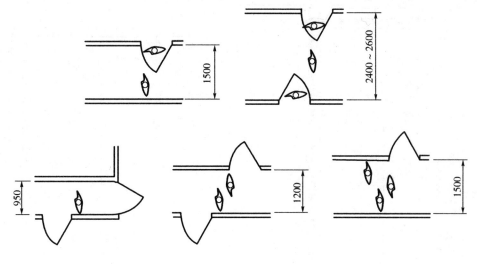

图 1.6　建筑走道宽度

表 1.22　电梯主要参数及规格尺寸

电梯类型	载重量（kg）	载客量（人）	速度（m/s）	井道尺寸（mm）		机 房 尺 寸			
				宽 C	深 D	面积 S（m²）	宽 R（mm）	深 T（mm）	高 H（mm）
乘客电梯	620	8	0.63 1.00 1.60 2.50	1800	2100	15**	2500*	3700*	2200*
	800	10		1900	2300	15 18*	2500 2800*	3700 4900*	2200 2800*
	1000	13		2400	2300	20	3200	4900	2400 2800*
	1250	16		2600	2300	22	3200	4900	2400 2800*
	1600	21		2600	2600	25	3200	5500	2800
住宅电梯	400	5	0.63 1.00 1.60 2.50	旁开门 1600 中分门 1800	1600	7.5～10	2200	3200	2000*
	630	8			2100	10～14	2200 2800	3700	2200*
	1000	10			2600	12～16	2200 2800	4200	2600*

注：机房尺寸 R 和 T 系最小尺寸，实际尺寸应确保机房面积不小于 S（机房面积中未含直流发电机组面积）。

　* 对乘客电梯，尺寸仅适用于速度 2.5m/s 的电梯。对住宅电梯速度 0.63、1.0m/s 的为 2000；速度 1.60、2.50m/s 的分别为 2200、2600。

　** 尺寸不适用于非标准电梯。

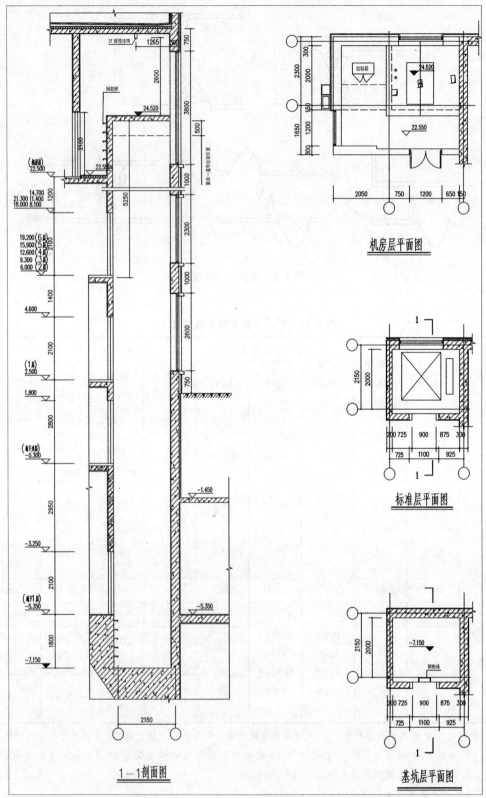

图 1.7 电梯图

自动扶梯适用于有频繁而连续人流的车站、码头、地铁、航空港、商场及公共大厅等处。自动扶梯可正、逆向运行,在停机时,亦可作临时楼梯使用,但不能作为疏散楼梯。

③交通联系枢纽——门厅、过厅等

门厅是建筑物主要出入口处内外过渡、人流集散的交通枢纽,与走道、楼梯和房间联系。在一些公共建筑中,门厅除了交通联系外,还兼有其他功能要求。如旅馆门厅中的服务台、问讯处、小卖部等,医院门厅中的挂号、收费、取药等。门厅面积大小主要是由建筑物的使用性质和规模决定的。如中小学的门厅面积为每人 0.06~0.08m²,电影院的门厅面积按每座不小于0.13m² 计算,门诊部的门厅由于考虑挂号、取药等活动,面积一般以 10%~15% 的门诊人次,每人以 0.8m² 来计算。门厅对外出入口的总宽度不应小于通向该门厅的过道、楼梯宽度的总和。出入口应采用外开门或弹簧门。

同时,门厅内外的空间组合和建筑造型也是设计中的重要内容。通常在门厅之外要有台阶、坡道、雨篷、门廊等过渡空间。

过厅通常设在走廊之间、走廊与楼梯的连接处、公共活动房间外,起到转折和人流缓冲过渡的作用。有时为了改善走廊的自然采光、通风条件,也在走廊的中部设置过厅。

(3)建筑平面的组合设计

建筑平面的组合设计应注意以下几点:

①平面组合设计要考虑基地的大小、形状、地势、周围道路的走向,以及建筑物的间距和朝向,并兼顾建筑艺术形象。

②建筑物的各个使用空间应根据使用性质及联系的紧密程度进行分组、分区。设计中可以借助功能气泡图来分析,图 1.8 为一法院的功能气泡图。

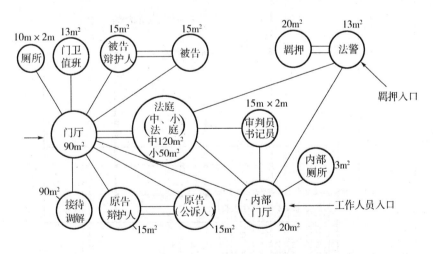

图 1.8　功能气泡图

③要注意功能布局与结构布置的关系。框架结构的柱网尺寸应和主要使用房间的尺寸相对应,面积较大、层高较高、跨度较大的房间可采用各种形式的空间结构体系。

④注意变形缝处的结构布置方式,特别是沉降缝处。由于沉降缝是从基础底面断开,所以上部结构要考虑缝两侧基础之间足够的间距,图 1.9(a)、(b)是沉降缝处两种基础的处理方式。

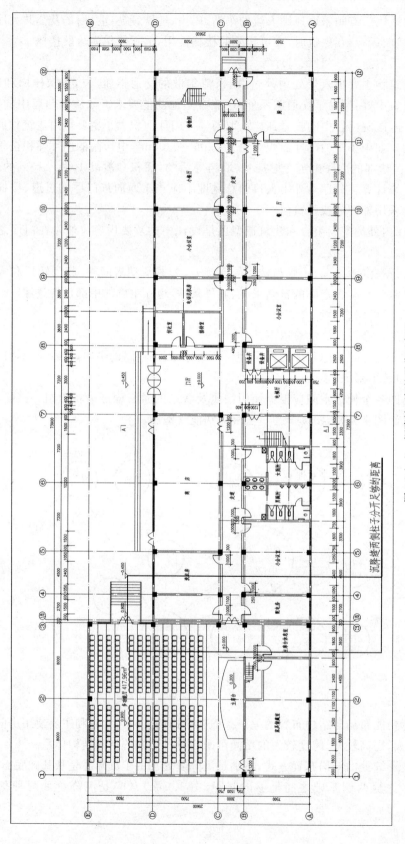

图 1.9（a）　沉降缝两侧柱子分开布置

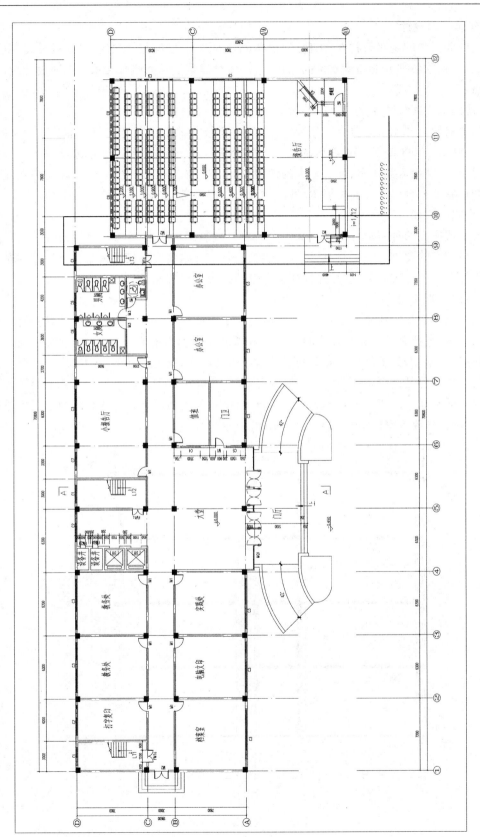

图 1.9（b）　沉降缝两侧柱子错开布置

2. 建筑剖面设计

建筑剖面反映的是建筑物在垂直方向上各部分的结构、空间组合关系,剖面设计需要确定建筑层数、建筑物各部分的高度及不同结构、不同体量建筑空间的组合关系。剖面设计应注意以下几点:

(1)房间的空间尺寸比例

房间的空间尺寸比例应符合使用要求,比如普通教室的平面长宽比例不宜大于 3∶2,高度宜为 3600mm、3900mm;宾馆客房的开间不宜小于 3600mm,高度不宜小于 3000mm;对于有视听要求,且室内人数较多、面积较大的使用房间,如学校的阶梯教室、电影院的观众厅等,其高度和形状要综合许多方面的因素,并经过计算才能确定。

(2)房间的高度

有层高或净高两种表示方式。层高为净高加上建筑的结构高度(如梁板的高度),设计时要注意满足净空的要求。特别是对于室内人数较多的房间,高度不仅要满足家具设备的布置,而且要满足一定的空气容量,这是保证环境质量的一个重要方面。

(3)室内采光和通风

房间内光线的强弱和照度是否均匀,除了与平面中窗户的宽度和位置有关外,还和窗户在剖面中的位置、高低有关。光线在房间里的照射深度与窗上沿的高度成正比。对光线有特殊要求的房间,如展厅,为了避免眩光和利于用墙面布置展品,窗上沿和下沿的高度会有所变化。

房间的通风也是剖面设计的一个重要内容,但在设计中往往关注采光而忽视了通风,造成室内空气质量不好。比如在内廊式的办公或教学楼中,如果利用走廊处的高窗和门组织通风,就可以促进通风,改善室内空气质量,如图 1.10 所示。

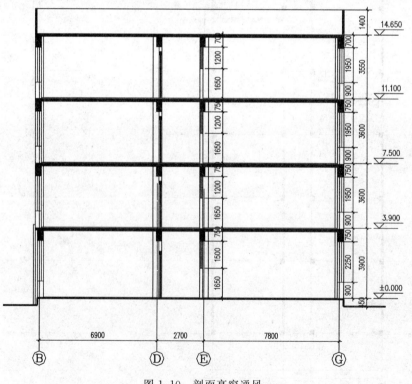

图 1.10　剖面高窗通风

（4）结构体系和设备布置

剖面设计是建筑图对结构系统的一个整体反映,剖面中表达梁、板、柱等结构构件,表达空调系统和消防系统等布置,是建筑设计和结构设计融合的一个重要步骤。

（5）建筑空间组合原则

①高度相同、使用性质接近或相同的房间,如教学楼中的普通教室、实验室等,应组合在同一层。

②高度相差不大、使用关系密切的房间,可调整房间之间的高差,统一高度,使结构合理,施工方便。

③高度相差较大的房间,可以采用脱开或毗邻的方式布置,也可以采用夹层的方式。

3. 建筑立面设计

建筑立面设计的重点:

（1）根据初步确定的房屋平、剖面组合关系,绘出建筑各个方向立面的基本轮廓。

（2）推敲立面各部分的比例关系和材质对比,调整墙面处理和门窗布置,符合建筑形式美的原则。

（3）对入口、雨篷、建筑装饰等进行细部处理。特别要注意门窗、幕墙的分格,既要美观,又要按照材料规格和采光通风要求设计。

图 1.11(a)、(b)是两个建筑立面的表达方式。

1.3.2　定稿图绘制

在实际工程中,方案设计是一个完整的设计阶段,但在毕业设计中将方案图绘制作为一个相对独立的阶段,称之为定稿图绘制,绘制建筑主要的平、立、剖图,作为下一阶段结构设计、计算的依据。图纸可以表达到以下的深度:

1. 总平面图:表明建筑物在基地内的位置、方向,以及道路、绿化的布置等。常用比例为1:500~1:2000。

2. 建筑主要平面及剖、立面:标出建筑的主要尺寸、房间面积、部分室内家具和设备布置。常用比例为 1:100~1:200。

3. 说明书:介绍方案概况及主要技术经济指标。

1.3.3　施工图设计

在结构设计、计算阶段完成后,深化建筑设计和构造设计,最终完成施工图设计。

1. 调整尺寸

施工图是为现场施工服务的,图中尺寸要完全而准确,且考虑建筑模数及施工方便的要求。如在砖砌墙体中,小于 1000mm 宽的墙,其宽度的确定应符合砖的模数,以方便施工。

2. 确定构造

构造设计即选择合适的建筑材料,确定合理的构造层次和节点作法。如窗台、檐口、台阶、栏杆、变形缝等,如图 1.12 为外墙构造详图。此外,有许多常用的标准图和通用图,即国标和省标,在设计中可以根据具体情况选用。

3. 解决各专业之间的矛盾

在设计中各工种因考虑问题的角度不同,难免会产生一些矛盾,各专业在方案设计和施工图设计中相互配合才能避免施工图中的"错"、"漏"、"碰"、"缺"。

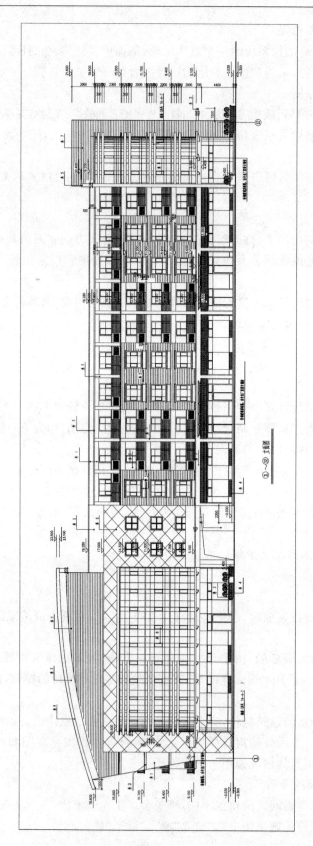

图1.11（a）　建筑物立面表达方式

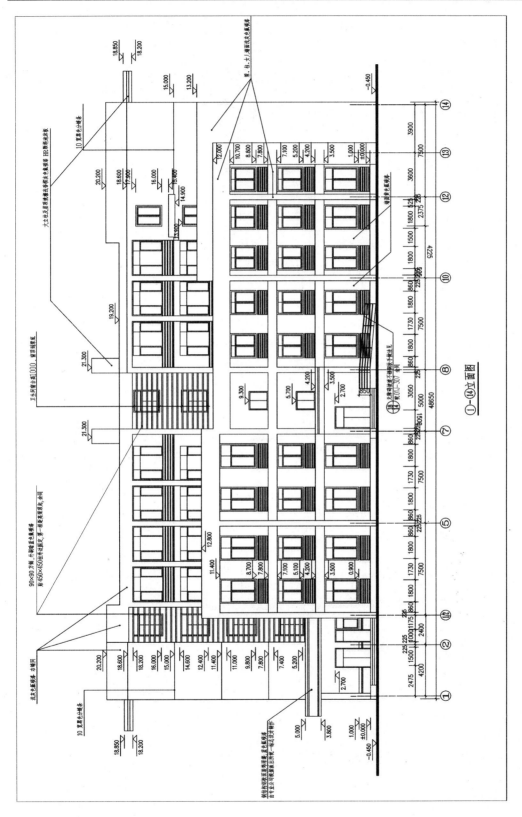

图1.11（b）　某办公楼立面施工图

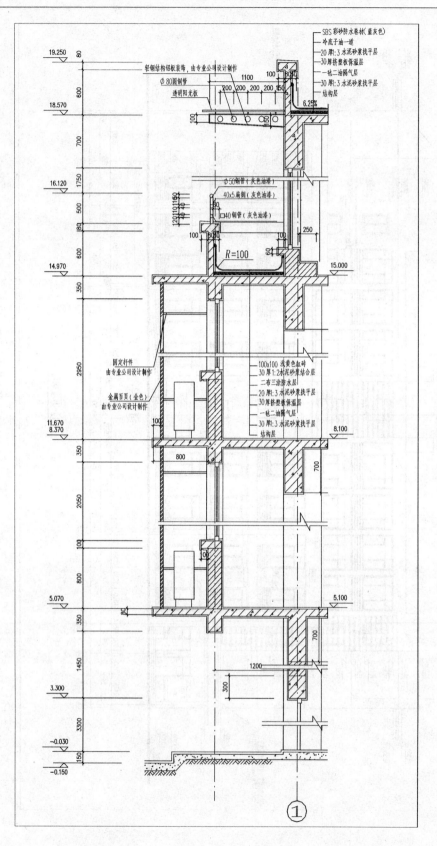

图 1.12 外墙构造详图

4．绘制施工图

建筑施工图是包括图纸、计算书等完整的设计文件，毕业设计中建筑施工图相对简单一些，有以下内容即可：

（1）图纸目录：施工图名称、图号及所选用标准图集的名称及编号。

（2）门窗总汇表：门窗编号、洞口尺寸、樘数等。

（3）总平面图：图中应详细标明基地内建筑物、道路、设施等所在具体位置的尺寸、标高，并附必要的说明。常用图纸比例为 1∶500，建筑基地较大时，也可用 1∶1000、1∶2000。

（4）各层建筑平面图、各个立面图和必要的剖面图。常用的比例为 1∶100～1∶50。

（5）构造详图：主要为檐口、墙身和各构件的连接点、楼梯、门窗以及各部分的装饰大样等。根据需要可采用 1∶1、1∶5、1∶10、1∶20 等比例。

1.4　几种常见建筑类型的设计

1.4.1　办公建筑设计

1．例题

题目：某公司商务综合楼

（1）建筑面积：5500～6000m²

（2）工程概况

某公司拟在市区某地块建造一幢综合办公大楼，建筑层数在六层左右，其中底层和二层主要为展销大厅和对外商业及商务用房，其他层为写字间，供对外出租。采用框架结构，建筑体型可为单一型或组合型（根据具体情况灵活安排），室外有停车场及绿化布置。

（3）基地平面

用地范围内基本平坦，用地西、北、南三侧均有城市现状道路。其中南侧道路为较主要的干道，西侧为一次要干道，基地西面有一座公园，如图 1.13 所示。

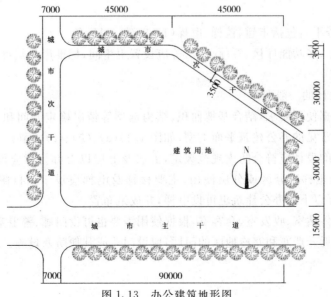

图 1.13　办公建筑地形图

(4)建筑组成及面积分配(面积上下浮动在 10% 以内)

①入口大厅:100m² (其中:值班室 15m²)

②底层服务

展　　　厅:300m² (可与门厅结合设置)

商务信息中心:100m²

休闲茶座:200m²

商品零售部:200m²,由设计者自行分隔。

③餐　　　饮:1000m²

餐厅(大厅及包厢):600m²

厨房(中西配餐、操作、贮藏等):400m²

④写字办公:2500~3000m²

写字间(占写字间面积的 80%):25m²/间

商务套间(占写字间面积的 20%):50m²/间

⑤会议室:200m²

会议室:100m²×1

会议室:50m²×2

⑥多功能厅区:450m²

多功能厅:300m²,可举行大型报告会和电影放映等。

主席台休息室:30m²,应尽可能接近多功能厅中的主席台。

放映室:15m²,可放在夹层上。

家具贮藏室:30m²,应与多功能厅处于同层,便于搬运家具。

服务间:20m²

⑦辅助用房:275m²

电话机房:25m²

配电房:20m²

变电间:50m²

⑧交通面积(若干):包括走道、楼梯、电梯(1~2 部)、过厅等

⑨卫生间:门厅、多功能厅区、餐厅、厨房等应设置卫生间;标准层每层可设置男、女卫生间各一间。

2. 办公建筑设计的一般要求

办公建筑应根据使用要求,结合基地面积、结构选型等情况确定开间和进深,并利于灵活分隔。以下为几种常见的办公建筑平面类型,如图 1.14(a)、(b)、(c)所示。

办公建筑楼梯的设计应符合防火规范规定,五层及五层以上办公楼应设电梯。建筑高度超过 75m 的办公楼电梯应分区或分层使用,主要楼梯及电梯应设于入口附近,位置要明显。在实际工程中,六层以下的办公建筑也可设电梯,并成组布置。

门厅一般可设传达室、收发室、会客室,根据使用需要也可设门廊、警卫室等。门厅应与楼梯、过厅、电梯厅邻近。严寒和寒冷地区的门厅,应设门斗或其他防寒设施。

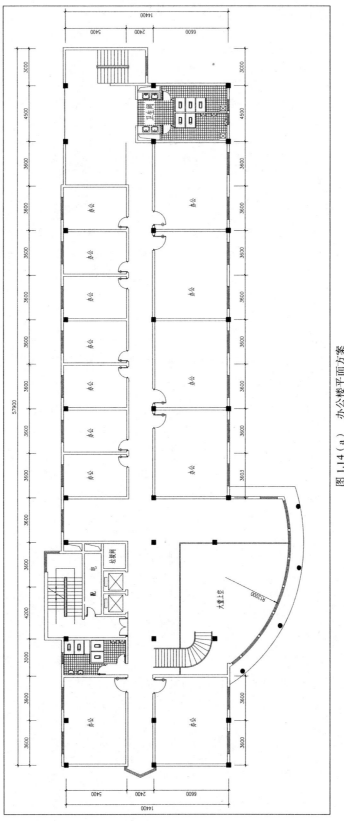

图 1.14（a）　办公楼平面方案

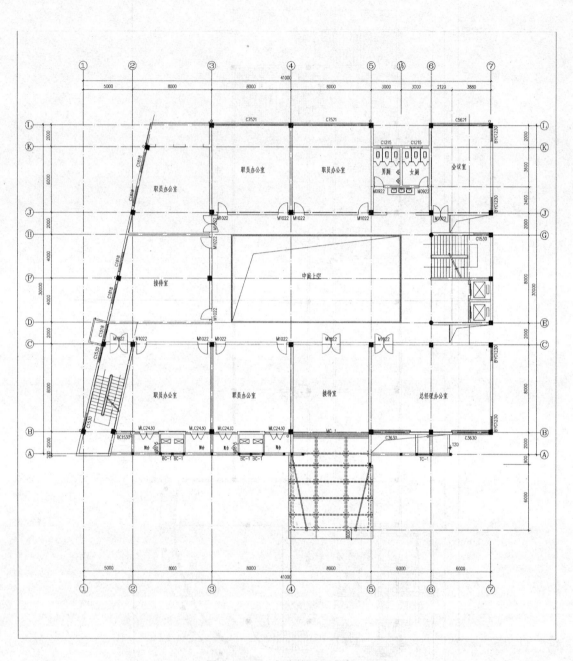

图 1.14(b)　办公楼平面方案二

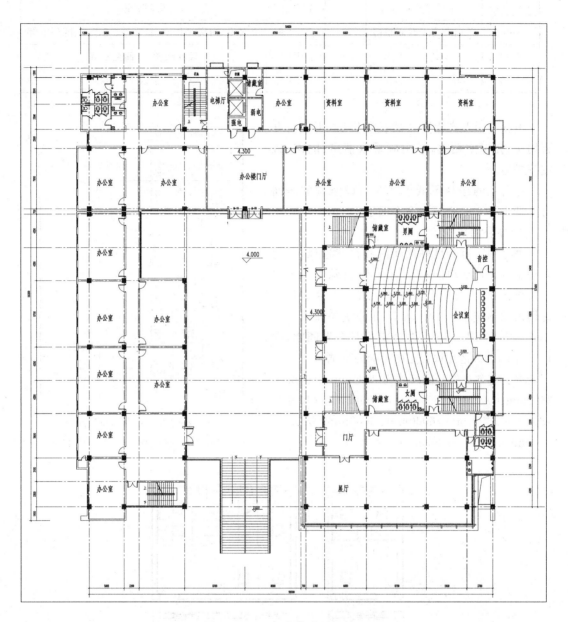

图 1.14(c)　办公楼平面方案三

　　走道最小净宽不应小于表 1.23 的规定。当走道地面有高差且高差不足二级踏步时,其坡度不宜大于 1/8。

　　办公室门洞口宽度不应小于 1m,高度不应小于 2m。机要办公室、财务办公室、重要档案室和贵重仪表间的门应采取防盗措施,室内设防盗报警装置。主要房间的自然采光应满足使用要求,窗地比要符合表 1.24 的规定。

表 1.23　走道最小净宽

走道长度 （m）	走道净宽（m）	
	单面布房	双面布房
≤40	1.3	1.4
>40	1.5	1.8

表 1.24　采光系数

窗地比	房间名称
≥1：6	办公室、研究工作室、打字室、复印室、陈列室等
≥1：5	设计绘图室、阅览室等
≥1：8	会议室

电梯井道及产生噪音的设备机房，不宜与办公用房、会议室贴邻，否则应采取消声、隔声、减震等措施。

办公室的净高不低于 2.6m，设空调的房间可不低于 2.4m；走道净高不低于 2.1m。

3. 办公用房

办公用房宜有良好的朝向和自然通风，普通办公室宜设计成单间和大空间式，特殊需要可设计成单元式、公寓式或景观式。普通办公室每人使用面积不应小于 3m²，单间办公室净面积不宜小于 10m²。图 1.15 为办公室家具布置间距，图 1.16、图 1.17 是几种常见的办公室布置。

办公室常见的开间尺寸为 3000mm、3300mm、3600mm、6000mm、6600mm、7200mm，进深尺寸为 4800mm、5400mm、6000mm、6600mm，层高为 3000mm、3300mm、3600mm 等。

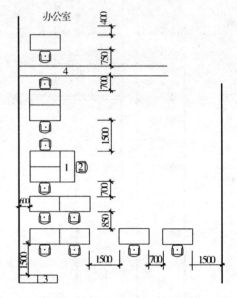

图 1.15　办公室家具布置间距

1—办公桌；2—办公椅；3—文件柜；4—矮柜

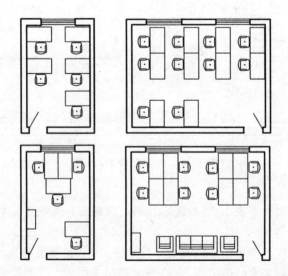

图 1.16　办公室布置

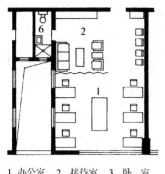

1 办公室　2 接待室　3 卧　室

（a）单元式

1 办公室　2 接待室　3 卧　室

（b）公寓式

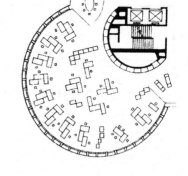

（c）景观式

图 1.17　单元式、公寓式和景观式办公室布置

4. 公共用房

公共用房一般包括会议室、接待室、陈列室、卫生间、开水间等。

（1）会议室

会议室根据需要可分设大、中、小会议室。中、小会议室可分散布置。小会议室的开间和进深一般与办公室相同，使用面积宜为 $30m^2$ 左右；中会议室使用面积宜为 $60m^2$ 左右。

（2）接待室

接待室应根据需要和使用要求设置，专用接待室应靠近相应的办公区，行政办公建筑的群众来访接待室宜靠近主要出入口。高级接待室可设置专用茶具间、卫生间和储藏间。

（3）陈列室

陈列室应根据需要和使用要求设置，专用陈列室应对陈列效果进行照明设计，避免阳光直射及眩光，外窗宜采取避光措施。也可利用会议室、接待室、走道、过厅等兼作陈列空间。

（4）厕所

厕所距离最远的工作房间不应大于 50m，尽可能布置在建筑的次要面，或朝向较差的一面。厕所应设前室，前室内宜设置洗手盆。厕所应有天然采光和不向邻室对流的自然通风，条件不容许时，应设机械排风装置。

卫生洁具数量应该符合下列规定：

①男厕所每 40 人设大便器一具，每 30 人设小便器一具。

②女厕所每 20 人设大便器一具。

③洗手盆 40 人设一具。

（5）开水间

开水间宜直接采光和通风，条件不许可时应设机械排风装置。开水间内应设置倒水池和地漏，并宜设洗涤茶具和倒茶渣的设施。

5. 汽车、自行车停车库

汽车库的设计应符合现行的《汽车库、修车库、停车场设计防火规范》的规定。小汽车每辆停放面积应根据车型、建筑面积、结构形式与停车方式确定，一般为 25~30 m^2（含停车库内汽车进出通道）。办公楼停车位的多少可按表 1.25 计算。

表 1.25　办公楼停车位指标（车位/100m² 建筑面积）

建筑类别	机动车	自行车
一类	0.40	0.40
二类	0.25	2.00

1.4.2　学校建筑设计

1. 例题

题目:某学校教学综合楼

(1)建筑面积:5500~6000m²

(2)工程概况

某学校拟在学校内建造一幢教学综合楼,建筑层数在六层左右,采用框架结构,建筑体型组合可为单一型或组合型(可根据具体情况灵活安排),室外有停车场及绿化布置。

(3)基地平面:如图 1.18 所示。

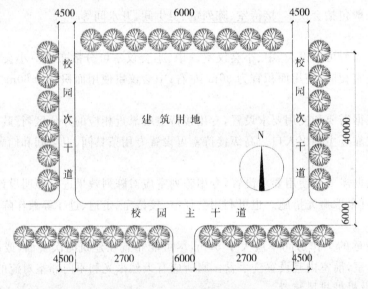

图 1.18　学校建筑地形图

(4)建筑组成及面积分配(面积上下浮动在 10% 以内)

①底层门厅:100m²

②教室:3370m²

普通教室:60m²×32

报告厅:200m²×2(每间其中包括放映室 30~40m² 一间)

教室休息室:25m²×6

集体视听室:90m²×6

多媒体教室:90m²×4

③辅助房间、交通部分

男卫生间:30m²/层

女卫生间:25m²/层

交通部分:楼梯、走道、过厅等

④管理办公室:25m²×10

2. 教学楼设计的一般规定

学校的校门不宜开向城镇干道或机动车流量每小时超过 300 辆的道路;校门处应留出一定缓冲距离。

教学用房、教学辅助用房、行政管理用房、服务用房、运动场地应分区明确、布局合理、联系方便、互不干扰;音乐教室、琴房、舞蹈教室应设在不干扰其他教学用房的位置;教学用房的平面宜布置成外廊或单内廊的形式,平面组合应功能分区明确,联系方便,有利于疏散。图 1.18 是教学楼的总平面实例。

教学建筑的间距应符合下列规定:

(1)普通教室冬至日满窗日照不应小于 2h。

(2)各类教室的外窗与相对的教学用房或室外运动场地边缘间的距离不应小于 25m。

主要教学用房的使用面积指标见表 1.26 所列。

表 1.26　主要教学用房的使用面积指标(m²/每座)

房间名称	小　学	中　学	备　　注
普通教室	1.36	1.39	—
科学教室	1.78	—	—
实验室	—	1.92	—
综合实验室	—	2.88	—
演示实验室	—	1.44	若容纳 2 个班,则指标为 1.20
史地教室	—	1.92	—
计算机教室	2.00	1.92	—
语言教室	2.00	1.92	—
美术教室	2.00	1.92	—
书法教室	2.00	1.92	—
音乐教室	1.70	1.64	—
舞蹈教室	2.14	3.15	宜和体操教室共用
合班教室	0.89	0.90	—
学生阅览室	1.80	1.90	—
教师阅览室	2.30	2.30	—
视听阅览室	1.80	2.00	—
报刊阅览室	1.80	2.30	可不集中设置

注:1. 表中指标是按完全小学每班 45 人、各类中学每班 50 人排布测定的每个学生所需使用面积;如果班级人数定额不同时需进行调整,但学生的全部座位均必须在"黑板可视线"范围以内;

2. 体育建筑设施、运动教室、技术教室、心理咨询室未列入此表,另行规定;

3. 任课教师办公室未列入此表,应按每位教师使用面积不小于 5.0m² 计算。

3. 普通教室

教室内课桌椅的布置应符合下列规定：

(1)课桌椅的排距：中小学普通教室不宜小于 900mm；纵向走道宽度不应小于 600mm。课桌端部与墙面(或突出墙面的壁柱及设备管道)的净距离不应小于 120mm。

(2)前排边座的学生与黑板远端形成的水平视角应≥30°。

(3)教室的第一排课桌前沿与黑板的水平距离宜≥2200mm；教室最后一排课桌后沿与黑板的水平距离：小学宜≤8000mm，中学宜≤9000mm。教室后部应设置≥600mm 的横向走道。如图 1.19 所示。

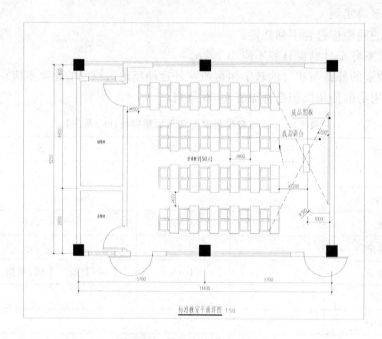

图 1.19　教室布置及有关尺寸

黑板设计应符合下列规定：

(1)黑板尺寸：高度应≥1000mm，宽度小学宜≥3600mm，中学宜≥4000mm。

(2)黑板下沿与讲台面的垂直距离：小学宜为 800～900mm，中学宜为 1000～1100mm。黑板表面应采用耐磨和无光泽的材料。

4. 合班教室

小学宜配置能容纳 2 个班的合班教室，中学宜配置能容纳一个年级或半个年级的合班教室。合班教室可设 1 间辅助用房，储存常用教学器材。合班教室布置样式如图 1.20 所示；容纳 3 个班及以上的合班教室应设计为阶梯教室，台阶升起设计如图 1.21 所示。

(1)小学合班教室座位排距不应小于 850mm，中学座位排距不应小于 900mm。教室最前排座椅前沿与前方黑板间的水平距离不应小于 2500mm，最后排座椅的前沿与前方黑板间的水平距离不应大于 18000mm。

(2)纵向、横向走道宽度均不小于 900mm，最后排座位之后应设宽度不小于 600mm 的横向疏散走道。

(3)前排边座座椅与黑板远端间的水平视角不应小于 30°。

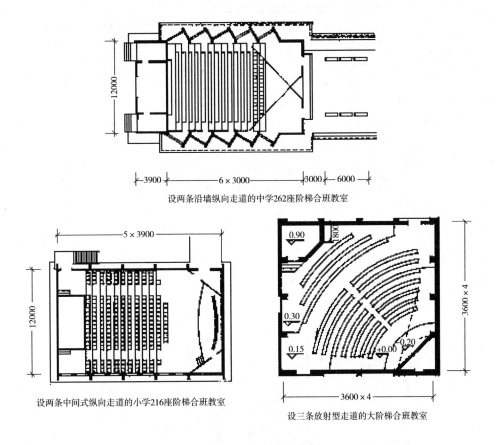

设两条沿墙纵向走道的中学262座阶梯合班教室

设两条中间式纵向走道的小学216座阶梯合班教室

设三条放射型走道的大阶梯合班教室

图 1.20　合班教室布置实例

5. 实验室

物理、化学实验室可分为边讲边试实验室、分组实验室及演示室三种类型。生物实验室可分为显微镜实验室、演示实验室及生物解剖实验室三种类型。根据教学需要及学校的不同条件,这些类型的实验室可全设或兼用。

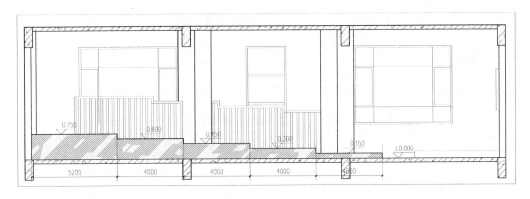

图 1.21　合班教室台阶升起设计

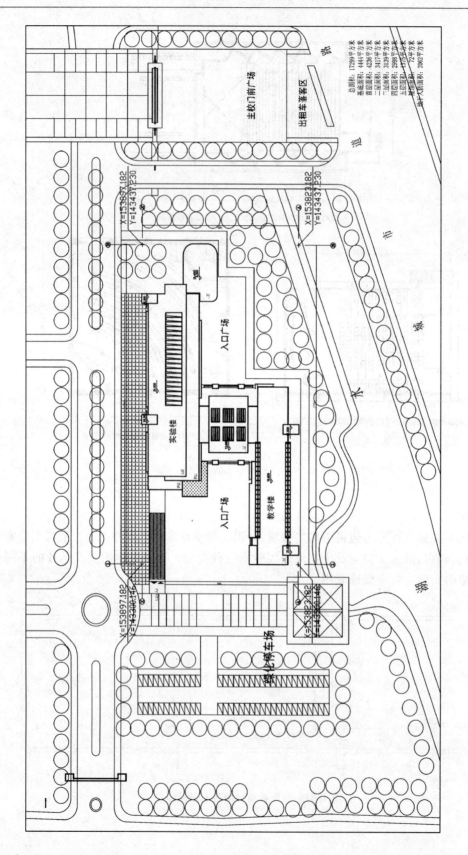

图 1.22 教学楼总平面

实验桌平面尺寸见表 1.27 所列。

表 1.27　实验桌平面尺寸

类　别	长度(m)	宽度(m)
双人单侧实验桌	1.20	0.60
四人双侧实验桌	1.50	0.90
岛式实验桌(6 人)	1.80	1.25
气垫导轨实验桌	1.50	0.60
教师演示桌	2.40	0.70

实验室布置应符合下列规定：

(1)第一排实验桌的前沿与黑板的水平距离不应小于 2500mm,边座的学生与黑板远端形成的水平视角不应小于 30°。最后一排实验桌的后沿距后墙不应小于 1200mm,与黑板水平距离不应大于 11000mm。

(2)两实验桌间的净距离:双人单侧操作时,不应小于 600mm;四人双侧操作时,不应小于 1300mm;超过四人操作时,不应小于 1500mm。

(3)中间纵走道的净距:双人单侧操作时,不应小于 700mm;四人双侧操作时,不应小于 900mm。

(4)实验桌端部与墙面(或突出墙面的壁柱及设备管道)的净距,均不应小于 600mm。实验室内应设置黑板、讲台、窗帘杆、银幕挂钩、挂镜等。化学实验室、化学准备室及生物解剖实验室的地面应设地漏。

图 1.23 为实验室的几种布置形式。

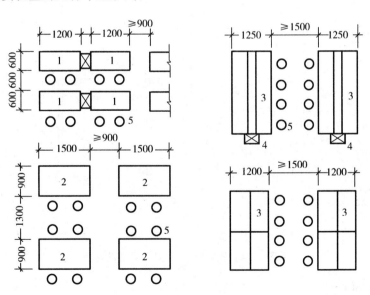

图 1.23　实验室布置形式

1—双人单侧实验台;2—四人双侧实验台;3—岛式实验台;4—水盆;5—实验凳

5. 行政和生活服务用房

(1)行政用房宜设办公室、会议室、保健室、广播室和总务仓库等。

广播室的窗宜面向操场。保健室的窗宜为南或东南向,其大小应能容纳常用诊疗设备和满足视力检查的要求。

(2)生活服务用房宜设厕所、饮水处等。

教学楼应每层设厕所。教职工厕所应与学生厕所分设。教学楼内厕所的位置,应该便于使用和不影响环境卫生。在厕所入口处宜设前室或遮挡措施。

教学楼厕所、卫生器具的数量应符合下列规定:

①女生应按每13人设一个大便器或1.20m长大便槽计算;男生应按每40人设一个大便器或1.20m长大便槽,每20人设1个小便斗或0.6m长小便槽。

②厕所内均应设污水池和地漏。

③教学楼内厕所,应按每40~45人设一个洗手盆(或0.6m长盥洗槽)计算。

教学楼内应分层设饮水处,应按每45~45人设一个饮水水嘴。饮水处不应占用走道的宽度,如图1.24所示。

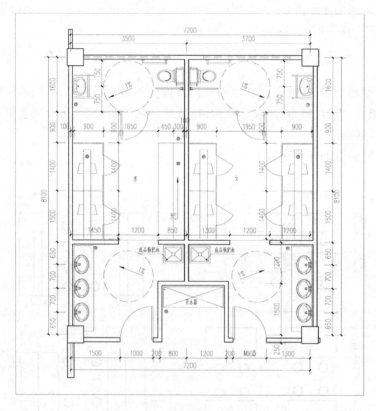

图 1.24   教学楼厕所、卫生器具设置

6. 交通和疏散

(1)门厅

教学楼宜设置门厅,在寒冷或风沙大的地区,教学楼门厅入口应设挡风间或双道门。挡风间或双道门的深度不宜小于2100mm。

（2）走道宽度

教学楼走道的净宽最少应为 2 股人流（每股人流宽度 0.60m），并按 0.6m 的整数倍增加疏散通道宽度。应该符合下列规定：内廊不应小于 2.4m，外廊不应小于 1.8m。行政及教师办公室不应小于 1.8m。

走道高差变化处必须设置台阶时，应设于明显及有天然采光处，踏步不应小于三级，并不得采用扇形踏步。

外廊栏杆（拦板）的高度不应低于 1100mm；栏杆不应采用易于攀登的花格栏杆。

（3）楼梯

楼梯间应有直接天然采光。梯段宽度不应小于 1.2m，并应按 0.6m 的整数倍增加梯段宽度。

楼梯不得采用螺旋形或扇形踏步；梯段和梯段之间，不应设置遮挡视线的隔墙。楼梯坡度不应大于 30°。梯井净宽超过 0.11m 时，必须采取安全措施。

室内楼梯栏杆的高度不应小于 900mm，室外楼梯及水平栏杆的高度不应小于 1100mm，楼梯不应采用易于攀登的花格栏杆。

（4）安全出口

教室安全出口通行净宽度不应小于 0.90m，每间教学用房的疏散门均不应少于 2 个。

图 1.25（a）、（b）为综合教学楼的方案。

1.4.3　旅馆建筑设计

1. 例题

某房地产开发公司拟在城市干道上建一座多层旅馆，该旅馆为中档标准，并附设餐饮、娱乐等服务设施。根据规划部门意见，旅馆层数在六层左右，建筑面积 5500~6000m²。

该旅馆为六层框架结构，由主楼和裙房组成，功能包括客房、门厅、餐厅、厨房、娱乐、会议、办公及相关服务用房，如洗衣房、配电房、电话机房等（各部分功能可根据具体情况灵活安排），室外有停车场及绿化布置。地形图如图 1.26 所示。

建筑组成及面积分配（面积上下浮动 10%）

（1）客房：2000m²~2500m²

标准客房（占客房面积的 80%）：25m²/间

商务套间（占客房面积的 20%）：50m²/间

（2）门厅：250m²~350m²

包括服务台、商务茶座区、休息等候区、行李房、商务中心、商品部、公共卫生间等。

（3）餐饮用房：1000m²

餐厅（大厅及包厢）：600m²

厨房（中西配餐、操作、贮藏等）：400m²

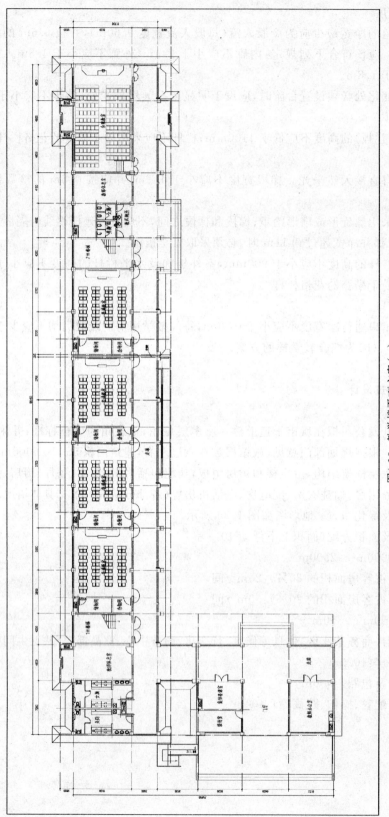

图1.25 教学楼平面方案（a）

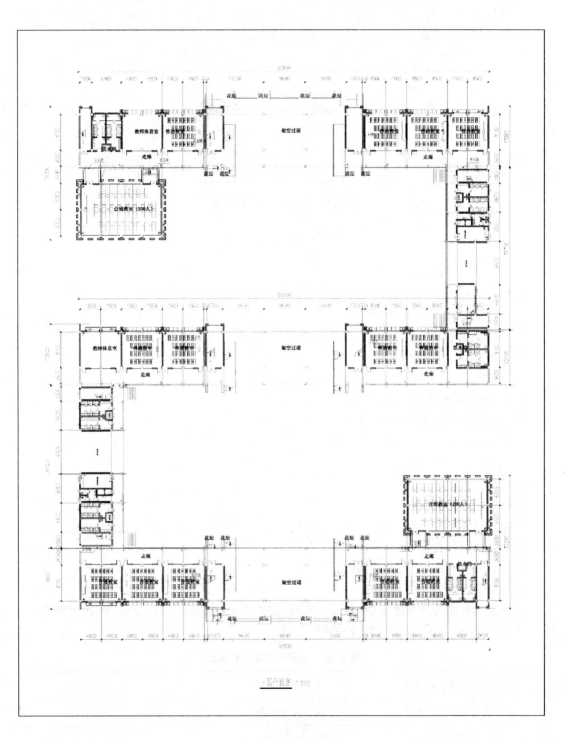

图 1.25 教学楼平面方案(b)

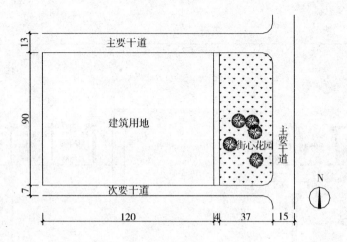

图 1.26 旅馆建筑地形图

(4)娱乐服务用房:500m²

舞厅:200m²

健身、棋牌、美容厅:各 100m²

(5)会议室:300m²

大会议室(2 个):100m²

小会议室(2 个):50m²/个

(6)标准层服务用房:25m²/层

服务员休息室及服务台、开水间。

(7)办公室(若干):150m²

(8)辅助用房:150m²

洗衣及贮物房:75m²

电话机房:25m²

配电房:50m²

(9)交通面积:若干

走道、楼梯、电梯(2 部)、过厅等。

2. 旅馆建筑设计的一般规定

旅馆是综合性的公共建筑物,向顾客提供住宿、饮食、娱乐、健身、会议、购物等服务。表 1.28 所列为我国不同主管部门划分的旅馆等级。

表 1.28　我国的旅馆等级规定

旅游旅馆设计暂行标准	编 制 单 位	等　　级
旅游旅馆设计暂行标准	国家计划委员会	一、二、三、四(级)
旅馆建筑设计规范	建设部建筑设计院	一、二、三、四、五、六(级)
国家旅游涉外饭店星级标准	国家旅游局	五、四、三、二、一(星)

旅馆建筑不仅要合理组织主体建筑群,还应考虑广场、停车场、道路、庭院等布局;根据旅馆标准及基地条件,还可设置网球场、游泳池及露天茶座等;主要出入口位置必须明显,并能引导旅客直接到达门厅,根据使用要求设置单车道或多车道,入口车道上方宜设雨篷;在综合性建筑中,旅馆部分应有单独分区,并有独立的出入口;对外营业的商店、餐厅等不应影响旅馆本身的使用功能。

3. 客房部分

(1)客房及卫生间:客房分为套间、双人间、单人间、多床间等几个类型。客房内应设有壁橱或挂衣空间。天然采光的客房,其采光窗洞口面积与地面面积之比不应小于 1∶8。图 1.27 是几种常见的客房形式。图 1.28(a)、(b)是旅馆建筑总平面布置图。

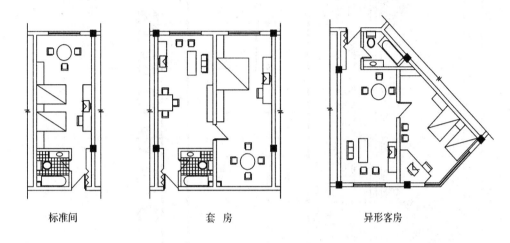

标准间   套 房   异形客房

图 1.27 几种常见的客房形式

客房卫生间无自然通风时,应采取有效的通风排气措施。卫生间不应设在餐厅、厨房、食品储藏间、变配电室等有严格卫生要求或防潮要求用房的直接上层。卫生间不应向客房或走道开窗。图 1.29 为标准客房单元。客房的平面尺寸及轴网的确定可参考图 1.30。

(2)室内净高:客房居住部分净高,当设有空调时不应低于 2.4m,卫生间及客房过道净高不应低于 2.1m;客房层公共走道净高不应低于 2.1m。

(3)客房层服务用房:服务用房宜设服务员工作间、贮藏间和开水间,可根据需要设置服务台。一、二、三级旅馆建筑应设消毒间;四、五、六级旅馆建筑应设有消毒设施。客房层全部客房附设卫生间时,应设置服务人员厕所。客房层开水间应设有效的排气措施,不应使蒸汽和异味窜入客房。同楼层内的服务走道与客房层的公共走道相连如有高差时,应采取坡度不大于 1∶10 的坡道。

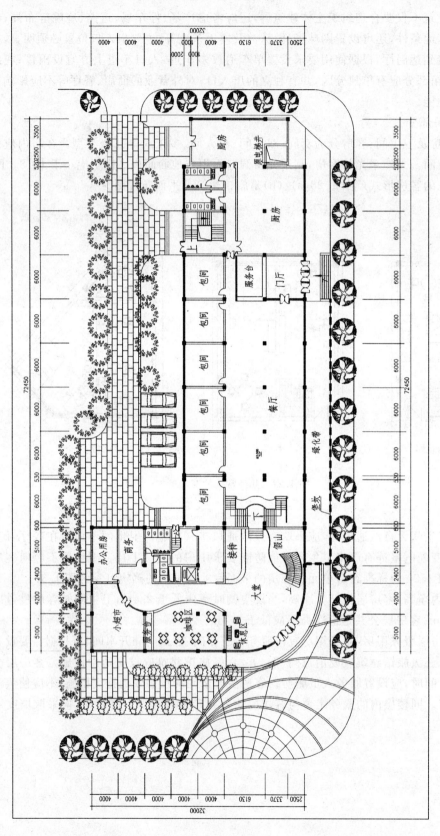

图1.28（a）　旅宿建筑总平面布置一

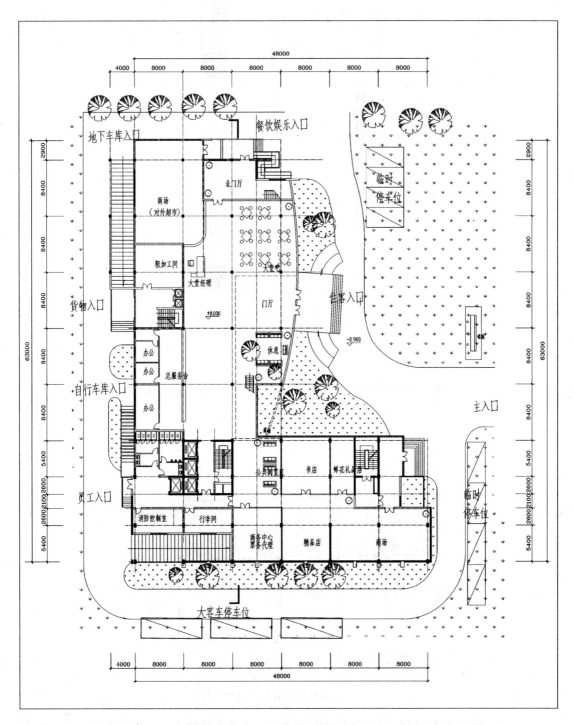

图 1.28(b)　旅馆建筑总平面布置二

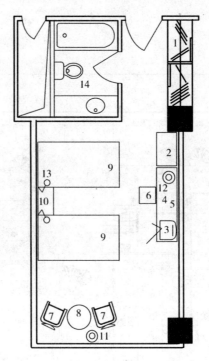

图 1.29　标准客房单元

1—壁橱；2—行李架；3—电视机；4—写字桌；5—镜子；6—座椅；7—沙发；

8—茶几；9—单人床；10—床头柜；11—立灯；12—台灯；13—壁灯；14—卫生间

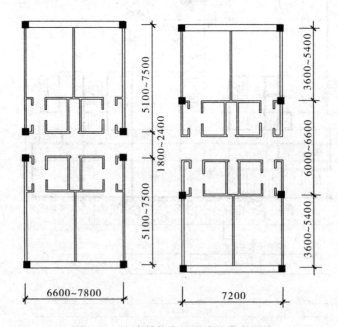

图 1.30　客房结构布置形式及参考尺寸

　　(4)门、阳台：客房入口门洞宽度不应小于 0.9m，高度不应低于 2.1m；客房内卫生间门洞宽度不应小于 0.75m，高度不应低于 2.1m；既做套间又可分为两个单间的客房之间的连通门和隔墙，应符合客房隔声标准；相邻客房之间的阳台不应连通。

4. 公共部分

(1)门厅:门厅内交通流线及服务分区应明确,对团体客人及其行李等,可根据需要采取分流措施;总服务台位置应明显;一、二、三级旅馆建筑门厅内或附近应设厕所、休息会客、外币兑换、邮电通讯、物品寄存及预订票证等服务设施。不同等级旅馆门厅规模可参考表 1.29 确定;公共部分厕所卫生设备的确定可参考表 1.30。

表 1.29　旅馆等级与门厅规模

旅馆等级	门厅规模(m²/间)
一、二级	0.8
三级	0.6
四级	0.4
五级	0.2

注:门厅不小于 24.0m²,客房超过 500 间时,超出部分为 0.1m²/间。

表 1.30　公共部分卫生设备参考指标

卫生器具数量	男盥洗室	女盥洗室
厕位(最少厕位)	每 100 人 1 个(2)	每 50 人 1 个(2)
小便池	每 25 人 1 个	
洗脸盆	每 35 人 2 个	每 25 人 2 个
	每 65 人 3 个	每 50 人 3 个
	每 200 人 4 个	每 150 人 4 个
	200 人以上 每 50 人增加 1 个	150 人以上 每 50 人增加 1 个

(2)旅馆餐厅:一、二级旅馆建筑应设不同规模的餐厅及酒吧间、咖啡厅、宴会厅和风味餐厅;三级旅馆建筑应设不同规模的餐厅及酒吧间、咖啡厅和宴会厅;四、五、六级旅馆建筑应设餐厅。一、二、三级旅馆建筑餐厅标准不应低于现行的《饮食建筑设计规范》中的一级餐馆标准;四级旅馆建筑餐厅不应低于二级餐馆标准;五、六级旅馆建筑不应低于三级餐馆标准。餐厅座位数,一、二、三级旅馆建筑不应少于床位数的 80%;四级不应少于 60%;五、六级不应少于 40%。

(3)会议室:大型及中型会议室不应设在客房层。会议室的位置、出入口应该避免外部使用时的人流路线与旅馆内部客流路线相互干扰。会议室附近应设盥洗室,会议室多功能使用时应能灵活分隔为可独立使用的空间,且应有相应的设施和储藏室。

(4)商店:一、二、三级应设有相应的商店;四、五、六级旅馆建筑应设小卖部。设计时候可参照现行的《商店建筑设计规范》执行。商店的位置、出入口应考虑旅客的方便,并避免对客房造成干扰。

(5)美容室、理发室:一、二级旅馆建筑应设美容室和理发室;三、四级旅馆建筑应设理发室。理发室分设男女两部,并妥善安排作业路线。

(6)康乐设施:康乐设施应根据旅馆要求和实际需要设置,康乐设施的位置应满足使用及管理方便的要求,并不应使噪声对客房造成干扰。一、二级旅馆宜设游泳池、蒸汽浴室及健身房等。

5. 辅助部分

旅馆建筑的辅助部分包括厨房、洗衣房、设备用房、备品库、职工用房等,可根据实际需要设置。

厨房应包括有关的加工间、制作间、备餐间、库房及厨工服务用房等。厨房的位置应与餐厅联系方便,并避免厨房的噪声、油烟、气味及食品储运对公共区和客房区造成干扰。平面设计应符合加工流程,符合卫生防疫要求。

图 1.31、图 1.32(a)(b)为两个旅馆的平面方案图。

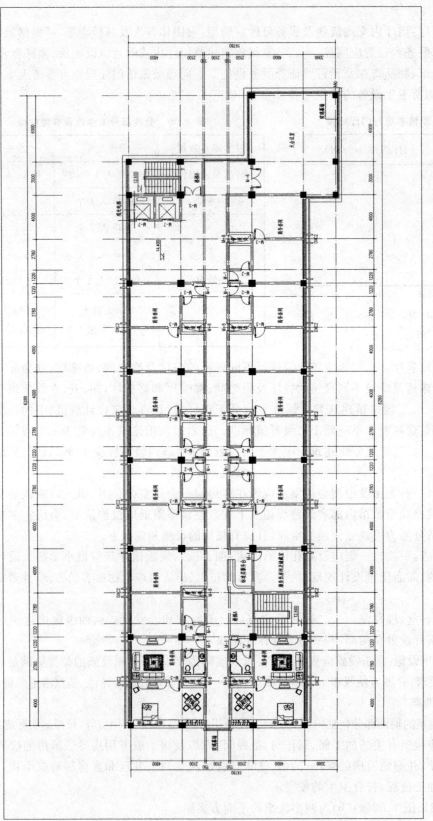

图1.31 旅馆方案（一）

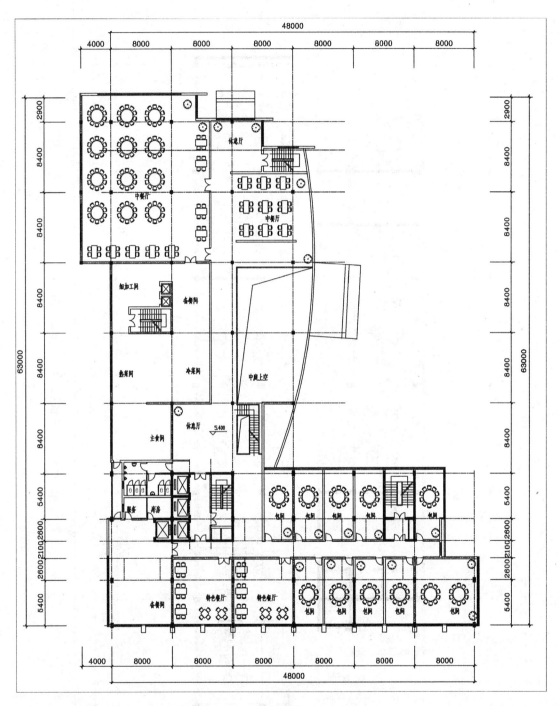

图 1.32(a)　旅馆方案(二)二层平面

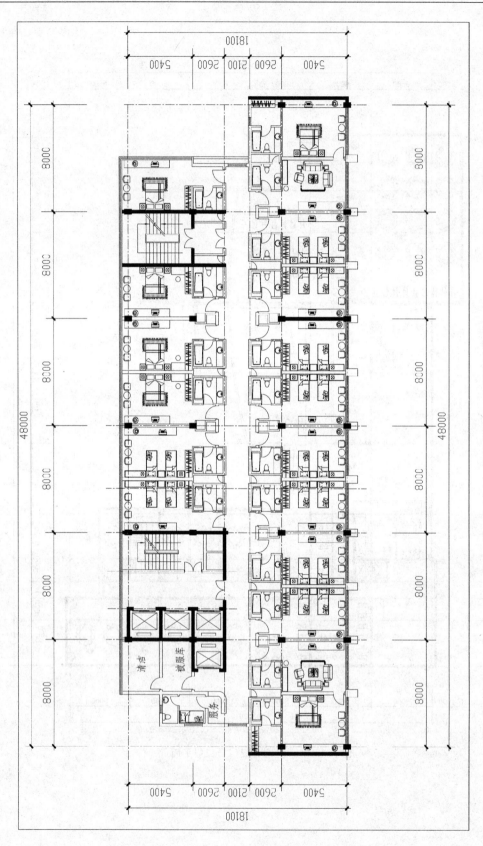

图1.32（b） 旅馆方案（二）标准层平面

第 2 章　结构设计的内容、方法和重点

2.1　结构设计准备

2.1.1　熟悉毕业设计任务书

熟悉设计任务书是进行设计的一个前提,在结构设计之前我们应仔细阅读设计任务书,明确其对结构的要求以达到建筑要表达的效果。

2.1.2　明确建筑设计和结构设计之间的关系

长期以来,建筑学都是艺术与技术的统一体,并且以"坚固、适用和美学"作为指导原则,在这些原则中,又以坚固最为重要,它由结构类型和构造决定,因此建筑结构作为建筑物的基本受力骨架而形成人类活动的空间,以满足人类的生产、生活需求及对建筑物的美观要求。因此,必须充分考虑各种影响因素并进行科学的全面综合分析才有可能得到合理可行的结构选型结果。所以建筑方案设计和结构选型的构思是一项带有高度综合性和创造性的、复杂而细致的工作。

建筑设计主要解决以下问题:

(1)场地、环境、建筑体型;

(2)与人的活动有关的空间流线组织;

(3)建筑技术问题;

(4)建筑艺术与室内布置。

结构设计主要解决以下问题:

(1)结构形式;

(2)结构材料;

(3)结构的安全性、适用性和耐久性;

(4)结构的连接构造和施工方法。

建筑设计是结构设计的前提同时又是建筑物赖以生存的物质基础。建筑师在建筑设计过程中应充分考虑如何更好地满足结构最基本的功能要求,主动考虑并建议最适宜的结构体系,通过协调二者的关系,力争将合理的结构形式与建筑使用和美观需要统一起来。

2.1.3　明确建筑对结构设计的功能要求

建筑物按用途分类,可分为民用建筑、工业建筑、园林建筑、其他建筑(含构筑物)等,而民用建筑根据使用功能,又可分为居住建筑和公共建筑。

不同用途的建筑有不同的功能要求,这往往对房屋的跨度、净空、柱距提出相应的要求,对梁、柱的截面需加以控制。如临街住宅底层是否需要大开间用于车库或商店等;住宅建筑上下层厕所、楼梯间、电梯井要对齐;为满足美观、经济的要求而使柱子不外露于墙,住宅中常用异

形柱代替传统的矩形柱;为了满足住户能自由地改造室内布局,现在住宅更多地采用框架结构非承重墙,而不是砖混结构承重墙体系;公共建筑往往需要布置较大空间,因而底层层高通常较大,跨度比较大,大厅中央不能设置柱子;邮电、金融建筑以及高级宾馆等建筑通常设有结构夹层,专门用于各类管道、设备线路的布置与通行;建筑层高的变化会影响楼梯的设计等。而且现在各种集餐饮、娱乐、商住等功能于一体的建筑越来越多,对结构的要求也更为复杂,因此选择合理、实用的结构形式是至关重要的。

工业建筑则应考虑车间的使用性质、工艺流程及工艺设备、垂直及水平运输要求以及采光通风功能要求等,这是柱网布置、轴线定位、确定房屋标高以及计算设计荷载的前提。还需注意到其他行业的工艺条件图的绘制习惯、尺寸模数均与土建专业有所不同,应充分考虑,仔细核对。如果有设备置于钢筋混凝土楼板上,要考虑在设备下附设承重梁,并考虑动荷载对结构的影响等问题。

以上所提及的问题和其他类似的问题在设计中经常会碰到,对于缺乏设计经验及实践经验的大学毕业生而言,要想设计出比较合理的结构则需要平时多注意观察,并在设计前多翻阅相关资料,设计中积极与相关人员协商,充分论证结构方案后再开始结构计算,从而达到理想的效果。

2.1.4 掌握拟建场地的相关资料

建筑场地的地质情况是结构设计人员在结构设计之前必须掌握的资料,只有在明确建筑物所在地区设防烈度和结构抗震等级等要求之后,才能对结构设计做出合理的安排。

1. 认真阅读和使用工程地质勘查报告

工程地质勘查报告是房屋结构基础设计的重要依据,只有正确理解并合理使用勘查报告成果,才能正确进行合理的基础选型,甚至上部结构的选型,从而使结构设计更为可靠并且经济合理。

(1)工程地质勘查报告的主要内容

工程地质勘查报告一般有文字说明和图纸两个部分。

文字部分通常对拟建场地的地形地貌、地质构造、地层特征、不良地质现象、地下水位、水质、冻结深度及所在地区的地震烈度等都有交待;通常将各个地层岩土的物理力学性质、室内和野外试验结果列表说明;对地基土承载力标准值、压缩模量、桩端土的承载力标准值、桩周土的摩擦力标准值提出明确的数据;对建筑场地的稳定性、采用天然地基或是桩基、地下水对混凝土的腐蚀性、施工降水方案以及基坑维护等做出评价。

图纸部分包括勘探点平面布置图,井孔地质柱状图,工程地质剖面图,载荷试验和试桩的 $Q-s$ 曲线、双桥探触的 q_p、q_s 曲线等原位测试结果。

(2)正确使用勘察报告

①工程地质剖面图向结构设计人员清晰地展示了地层构造,包括土壤的地下水位、物理力学性能、分层情况等,可以用来选择持力层,验算下卧层,确定基础埋置深度和桩尖入土深度。同时应注意是否有不良地质现象,如古河、古井、古湖、古墓、滑坡、断层、溶洞、裂隙等,以便采取必要措施进行处理。

②地基承载力设计值,用以确定基底的形状和面积,验算基础强度和计算配筋,用来验算基底持力层和下卧层。

③压缩系数和压缩模量可以判定土的压缩性质,从而计算出基础的最终沉降量、相对沉降

量和整体倾斜。

④剪切试验结果可以确定土的抗剪强度,评价地基的稳定性;粘聚力 C 和内摩擦角 φ 可以用来计算挡土墙的土压力。

⑤勘察报告提供的桩尖阻力 q_p 和桩侧摩擦力 q_s 可以用来估算单桩承载力、设计试桩。

⑥黄土的湿陷系数可以用来评价地基土的湿陷性质,计算湿陷量;判定湿陷等级,以便制定防止湿陷的措施。

通过阅读工程地质勘查报告,要对场地土层的分布情况及性质取得清晰而全面的概念,特别应注意对工程起关键作用的土层及土工问题。对于报告中提出的基础设计方案及地基处理意见的建议,设计人员在采纳之前应分析其依据的合理性,勘察方法的可靠性以及对本工程的适用性。若有矛盾或疑问或者发现勘察资料不全时,应设法查明或进行补充勘察,以保证工程质量。

2. 明确建筑物所在地设防烈度和结构抗震等级

地震作用作为建筑结构承受的主要荷载之一,其随机性和巨大破坏力会给人们生命财产造成严重损失。在进行结构设计时我们必须首先明确地区设防烈度和结构抗震等级,因为这关系到建筑物安全使用和建造成本,同时它对建筑的结构选型、平面及竖向布置、建筑材料的选用、构造措施、结构计算及施工技术等都有相应的要求,因此它是结构设计必须考虑的一个重要因素。

(1)抗震设防烈度

地震的大小用震级来表示,而地震烈度则是表示某一地区地面和建筑物受到一次地震影响的强弱程度,它是度量某一地区地面和建筑物遭受一次地震影响的强弱程度。一次地震只能有唯一的震级,但由于地面振动的强烈程度与震级大小、震源深度、震中距大小有关,与该地区地层的土质有关,还与该地区的地形地貌有关,因此,不同地区则有不同的烈度。

一般工业与民用建筑结构的设计基准期定为 50 年,故我国对基本烈度的定义是:某地区今后 50 年内在一般场地条件下可能遭遇的超越概率为 10% 的地震烈度值。各地区采用的基本烈度可根据国家地震局颁发的《中国地震动参数区划图》及其补充文件确定。抗震设防烈度是一个地区作为抗震设防依据的地震烈度,在一般情况下可采用基本烈度作为抗震设防烈度。

工程抗震设计是在现有经济技术条件下,通过计算分析与构造措施使工程结构在未来的地震中减少损失,以达到减少人员伤亡与经济损失的目的。《建筑抗震设计规范》所确定的是"三水准二阶段"的设防标准,通过第一阶段设计中要求验算工程结构在多遇地震影响下的承载力与弹性变形使工程结构达到第一水准的要求,并满足第二水准"可修"的要求;通过第二阶段设计中验算工程结构在罕遇地震影响下的弹塑性变形来满足第三水准的"大震不倒"的要求。

《建筑抗震设计规范》规定抗震设防烈度为 6 度及以上地区的建筑,必须进行抗震设计。

(2)地震影响参数

表征地震影响的参数有设计基本地震加速度、设计特征周期 T_g 或规范规定的设计地震动参数。一般而言,建筑物遭受的地震影响,与建筑物所在地区的地震环境密不可分。所谓地震环境,系指建筑物所在地区及周围可能发生地震的震源机制、震级大小、建筑物所在地区与震源的距离远近以及建筑物所在地区的场地条件等。

1989 版《建筑抗震设计规范》的反应谱特征周期 T_g 规定是根据近震、远震和场地类别来确定,而新修订的 2001 规范则取消了近震和远震的概念,采用地震分区的概念(并调整了Ⅱ、Ⅲ类场地的范围),而且设计基本地震加速度值(50 年设计基准期超越概率 10%的地震加速度设计值)在原 0.10g 和 0.20g 之间有一个 0.15g 的分区,在 0.20g 和 0.40g 之间有一个分区 0.30g,并将这两个基本地震加速度值并入设防烈度 7 度和 8 度的范围内,设计反应谱曲线也以地震影响系数 α 谱的形式给出。建筑的设计特征周期应根据其所在地的设计地震分组和场地类别确定。《建筑抗震设计规范》的设计分组共分为三组。对Ⅱ类场地,第一组、第二组和第三组的设计特征周期,应分别按 0.35s、0.40s 和 0.45s 采用。

抗震设防烈度和设计基本地震加速度取值的对应关系,应符合表 2.1 的规定。规范规定,设计基本地震加速度为 0.15g 和 0.30g 地区内的建筑,除规范另有规定外,应分别按抗震设防烈度 7 度和 8 度的要求进行抗震设计。建筑场地为Ⅲ、Ⅳ类时,对设计基本地震加速度为 0.15g 和 0.30g 的地区,除规范另有规定外,宜分别按抗震设防烈度 8 度(0.20g)和 9 度(0.40g)时各类建筑的要求采取抗震构造措施。

表 2.1　抗震设防烈度和设计基本地震加速度值的对应关系

抗震设防烈度	6	7	8	9
设计基本地震加速度值	0.05g	0.10(0.15)g	0.20(0.30)g	0.40g

注:g 为重力加速度。

(3)建筑物的分类

由于建筑物的使用性质各不相同,地震破坏造成的后果也不相同,因而其抗震设防的要求应根据破坏后果的严重程度加以区别对待。我国《建筑抗震设计规范》对建筑物按其使用功能的重要性划分了四个抗震设防类别:

甲类建筑:属于重大建筑工程和地震时可能发生严重次生灾害的建筑。

乙类建筑:属于地震时使用功能不能中断或需尽快恢复的建筑。

丙类建筑:属于除甲、乙、丁类以外的一般建筑。

丁类建筑:属于抗震次要建筑。

设防分类标准的规定详见《建筑工程抗震设防分类标准》(GB50223-2004)。甲类建筑的地震作用应高于本地区抗震设防烈度的要求,其值应按批准的地震安全性评价结果确定;抗震措施,当抗震设防烈度为 6~8 度时,应符合本地区抗震设防烈度提高一度的要求,当为 9 度时,应相应采取特殊的抗震构造措施。乙类建筑按本地区的设防烈度设计计算,抗震构造措施,当抗震设防烈度为 6~8 度时,应符合本地区抗震设防烈度提高一度的要求,当为 9 度时,应符合比 9 度抗震设防更高的要求。但对于较小的乙类建筑,当其结构改用抗震性能较好的结构类型时,应允许仍按本地区抗震设防烈度的要求采取抗震措施。丙类建筑按本地区设防烈度设计计算,按该设防烈度采取抗震构造措施。丁类建筑按本地区设防烈度设计计算,抗震措施允许比本地区抗震设防烈度要求适当降低(6 度时不应降低)。

(4)结构抗震等级

钢筋混凝土多层及高层房屋根据其总高度,结构体系(框架、框剪、剪力墙及底层框支剪力墙)不同,抗震能力也存在很大差异,因此,须按其抗震能力加以区分。抗震等级共分四级,其中一级要求最严,四级要求最低。

抗震等级不同,将影响结构的建造高度、内力调整(框架结构的强节点弱杆件,强柱弱梁调整,强剪弱弯调整,柱根弯矩与剪力墙墙角的剪力调整)、柱轴压比和配筋要求(框架柱最小配筋率,柱端箍筋加密区,抗震墙墙身及边缘构件)等。因此根据房屋总高度及所选定的结构体系决定抗震等级是设计的重要前提。

砌体结构属于刚性体系,由于延性较差,设计时首先应控制建房高度,因此不再区分抗震等级。

2.1.5　熟悉结构设计的依据

结构设计的合法依据是设计规范,它是国家建筑方针和技术政策在本专业工作中的具体体现,具有法律效力,必须遵照执行。如要突破规范的某些规定时,必须做到慎重再慎重,并且要经过多方论证方可执行。

一般说来,在毕业设计中常用的结构设计规范及行业标准有:《混凝土结构设计规范》、《钢结构设计规范》、《建筑抗震设计规范》、《建筑结构荷载规范》、《建筑地基基础设计规范》、《砌体结构设计规范》、《建筑结构制图标准》、《混凝土结构施工图平面整体表示方法制图规则和构造详图》等以及其他相关的标准图集和计算手册。由于该行业发展比较快,各规范也随之不断修订、更新,在设计中应注意随时查阅最新版本以保证结构设计的合理性。

结构设计的原则是安全适用,经济合理,技术先进,施工方便。结构设计的目的是根据建筑施工图以及相关的地区资料,选择合理的结构类型和结构布置方案,并确定各构件尺寸、材料强度等级和构造措施等,同时体现结构设计原则。作为大学毕业生,应了解熟悉并学会使用各类规范,养成严格以规范指导结构设计的意识。养成良好的职业习惯,这对于将来的工作及学习都有很大裨益。

2.2　结构方案确立及优选

2.2.1　结构方案设计的内容、优选原则及其重要意义

1. 结构方案设计的内容

结构方案设计就是指根据毕业设计任务书所提出的要求,以及现有的工程所需要的地质资料,结合现场具体的地基环境,综合考虑建筑艺术和经济技术条件的要求,对结构选型、结构体系、总体布置以及空间组合等进行切实可行的、经济合理的安排。然后选择合适的计算软件进行结构计算、构件设计和构造措施设计。

2. 结构方案设计的优选原则

(1)从建筑设计的角度考虑有以下原则

①满足建筑使用功能的要求;

②满足建筑造型艺术的要求;

③适应建筑未来发展与灵活改造的需要。

(2)从建筑材料的角度考虑有以下原则

①应用轻质高强材料,有利于减小构件截面、减轻结构自重;

②应用新型建筑材料,有利于利用工业废料、节约能源;

③应用组合结构体系,有利于充分发挥各自材料之长处。

（3）从结构设计的角度考虑有以下原则

①符合现行有关规范；

②正确的结构概念设计；

③先进的结构理论概念；

④合理的传力途径；

⑤合理的应力分布；

⑥合理的破坏机制；

⑦抗风的有效性与合理性；

⑧抗震的可靠性与安全性。

（4）从建筑设备的角度考虑有以下原则

①便于设备的安装与检修；

②便于管道、线路的布设与穿越；

③保证设备的正常运行。

（5）从建筑施工的角度考虑有以下原则

①有利于建筑工业化；

②有利于施工操作；

③有利于控制质量；

④有利于缩短工期；

⑤有利于降低造价。

（6）从综合技术经济指标的角度考虑有以下原则

①单位面积的自重较小；

②单位面积的材料用量较少；

③单位面积的造价较低；

④单位面积的用工量适中；

⑤施工工期恰当；

⑥节能技术经济指标合适。

（7）其他包括以下原则

①满足人防要求；

②满足消防要求。

3. 方案设计优选的重要意义

选择合理的结构体系是进行结构方案设计的关键。结构体系是指结构抵抗外部作用的结构构件组成方式。在结构设计中，采用先进的结构理论与精确的计算方法固然十分重要，但在方案阶段正确进行建筑结构体系的选型也是至关重要的。经过众多工程实践检验，没有合理恰当的建筑结构体系选型，即使采用先进的结构理论和精确的计算方法，也较难做出安全可靠、经济合理的建筑结构设计。

如安徽某城市一幢 18 层高层建筑，高度为 62m，7 度抗震设防，原设计采用纯剪力墙筏板基础方案，通过合理选择结构体系及构件的截面尺寸、合理调整结构刚度、减轻结构自重和加强结构整体性等措施，把结构体系改为框支剪力墙筏板基础结构体系，经修改设计后仅筏板钢筋直径降低了一个级别，钢筋使用量就减少了 15%；剪力墙厚度适当降低，结构自重减轻了

12%,结构自振周期延长了 65%,地震作用相应减少了 38%,节约投资 35 万元以上,且有关结构指标均符合规范的要求。

2.2.2　建筑结构体系选型

结构体系的类型很多,根据不同的依据其分类方式也不尽相同。各种结构类型都有各自的优缺点及其应用范围,在进行结构选型时,同学们应根据建筑建设的实际情况因地制宜地选择合适的结构体系。一般而言,建筑物的功能要求、建筑结构材料对结构形式的影响、施工技术对建筑结构的选型的影响、结构设计理论和计算手段的发展对结构选型的影响和经济因素对于结构选型的制约等构成了影响结构选型的主要因素。对于毕业生,在缺乏实际经验的情况下,应该多多收集资料,调查研究,综合分析,对比整理后再做出最终的结构选型。下面就结构选型的具体内容做出阐述。

1. 合理选用结构材料

结构的合理性首先表现在组成这个结构的材料的强度能不能充分发挥作用。随着工程力学和建筑材料的发展,结构形式也不断发展。人们总是想用最少的材料,获得最大的效果。因此,我们在确定结构类型时应当遵循两点原则:(1)选择能充分发挥材料性能的结构类型;(2)合理地选用结构材料。一般说来,结构类型按建筑材料可以分为以下几类:

$$
\text{按建筑材料分类的结构类型} \begin{cases} \text{砌体结构体系} \\ \text{钢筋混凝土结构体系} \\ \text{钢结构体系} \\ \text{钢—混凝土组合结构体系} \end{cases}
$$

(1)砌体结构体系

砌体结构是由块体和砂浆砌筑而成的墙、柱作为建筑物主要受力构件的结构,是砖砌体、砌块砌体和石砌体结构的统称。砌体结构房屋具有构造简单、施工方便、建筑造价低、可就地取材等优点。砌体房屋在过去一直是我国城乡建筑中使用最广泛的一种结构形式。但由于砌体是一种脆性材料,其抗压强度较高而抗剪、抗拉、抗弯强度均较低,因而砌体结构构件主要承受轴向压力或小偏心压力,而不利于受拉或受弯,一般民用建筑和工业建筑的墙柱和基础都可以采用砌体结构构件。一般 8 层以下的建筑可采用砌体结构。为改善砌体结构的性能,可采用高强轻质的块材和高强度等级的砂浆来砌筑,并适当地增加一些构造配筋或构造柱,以提高砌体结构房屋的抗震延性和整体性。

(2)钢筋混凝土结构体系

当前,我国的各类建筑中钢筋混凝土结构占主导地位。钢筋混凝土结构具有造价较低、取材丰富、强度高、刚度大、耐火性和延性良好、结构布置灵活方便、可组成多种结构体系等优点,因此得到广泛应用。但钢筋混凝土结构的主要缺点是构件占据面积大、自重大、施工速度慢等。为克服这些缺点,近年来不断发展的新型混凝土材料包括:高强混凝土、预应力混凝土、轻骨料混凝土、钢纤维混凝土等,都有很好的应用前景。

(3)钢结构体系

钢结构常用于大跨重型、轻型工业厂房、大型及超高公共建筑,特种高耸结构等各种建筑物及其他土木工程结构中。我国的钢结构建筑事业在经过了 30 多年的缓慢历程后,近年来出现了非常快的发展势头。至20世纪90年代建造的高层钢结构建筑达到32幢,已建成的上海经贸大厦为95层,建筑高度421m;已设计的最高建筑为上海浦东环球金融中心大厦,95层,建筑高度460m。钢结构建筑物与普通钢筋混凝土相比,上部荷载轻,构件强度高、延性好,抗震性能强。从国内外震后调查结果看,钢结构建筑物倒塌数量很少。但是由于钢结构用钢量大,造价高,而且钢材耐火性能不好,需要采取防火保护措施,增加了造价,从而使钢结构的应用受到限制。但是从长远看来,钢结构具有广泛的发展前途。

(4)钢—混凝土组合结构体系

目前,较为合理的结构类型为钢和钢筋混凝土相结合的组合结构和混合结构。这两种材料在组合构件中发挥其各自特性而共同工作,提高了结构构件的承载能力和抗震性能。此外,钢与混凝土组合结构还有节约钢材、提高混凝土利用系数、降低造价以及施工方便等优点。组合结构是将钢材放在构件内部,外部由钢筋混凝土做成(称为钢骨混凝土或劲性混凝土),或在钢管内部填充混凝土,做成外包钢构件(称为钢管混凝土)。如安徽合肥某银行大楼采用了钢骨混凝土结构,美国西雅图太平洋第一中心大厦采用了钢管混凝土结构等。混合结构则是部分抗侧力结构用钢结构,另一部分用钢筋混凝土的组合结构,在大多数情况下用钢筋混凝土做剪力墙或筒,用钢材做框架梁、柱。如我国上海静安希尔顿饭店、深圳发展中心都是采用这种混合结构。

2. 合理选择结构受力体系

现代建筑中,建筑物的造型可划分为两大类:多层及高层建筑、单层大跨度建筑,按结构受力形式分类,常用的结构体系大体如下:

$$
\begin{array}{l}
\text{多层及高层建筑}
\begin{cases}
\text{混合结构体系} \\
\text{框架结构体系} \\
\text{剪力墙结构体系(包括框架—剪力墙、全剪力墙结构)} \\
\text{筒体结构体系(包括框筒、筒中筒、成束或组合筒体结构)} \\
\text{巨型结构体系}
\end{cases} \\[2em]
\text{单层大跨度建筑}
\begin{cases}
\text{平面结构体系:门式刚架、薄腹梁结构、桁架结构、拱结构} \\
\text{空间结构体系:壳体结构、网架结构、悬索结构、膜结构}
\end{cases}
\end{array}
$$

(1)混合结构体系

①混合结构体系的特点:由于在同一房屋结构体系中采用了砖石和钢筋混凝土两种不同材料组成承重结构,故也称混合结构。其中采用砖砌体的情况较常见,俗称砖混结构。砖混结构由于其自身的一些特点而成为我国使用时间最长,应用最普遍的结构体系。

砌体结构体系主要存在以下一些优点:

a. 较易就地取材,在农村丘陵地区可以就地烧制粘土砖;在山区可以就地开采石料;还可以就地利用工业废料等,来源方便,价格较便宜。

b. 砖石砌体具有良好的耐火性能,而且化学稳定性和大气稳定性都比较好,可以满足房屋耐久性的要求。

c. 砌筑砌体时不需要模板和特殊的施工设备,节省木材、钢材和水泥。新铺砌体上即可承受一定的荷载,因而可以连续施工。在寒冷的冬季还可以采用冻结法施工,无需特殊的保温措施。

d. 砖墙和砌块墙体的隔热保温性能较好,所以既是较好的承重结构,也是较有利于建筑节能的围护结构。

e. 当采用砌块和大型板材作墙体时,可以减轻结构自重,加快施工进度,有利于工业化生产和施工。

但是砌体结构的缺点也比较突出:

a. 砖石砌体的强度相对比较低,一般需要采用较大截面的构件,材料用量多,自重大,运输成本也高。

b. 现场砌体砌筑难以采用机械替代手工操作,施工繁重、条件差。

c. 砖石块体与砂浆之间的粘结强度较低,无筋砌体的抗拉、抗弯和抗剪强度均较低,房屋的整体性差,在没有采取必要的抗震措施的情况下,砌体结构的抗震性能是很差的。

②混合结构体系选用限值:一般六层及六层以下的楼房,如住宅、宿舍、办公室、学校、医院等民用建筑及中小型工业建筑都适宜用混合结构。

震害调查表明,多层砌体房屋的抗震设计首先必须进行合理的建筑和结构布置,并控制房屋总高度和层数,多层砌体房屋的抗震能力与房屋总高度和层数密切相关。房屋总高度增加,地震作用增大;层数越多,震害越重。房屋越高、层数越多,倒塌的概率越高,采取的抗震构造措施也越困难。因此,在地震区采用砌体中加设钢筋混凝土构造柱等抗震构造措施的同时,对多层砌体房屋的总高度和层数加以限制,其值不应超过表 2.2 中规定。并且普通砖、多孔砖和小砌块砌体承重房屋的层高,不应超过 3.6m;底部框架—抗震墙房屋的底部和内框架房屋的层高,不应超过 4.5m。对医院、教学楼等横墙较少的多层砌体房屋,其总高度应比表 2.2 的规定值相应降低 3m,层数相应减少一层;各层横墙很少的多层砌体房屋(指同一楼层内开间大于4.20m 的房间占该层总面积的 40% 以上),应根据具体情况,再适当降低总高度和减少层数。对横墙较少的多层砖砌体住宅楼,当按规定采取加强措施并满足抗震承载力要求时,其高度和层数仍可采用表 2.2 的规定。

表 2.2 多层砌体房屋总高度和层数限制(m)

房 屋 类 别		最小墙厚度 (mm)	烈 度							
			6		7		8		9	
			高度	层数	高度	层数	高度	层数	高度	层数
多层砌体	普通砖	240	24	8	21	7	18	6	12	4
	多孔砖	240	21	7	21	7	18	6	12	4
	多孔砖	190	21	7	18	6	15	5	—	—
	小砌块	190	21	7	21	7	18	6	—	—
底部框架—抗震墙		240	22	7	22	7	19	6	—	—
多排柱内框架		240	16	5	16	5	13	4	—	—

注:1. 房屋的总高度是指室外地面到主要屋面板板顶或檐口的高度,半地下室从地下室室内地面算起,全地下室和嵌固条件好的半地下室应允许从室外地面算起;对带阁楼的坡屋面应算到山尖墙的1/2 高度处;

2. 室内外高差大于 0.6m 时,房屋总高度应允许比表中数据适当增加,但不应多于 1m;

3. 本表小砌块砌体房屋不包括配筋混凝土小型空心砌块砌体房屋。

多层砌体房屋当房屋总高度与总宽度比值较大时，在地震作用下，将会产生过大的整体弯曲变形，使墙体水平截面弯曲效应增加。当超过砌体的抗拉强度时，外墙上出现水平裂缝，并向内延伸。因此，为确保砌体房屋不发生整体弯曲破坏，《建筑抗震设计规范》规定：多层砌体房屋总高度与总宽度的最大比值，应符合表 2.3 的要求。

表 2.3　砌体房屋最大高宽比

烈　度	6	7	8	9
最大高度比	2.5	2.5	2.0	1.5

注:1. 单面走廊房屋的总宽度不包括走廊宽度；

    2. 建筑平面接近正方形时，其高宽比宜适当减小。

对于砌体房屋，其抗震墙间距以及其他局部尺寸也存在限制。多层砌体房屋的横向水平地震作用主要由横墙来承受。对于横墙，既要满足抗震承载力要求，也要使横墙间距能保证楼盖传递水平地震作用所需要的刚度要求。而在地震作用下，房屋的一些薄弱部位易发生破坏，如窗间墙、尽端墙段及无锚固女儿墙和烟囱等。地震时这些部位首先开裂、进而破坏，最后导致房屋局部倒塌或整体倒塌。因此，对这些部位的尺寸应加以限制。

（2）框架结构体系

混凝土框架结构是我国多、高层建筑中经常采用的一种结构形式，这类结构的抗侧力构件是由梁、柱组成的杆件体系。国内外历次震害调查表明，现浇混凝土结构房屋的震害程度一般远轻于其他结构的建筑物。在唐山大地震、日本关东大地震及委内瑞拉加拉加斯地震中，混凝土房屋都表现出良好的抗震性能。

①概述

这种体系是由梁、柱、节点及基础组成的结构形式，横梁和立柱通过节点连为一体，形成承重结构，将荷载传至基础。其优点是在建筑上能够提供较大的空间，平面布置灵活，因而很适合于多层工业厂房以及民用建筑中的多高层办公楼、旅馆、医院、学校、商店和住宅建筑。其缺点是框架结构抗侧刚度较小，在水平荷载作用下位移大，抗震性能较差，故亦称框架结构为"柔性结构"。因此这种体系在房屋高度和地震区使用受到限制。图 2.1 为一些框架结构的平面形式。

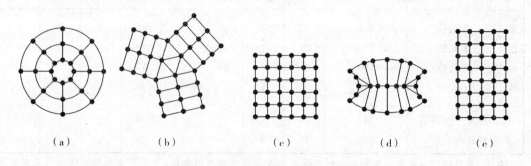

（a）   （b）   （c）   （d）   （e）

图 2.1　框架结构典型平面布置

②框架结构的受力特点

框架结构是由梁和柱连接而成的。梁、柱连接处一般为刚性连接，也可为铰接连接，铰接连接我们通常叫它排架结构。为利于结构受力合理，框架结构一般要求框架梁宜拉通，框架柱在纵横两个方向应由框架梁连接,梁、柱中心线宜重合,框架柱宜纵横对齐、上下对中等。但有时由于使用功能或建筑造型上的要求,框架结构也可做成抽梁、抽柱、内收、外挑、斜梁、斜柱等形式,如图 2.2 所示。

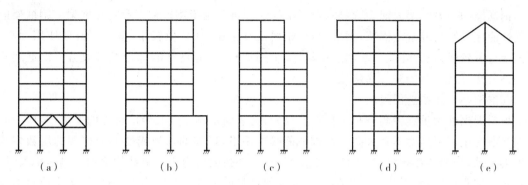

图 2.2 框架结构的梁、柱布置

水平荷载作用下框架结构的水平侧移由两部分组成。一部分属剪切变形,这是由框架整体受剪,梁、柱杆件发生弯曲变形而产生的水平位移。一般底层层间变形最大,向上逐渐减小。另一部分属弯曲变形,这是由框架在抵抗倾覆弯矩时发生的整体弯曲,由柱子的拉伸和压缩而产生的水平位移。当框架结构高宽比不大于 4 时,框架水平侧移中弯曲变形部分所占比例很小,位移曲线一般呈剪切型。

③框架结构的分类

框架结构按施工方法的不同,分为全现浇式、半现浇式、装配式、装配整体式四种。

a. 全现浇式框架

承重构件梁、板、柱均在现场绑扎、支模、浇筑、养护而成,其整体性和抗震性能都非常好。但也存在缺点:现场工程量大,模板耗费多,工期较长。近年来,随着施工工艺及技术水平的发展和提高,如定型钢模板、商品混凝土、泵送混凝土、早强混凝土等工艺和措施的逐步推广,这些缺点正在逐步克服。全现浇式框架是框架结构中使用最广泛的,大量应用于高层建筑及抗震地区。

b. 半现浇式框架

是指梁、柱为现浇,板为预制的结构。由于楼板采用预制,减少了混凝土浇筑量,节约了模板,降低了成本,但其整体性及抗震性能不如全现浇式框架,其应用也较少。

c. 装配式框架

是指梁、柱、板均为预制,然后通过焊接拼装连接成整体的结构。这种框架的构件由构件预制厂预制,在现场进行焊接装配。具有节约模板、工期短、便于机械化生产、改善劳动条件等优点。但构件预埋件多,用钢量大,房屋整体性差,不利抗震,因此在抗震设防地区不宜使用。

d. 装配整体式框架

是指将预制的梁、柱、板安装就位后,焊接或绑扎节点区钢筋,通过对节点区浇筑混凝土,使之结合成整体,故兼有现浇式和装配式框架的一些优点,但节点区现场浇筑混凝土施工复杂,其应用较为广泛。

地震区框架结构宜优先考虑选择现浇框架结构体系,其次是装配整体式框架结构体系,现已很少采用装配式框架结构体系;非地震区的框架结构则可以根据施工条件等因素具体选定。

装配整体式框架宜优先采用预制梁板—现浇柱的方案,并采用叠合梁的方式,使预制楼板锚固于梁的叠合层中,以保证梁和板的整体性。

④钢框架

钢框架的受力骨架为钢梁、钢柱,根据梁柱连接可分为半刚接框架和刚接框架。钢框架的抗震性能优于钢筋混凝土框架;钢梁、钢柱相对混凝土梁、柱截面较小,增大了有效使用面积;钢框架自重较轻,大大降低了基础造价;且施工周期短,具有良好的综合经济效益。钢框架多用于办公楼、旅馆、商场等公共建筑。

⑤框架结构体系选用限值

根据国内外大量震害调查和工程设计经验,为了满足既安全又经济合理的要求,多层与高层钢筋混凝土房屋高度不宜太高。在水平荷载作用下,框架的弯矩或变形与框架的层数多少有极大关系,框架层数越多,产生的水平位移越大,框架的内力也随层数的增加而迅速增长,层数超过一定程度时,水平荷载产生的内力远远超过竖向荷载产生的内力。这时,水平荷载对设计起主要控制作用,而竖向荷载对设计已失去控制作用,框架结构的优越性就不能体现出来,层数越多,就越不优越。因此,框架结构的最大高度受到限制。见表2.4所列。

表2.4　建筑结构体系适用的最大高度(m)

结　构　体　系		非抗震设计	抗震设防烈度			
			6度	7度	8度	9度
框架		70	60	55	45	25
框架—剪力墙		140	130	120	100	50
剪力墙	全部落地剪力墙	150	140	120	100	60
	部分框支剪力墙	130	120	100	80	不应采用
筒体	框架—核心筒	160	150	130	100	70
	筒中筒	200	180	150	120	80
板柱—剪力墙		70	40	35	30	不应采用

注:1. 房屋高度指室外地面到主要屋面板板顶的高度(不包括局部突出屋顶部分);

　　2. 框架—核心筒结构指周边稀柱框架与核心筒组成的结构;

　　3. 部分框支剪力墙结构指首层或底部两层框支剪力墙结构;

　　4. 乙类建筑可按本地区抗震设防烈度确定适用的最大高度;

　　5. 超过表内高度的房屋,应进行专门研究和论证,采取有效的加强措施。

表2.5　高宽比限值

结构体系	非抗震设防	抗震设防		
		6度、7度	8度	9度
框架、板柱—剪力墙	5	4	3	2
框架—剪力墙	5	5	4	3
剪力墙	6	6	5	4
筒中筒、框架—核心筒	6	6	5	4
钢结构民用房屋	6.5	6.5	6	5.5

当房屋向更多的层数或更大的高宽比发展时,采用框架体系将会产生不少的矛盾。从强度方面来看,高度达到一定的数值之后,在框架内产生的内力是相当可观的。从刚度方面来看,层数较高时,框架下面几层的梁、柱截面尺寸就会增加到不经济甚至不合理的地步。一般钢筋混凝土框架结构的合理层数是 6～15 层,最经济是 10 层左右;规范规定不超过 12 层的钢结构房屋可采用钢框架结构;框架结构高宽比不宜超过表 2.5 的限值;抗震等级见表 2.6 所列。

(3)剪力墙结构体系

①剪力墙结构体系的特点

利用建筑物的墙体作为竖向承重和抵抗侧力的结构,称为剪力墙结构体系,在地震区,因其主要用于承受水平地震力,故也称为抗震墙,墙体同时也作为围护及房间分隔构件。

剪力墙结构中,由钢筋混凝土墙体承受全部水平和竖向荷载,剪力墙沿建筑横向、纵向正交布置或沿多轴线斜交布置,在抗震结构中,应避免单向布置剪力墙,并宜使两个方向刚度接近。这种结构刚度大,空间整体性好,用钢量较省。历次地震中,剪力墙结构表现了良好的抗震性能,震害较少发生,而且程度也较轻微。在住宅和旅馆客房中采用剪力墙结构可以较好地适应墙体较多、房间面积不大的特点,而且可以使房间内不凸出梁柱,整齐美观。

剪力墙结构体系集承重、抗风、抗震、围护与分隔为一体,经济合理地利用了结构材料;结构整体性强,抗侧刚度大,侧向变形小,在承载力方面的要求易于得到满足,适于建造较高的建筑;抗震性能好,具有承受强烈地震作用而不倒的良好性能;用钢量较省;与框架结构体系相比,施工相对简便与快速。

剪力墙结构体系的主要缺点:受平面布置的限制,不能提供较大的使用空间,结构自重较大,同时抗侧刚度较大,结构自振周期较短,导致较大的地震作用。

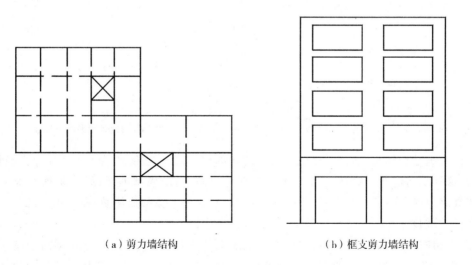

（a）剪力墙结构　　　　　　　　　　（b）框支剪力墙结构

图 2.3　剪力墙结构体系

②剪力墙墙体承重方案

a. 小开间横墙承重。每开间设置一道钢筋混凝土承重墙,间距为 2.7m～3.9m,横墙上放置预制空心板。这种方案优点是一次完成所有墙体,省去砌筑隔墙的工作量;但是横墙数量多,墙体承载力未充分利用,建筑平面布置不灵活,房屋自重及侧向刚度大,自振周期短,水平地震作用大。一般适用住宅、旅馆等使用上要求小开间的建筑。

b. 大开间横墙承重。每两个开间设置一道钢筋混凝土承重横墙,间距一般为6m~8m。楼盖多采用钢筋混凝土梁式板或无粘结预应力混凝土平板。其优点是使用空间大,建筑平面布置灵活,结构延性增加,但是楼盖跨度大,楼盖材料增多。

c. 大间距纵、横墙承重。仍是每两开间设置一道钢筋混凝土横墙,间距为8m左右。楼盖多采用钢筋混凝土双向板。从使用功能、经济技术指标、结构受力性能等方面来看,大开间方案比小间距方案优越。

③剪力墙的类型

a. 按施工工艺分,可分为:大模现浇剪力墙结构;滑模现浇剪力墙结构;全装配大板结构;内浇外挂(也称装配整体式)剪力墙结构。其中大模现浇体系施工工艺及机械设备较简单,有较好的技术经济指标,适合我国国情,占主导地位。

b. 按剪力墙的整体性(墙体开洞大小)分为:实体剪力墙(图2.4(a))(当剪力墙未开洞或开洞较小时,剪力墙的整体工作性能较好,整个剪力墙犹如一个竖向放置的悬臂杆,剪力墙截面内的正应力分布在整个剪力墙截面高度范围内呈线形分布或接近线形分布)。双肢剪力墙(图2.4(b));联肢剪力墙(图2.4(c));框支剪力墙(图2.4(d));错洞剪力墙(图2.4(e));壁式框架(图2.4(f))(剪力墙开洞面积很大,连系梁和墙肢的刚度均比较小,整个剪力墙的受力与变形接近框架,几乎每层墙肢均有一个反弯点,这类剪力墙称为壁式框架);带小墙肢的剪力墙(图2.4(g))。

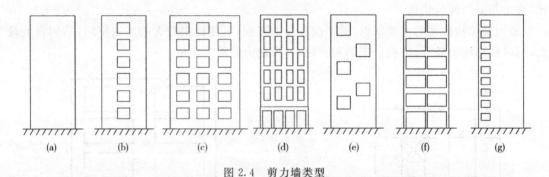

图2.4 剪力墙类型

(a)剪力墙;(b)双肢墙;(c)联肢墙;(d)框支墙;(e)错洞墙;(f)壁式框架;(g)带小墙肢的开洞墙

有时,为满足底部大空间的建筑要求,可将底部剪力墙改为框架,常称为底部大空间剪力墙结构。这种结构迫使一些剪力墙不能全部直通到底,而由底部框架、梁柱来抬上部的剪力墙,这样就成为框支墙了。这种底部具有大空间的框支剪力墙结构体系,在实用上已经较广泛采用,在科学试验上亦积累了一些成果,其震害特点为:

由于底层的竖向荷载和水平荷载全部由底层框架来承受,其主要特点是侧向刚度在底层楼盖处发生突变,从已有的框支剪力墙震害资料表明:这种结构在地震作用下往往由于从上到下刚度突变,底层框架刚度太弱、强度不足、侧移过大、延性不足而出现破坏,甚至导致结构倒塌,这类结构的震害是严重的。

框支剪力墙在竖向布置时为防止刚度突变应采取各种措施,使其大空间底层的层刚度变化率接近于1,不宜大于2;不宜在地震区单独使用框支剪力墙结构,即需要时可采取框支剪力墙与落地剪力墙协同工作结构体系。如图2.5所示。

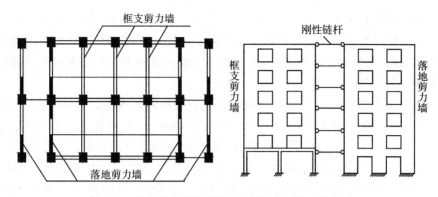

图 2.5　框支剪力墙与落地剪力墙协同工作结构体系

④剪力墙结构体系的选用限值

剪力墙结构体系的适用范围：适于隔墙较多的住宅、公寓和旅馆建筑；为了适应下部设置大空间公共设施的高层住宅、公寓和旅馆建筑的需要，可以使用框支剪力墙结构体系；但框支剪力墙结构不宜在地震区单独应用，需要时可采取框支剪力墙与落地剪力墙协同工作结构体系。

剪力墙结构的高宽比限值见表 2.5 所列。非地震区及地震区现浇剪力墙结构体系适用的最大高度见表 2.4 所列。该表中对无框支墙及部分框支墙给出了不同高度数值的限制，也就是说，部分框支墙的最大高度限制比无框支墙的更严些，且 9 度设防时不允许采用。

研究表明，10 层左右的建筑用剪力墙方案不如框架结构经济，而 15 层以上的高层建筑采用剪力墙方案一般比框架方案经济。层数越多，经济效果越显著。剪力墙结构实践中多用于 40 层以下的建筑。

（4）框架—剪力墙结构体系

①框架—剪力墙的概念

框架—剪力墙结构体系（简称框剪结构），是在框架结构中设置一定数量的剪力墙而形成的双重结构体系。一般而言，框架结构布置灵活，容易满足不同建筑功能的要求，结构延性也比较好，但抗侧刚度比较小，抵抗水平荷载的能力较低，地震中非结构构件破坏比较严重。而剪力墙结构抗侧刚度较大，抗侧承载力高，但由于承重墙体间距较密，建筑布置不够灵活。框架—剪力墙结构体系将框架体系和剪力墙体系结合起来，既可使建筑平面灵活布置，得到自由的使用空间，又可以使整个结构抗侧刚度适当，具有良好的抗震性能，因而这种结构体系已在高层建筑中得到广泛应用，如写字楼、酒店、商场、公寓等。

从受力及变形特点来分析，水平荷载作用下，单独的剪力墙变形曲线为弯曲型，其水平侧移主要取决于所受弯矩的大小，剪力墙侧移越往上增加越快；而单独的框架变形曲线为剪切型，其水平侧移跟各楼层剪力有关，越往上侧移增加缓慢。通过各层刚性楼板的连接组成框架—剪力墙后，使框架、剪力墙协同工作，两者变形一致，共同承担水平荷载，组成一种弯剪型变形的结构。

抗震设计的一般高层建筑，宜优先选用框架—剪力墙结构。

②框架—剪力墙结构体系的抗震性能

框架—剪力墙结构体系中，框架具有很好的延性，而剪力墙的延性较差，把框架和剪力墙结合在一起的框架—剪力墙体系的延性是比较好的。所以就变形能力而言，框架—剪力墙结构体系优于剪力墙结构体系。

框架—剪力墙结构体系的抗震性能也优于框架结构。结构震害资料表明,在框架结构中增设剪力墙,可以增强结构的抗侧刚度,减小侧向位移,并有效控制地震对结构的破坏,特别是减轻非结构构件的破坏。

框架—剪力墙结构体系具有良好的抗震性能还表现在该体系具有多道抗震防线。小震作用下,主要是剪力墙承受水平荷载。中等地震作用下,框架与剪力墙共同工作。在大震作用下,刚度较大的剪力墙充当第一道防线,随着剪力墙的开裂,刚度退化,框架才开始在保持结构稳定及防止结构倒塌上发挥作用。对于具有约束梁的双肢或多肢墙,经过合理的设计,可使约束梁在强震作用下首先屈服,充当第一道防线,形成耗能机构,对墙肢起到保护作用。

由于剪力墙是框架—剪力墙结构中主要的抗侧力构件,而框架居于次要地位,因此在相同的设防烈度和结构高度时,框架—剪力墙结构中的框架的抗震等级要求比纯框架结构体系低,而剪力墙的抗震等级比纯剪力墙结构高。

框架—剪力墙结构体系中的框架,可采用钢框架,也可采用钢筋混凝土框架。其中的剪力墙,如果是单片式的分散布置,则整体结构刚度较小,建造高度一般在 10～20 层;如果利用一些永久隔墙或固定用途的辅助用房、电梯间、楼梯间、各种管井做成连为一体的井筒式剪力墙,则整体结构刚度、承载力都会大大提高,也增强了抗扭能力,因此建造高度可达 30～40 层,这种结构也称为框架—筒体结构。框架—筒体结构根据剪力墙井筒的数量、位置不同,有框架—核心筒结构、框架—端筒结构、框架—多筒(群筒)结构。从受力和变形性能来看,它与框架—剪力墙结构相同,可统称为框架—剪力墙结构体系。

③框架—剪力墙结构体系选用限值

框架—剪力墙结构体系的延性优于剪力墙结构体系,具有多道抗震防线。为了防止产生过大的侧向变形,减少非结构构件如填充墙、内隔墙、门窗和吊顶等的破坏,以及防止在强烈地震作用下或强台风袭击下房屋的整体倾覆,尤其是在软弱地基上的高层建筑,框剪结构房屋适用的最大高度,见表 2.4 所列。

框剪结构有两种类型:其一,由框架和单肢整截面墙、整体小开口墙、小筒体墙、双肢墙组成的一般框剪结构;其二,外周边为柱距较大的框架和中部为封闭式剪力墙筒体组成的框架—筒体结构。这两种类型结构在进行内力和位移分析、构造处理时均按框剪结构考虑。为防止高层建筑在水平力作用下发生倾覆和失去稳定,框架—剪力墙结构的高宽比限值不应超过表 2.5 所示的限制,否则需进行抗倾覆和抗失稳的验算。

框架—剪力墙结构体系的抗震等级见表 2.6 所列。

当框架—剪力墙结构中剪力墙部分承受的结构底部由地震作用产生的弯矩,小于结构底部由地震作用产生的总弯矩的 50% 时,其框架部分抗震等级应按框架结构采用,柱轴压比限值宜按框架结构的规定采用;其最大适用高度和高宽比限值可比框架结构适当地增加,增加幅度可视剪力墙数量及所承受的地震倾覆力矩比例确定。

表 2.6　现浇钢筋混凝土房屋抗震等级

结构类型		烈度						
		6		7		8		9
框架结构	高度(m)	≤30	>30	≤30	>30	≤30	>30	≤25
框架结构	框架	四	三	三	二	二	一	一
框架结构	剧场、体育馆等大跨度公共建筑	三		二		一		
框架—抗震墙结构	高度(m)	≤60	>60	≤60	>60	≤60	>60	≤50
框架—抗震墙结构	框架	四	三	三	二	二	一	一
框架—抗震墙结构	抗震墙	三				二		一
抗震墙结构	高度(m)	≤80	>80	≤80	>80	≤80	>80	≤60
抗震墙结构	抗震墙	四	三	三	二	二	一	一
部分框支抗震墙结构	抗震墙	三	二	二				
部分框支抗震墙结构	框支层框架	二		二		二		
筒体结构	框架—核心筒　框架	三		二		一		
筒体结构	框架—核心筒　核心筒	二		二		一		
筒体结构	筒中筒　外筒	三		二		一		
筒体结构	筒中筒　内筒	三		二		一		
板柱—抗震墙结构	板柱的柱	三		二		一		
板柱—抗震墙结构	抗震墙	二		二		二		

注：1. 建筑场地为Ⅰ类时，除 6 度外可按表内降低一度所对应的抗震等级采取抗震构造措施，但相应的计算要求不应降低；

　　　2. 接近或等于高度分界时，应允许结合房屋不规则程度及场地、地基条件确定抗震等级；

　　　3. 部分框支抗震墙结构中，抗震墙加强部位以上的一般部位，应允许按抗震墙结构确定其抗震等级。

(5)钢结构框架—支撑体系

①框架—支撑体系的特点

框架—支撑体系是有效的、经济的和常用的钢结构抗侧力结构体系，它的作用与钢筋混凝土结构中的框架—剪力墙结构体系基本类似，均属于共同工作结构体系。

框架—支撑体系是由框架体系演变来的，即在框架体系中对部分框架柱之间设置竖向支撑，形成若干榀带竖向支撑的支撑框架；支撑框架在水平荷载作用下，通过刚性楼板或弹性楼板的变形协调与刚接框架共同工作，形成一双重抗侧力结构体系，称之为框架—支撑体系。如图 2.6 所示。

当沿内筒周边及电梯井道和楼梯间等长隔墙部位设置支撑框架，形成带支撑框架的内筒结构时，内筒与外框架则构成框架—内筒体系。

支撑框架中的框架梁与框架柱仍为刚接相连，而支撑杆的两端常假定为与梁柱节点铰接相连，即支撑杆中不产生弯矩和剪力，只产生轴向力。因此，支撑框架既具有框架的受力特性和变形特征，又有铰接桁架的受力特性和变形特征，有利于增加结构的侧向刚度。

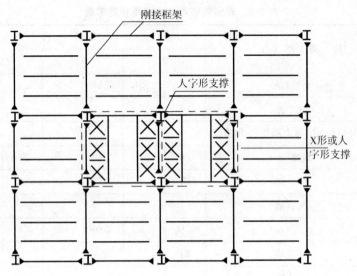

图 2.6　框架—支撑体系平面

支撑形式多样,有单斜杆、十字交叉、人字形等,在地震区宜采用偏心支撑实现耗能梁段,从而提高结构抗震性能以及保护支撑不屈曲。为提高结构的侧向刚度,还可附加钢板剪力墙墙板、内藏钢板剪力墙墙板或带竖缝混凝土剪力墙墙板等嵌入式墙板,以承担结构的水平剪力。

②框架—支撑体系选用限值

框架—支撑体系的竖向支撑设置位置,受建筑立面的造型要求,以及下部几层的通行要求限制,不能沿外墙周边部位设置,只能在内隔墙及内筒部位设置。

规范规定不超过 12 层的钢结构房屋可采用框架、框架—支撑结构;8 度、9 度时或超过 12层时,宜采用偏心支撑、嵌入式墙板及框架—内筒结构。

框架—支撑体系在非地震区及地震区适用的最大高度,见表 2.4 所列。

框架—支撑体系的高宽比限值见表 2.5 所列。

与钢筋混凝土框架—剪力墙结构类似,框架—支撑结构体系要求总框架任一楼层所承担的地震剪力,不得小于结构底部总剪力的 25%,以及支撑框架所承担的倾覆力矩大于总倾覆力矩的 50%。

(6)筒体结构体系

近年来,建筑功能和城市规划的要求不断提高,平面布置与竖向体型日益复杂。随着层数增多,高度加大以及抗震设防烈度的提高,以平面结构状态工作的框架、剪力墙和框架—剪力墙所组成的三大常规体系往往难以满足要求,于是,出现了筒体结构。筒体结构属于整体刚度很大,能提供很大的建筑空间和建筑高度,建筑物内部空间的划分可以灵活多变,因此广泛应用于多功能、多用途的超高层建筑中。

①筒体结构的分类

常见的筒体结构有三类:

a.框架—核心筒结构,由布置在楼层中央的剪力墙核心筒和周边的框架组成。

b.筒中筒结构一般含内、外两个筒,外筒是由密排柱和截面高度相对较大的群梁组成的框筒,内筒为剪力墙和连梁组成的薄壁筒。

c.多束筒体结构,由若干个单元筒集成一体,从而形成空间刚度极大的结构,每一个单元筒能够单独形成一个筒体结构。

②筒体结构的受力特点

筒体结构的基本特征是：水平荷载主要是一个或多个筒体承受的。筒体是空间整截面共同工作的，如同一个竖在地面上的箱形悬臂梁。在水平荷载下，不仅平行于荷载方向的腹板框架起作用，而且垂直于荷载方向的翼缘框架也起作用。

但是，实际框筒的腹板框架轴力曲线分布，翼缘框架轴力也不均匀分布，靠近角柱处轴力最大，远离角柱处轴力变小。框筒中这种应力不保持直线分布的现象称为剪力滞后现象。剪力滞后现象越严重，参与受力的翼缘框架柱越少，空间受力特性越弱。剪力滞后的程度与结构的平面尺寸、荷载大小、外框筒群梁和密柱的相对刚度等因素有关。

筒体结构的最大适用高度见表 2.4 所列，高宽比不宜超过表 2.5 的限值，抗震等级见表2.6 所列，这里就不再赘述。

（7）其他结构体系

鉴于工业与民用建筑设计专业毕业设计的实际情况，对于较复杂的结构体系，如巨型结构，单层大跨度结构等一般不涉及，故而不作过多讨论。如需要可参考相关文献。

2.2.3　结构抗震设计原则

结构体系确定后，应当密切结合建筑设计进行结构总体布置，使建筑物具有良好的造型和合理的传力路线。结构体系受力性能与技术经济指标能否做到先进合理，与结构总体布置密切相关。

建筑结构的总体布置，是指其对高度、平面、立面和体型等的选择，除应考虑到建筑使用功能、建筑美学要求外，在结构上应满足强度、刚度和稳定性要求。地震区的建筑，在结构设计时，还应保证建筑物具有良好的抗震性能。设计要达到先进合理，首先取决于清晰合理的概念，而不是仅依靠力学分析来解决。确定结构布置方案的过程就是一个结构概念设计的过程，学生往往因这一阶段的计算分析较少而不够重视，导致后续设计发生困难。

1. 结构总体布置原则

（1）为了使建筑满足抗震设防要求，应考虑下述的抗震设计基本原则：

①选择有利的场地，避开不利的场地，采取措施保证地基的稳定性。危险场地不宜兴建高层建筑，如基岩有活动性断层和破碎带、不稳定的滑坡地带等等。而为不利场地时，高层建筑要采取相应的措施以减轻震害，如场地冲积层过厚、砂土有液化危险，湿陷性黄土等等。

②保证地基基础的承载力、刚度以及足够的抗滑移、抗倾覆能力，使整个高层建筑形成稳定的结构体系，防止在外荷载作用下产生过大的不均匀沉降、倾覆和局部开裂等。

③合理设置抗震缝。一般情况下宜采取调整平面形状与尺寸，加强构造措施，设置后浇带等方法，尽量不设缝、少设缝。设缝时必须保证有足够的缝宽。

④应具有明确的计算简图和合理的地震作用传递途径。结构平面布置力求简单、规则、对称，避免凹角和狭长的缩颈部位；避免在凹角和端部设置楼电梯间；避免楼电梯间偏置。结构竖向体形尽量避免外挑、内收，力求刚度均匀渐变。

⑤多道抗震设防能力，避免因局部结构或构件破坏而导致整个结构体系丧失抗震能力。如框架为强柱弱梁，梁屈服后柱仍能保持稳定；剪力墙结构的连梁首先屈服，然后才是墙肢、框架破坏等。

⑥合理选择结构体系。对于钢筋混凝土结构，一般来说纯框架结构抗震能力有限；框架—剪力墙性能较好；剪力墙结构和筒体结构具有良好的空间整体性，刚度也较大。

⑦结构应具有足够的刚度，且具有均匀的刚度分布控制结构顶点总位移和层间位移，避免因局部突变和扭转效应而形成薄弱部位。在小震时，应防止过大的变形使结构或非结构构件开裂，影响正常使用；在强震下，结构应不发生倒塌、失稳或倾覆现象。

⑧结构应有足够的结构承载力，具有较均匀的刚度和承载力分布。局部强度太大会使其他部位形成相对薄弱的环节。

⑨节点的承载力应大于构件的承载力。要从构造上采取措施防止地震作用下节点的承载力和刚度过早退化。

⑩结构应有足够的变形能力及耗能能力，应防止构件脆性破坏，保证构件有足够的延性。如采取提高抗剪能力、加强约束箍筋等措施。

⑪突出屋顶的塔楼必须具有足够的承载力和延性，以承受鞭稍效应影响。对可能出现的薄弱部位，应采取有效措施予以加强。

⑫减轻结构自重，最大限度降低地震的作用，积极采用轻质高强材料。

⑬应避免因部分结构或构件破坏而导致整个结构丧失承载重力荷载、风荷载和地震作用的能力。

(2)房屋适用高度和高宽比

在高层建筑中，结构的位移常常成为结构设计的主要控制因素，而且随着建筑高度的增加，倾覆力矩将迅速增大。因此，高层建筑的高宽比 H/B 不宜过大。一般应满足表 2.5 的要求。对于满足表 2.5 的高层建筑，一般可不进行整体稳定验算和倾覆验算。

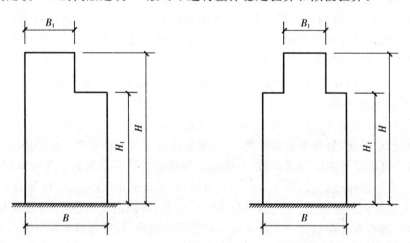

图 2.7　结构高度与宽度

(3)结构平面及竖向布置原则

①结构平面布置原则

结构平面应尽量设计成形状简单、规则、均匀、对称，使结构受力明确，传力直接，有利于抵抗水平和竖向荷载，减少扭转影响，减少构件的应力集中。当结构平面布置超过表 2.7 中一项及以上的不规则指标，则称为平面不规则。当超过表 2.7 中多项指标，或某一项超过规定指标较多，具有较明显的抗震薄弱部位，将会引起不良后果时，称为特别不规则。当结构体型复杂，多项不规则指标超过表 2.7 规定,或大大超过规定值,具有严重的抗震薄弱环节,将导致地震破坏等严重后果时,称为严重不规则。

表 2.7　结构不规则类型

不规则类型		定　　义
平面 不规则	扭转不规则	楼层最大弹性水平位移(或层间位移)大于该楼层两端弹性水平位移(或层间位移)平均值的 1.2 倍
	凹凸不规则	结构平面凹进的一侧尺寸大于相应投影方向总尺寸的 30%
	楼板局部不连续	楼板的尺寸和平面刚度急剧变化,例如:有效楼板宽度小于该层楼板典型宽度的 50%,或开洞面积大于该层楼面面积的 30%,或较大的楼层错层
竖向 不规则	侧向刚度不规则	该层的侧向刚度小于相邻上一层的 70%,或小于其上相邻三个楼层侧向刚度平均值的 80%;除顶层外,局部收进的水平向尺寸大于相邻下一层的 25%
	竖向抗侧力构件不连续	竖向抗侧力构件(柱、剪力墙、抗震支撑)的内力由水平转换构件(梁、桁架等)向下传递
	楼层承载力突变	抗侧力结构的层间受剪承载力小于相邻上一楼层的 80%

除平面形状外,各部分尺寸也有一定的要求。首先,平面长度不宜过长,长宽比 L/B 不宜过大。平面过于狭长的建筑物在地震时由于两端地震波输入有相位差而容易产生不规则振动,产生较大的震害。突出部分长度 l 不宜过大,因为平面有较长的外伸时,外伸段容易产生局部振动而引发凹角处破坏。

②结构竖向布置原则

抗震设防的结构竖向布置宜规则、均匀,避免有过大的外挑和内收。结构的侧向刚度宜下大上小,逐渐均匀变化,不应采用严重不规则的结构。应以结构在水平荷载(地震作用及风荷载)作用下产生最小的内力和变形为最好。结构上部形成缩小面积的突出部分,这种刚度突变在地震作用下会产生鞭梢效应,要采取特殊的措施加强。局部错层或有夹层时,会形成同一层中长短柱相结合的情况,不利于抗震,短柱往往遭到破坏,应避免这种布置。

抗震设防的框架—支撑体系中,竖向支撑或剪力墙板的形式和布置在竖向宜一致,且应延伸至基础;钢框架柱则应至少延伸至地下一层。高层建筑钢结构与下部钢筋混凝土基础或地下室的钢筋混凝土结构层之间宜设置钢骨混凝土结构层作为上下两种结构类型之间的过渡层。

当存在表 2.7 中所列举的平面或竖向不规则类型时,应按规范要求采用空间计算模型进行水平地震作用计算和内力调整,并应对薄弱部位采取有效的抗震构造措施。当体型复杂、平立面特别不规则时,可在适当部位设置防震缝,形成多个较规则的抗侧力结构单元。

(4)变形缝的设置

在多层与高层建筑中,为防止结构因温度变化和混凝土收缩而产生裂缝,常隔一定距离设置温度伸缩缝;在结构平面狭长而立面有较大变化时,或者地基基础有显著变化,或者高层塔楼与低层裙房之间等等,可能产生不均匀沉降,此时可设置沉降缝;对于有抗震设防的建筑物,当其平面形状复杂而又无法调整其平面形状和结构布置,使之成为较规则结构时,宜设置防震缝。伸缩缝、沉降缝和防震缝将高层建筑划分为若干个形状布置相对简单的结构单元,如图2.8所示。

　　高层建筑设置"三缝",可以解决产生过大变形和内力的问题,但却又产生许多新的问题。例如:由于缝的两侧均需布置墙体或框架而使结构复杂和建筑使用不便;"三缝"使建筑立面处理困难;地下部分容易渗漏,防水困难等等,而更为突出的是,地震时缝两侧结构进入弹塑性状态,位移急剧增大而发生相互碰撞,产生严重的震害。

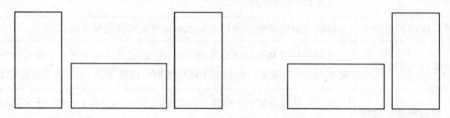

图 2.8　结构变形缝

　　近年来设计与施工经验表明,多层与高层建筑应当调整平面尺寸和结构布置,采取构造措施和施工措施,尽量不设缝或少设缝;如果一定要设缝时,必须保证必要的缝宽以防止震害。

　　①伸缩缝

　　伸缩缝也称为温度缝,混凝土的温度裂缝有两种:混凝土由于水灰比过大,水泥用量过多,养护不当,或浇灌大体积混凝土时产生大量的水化热,致使混凝土硬化后产生收缩裂缝,这是混凝土的早期温度裂缝。当混凝土硬化后,结构在使用阶段由于外界温度变化,导致混凝土结构膨胀或收缩,而当收缩变形受到结构约束时,就会在混凝土构件中产生裂缝,这是混凝土在使用阶段的温度裂缝。伸缩缝可以释放建筑平面尺寸较大的房屋因温度变化和混凝土干缩产生的结构内力。

　　允许结构"自由"伸缩而不致引起较大约束应力及裂缝的混凝土结构体型(长度的范围)即为设计中的伸缩缝间距,伸缩缝的最大间距不宜超过表2.8的限值当。房屋超过规定长度时,除基础外,上部结构用伸缩缝断开,考虑不同结构形式,缝宽也应满足相应规定。

表 2.8　伸缩缝的最大间距

结构类型	施工方法	最大间距/m
框架	装配式	75
框架—剪力墙	现浇式	55
剪力墙	外墙装配	65
	外墙现浇	45

　　当采用以下的构造措施和施工措施减少温度和收缩应力时,可适当增大伸缩缝的间距:

　　a. 在温度变化影响较大的部位提高配筋率。如顶层、底层、山墙和纵墙端开间等。对于剪力墙结构,这些部位的最小构造配筋率为 0.25%,实际工程都为 0.3% 以上。

　　b. 顶层加强保温隔热措施或设置架空通风屋面,避免屋面结构温度梯度过大。外墙可设置保温层。

　　c. 顶层可以改用刚度较小的结构形式(如剪力墙结构顶层局部改为框架),或顶部设温度缝,将结构划分为长度较短的区段。

d. 施工中留后浇带。一般每隔 30m～40m 设一道,带宽 800mm～1000mm,混凝土后浇,钢筋采用搭接接头。留出后浇带后,施工过程中混凝土可以自由收缩,从而大大减少了收缩应力。混凝土的抗拉强度可以大部分用来抵抗温度应力,提高结构抵抗温度变化的能力。

后浇带混凝土可在主体混凝土施工后 60d 浇筑,至少也不少于 30d。后浇带宜采用膨胀性混凝土,浇灌时的温度宜低于主体混凝土浇灌时的温度。

e. 采用收缩小的水泥,减少水泥用量、在混凝土中加入适宜的外加剂。

f. 提高每层楼板的构造配筋率或采用部分预应力结构。

但是不能认为只要采取了上述措施,就可任意加大伸缩缝间距,甚至不设缝。而应根据概念和计算慎重考虑各种不同因素对结构内力和裂缝的影响确定合理的伸缩缝间距。例如有的工程结构平面尺寸超过规范很多,仅有设置后浇带这一项措施而不设伸缩缝,是很危险的。

②沉降缝

当同一建筑物中的各部分的基础发生不均匀沉降时,有可能导致结构构件产生较大的内力和变形,此时可采用设置沉降缝的方法将各部分分开,形成两个独立的结构单元。沉降缝不但应贯通上部结构,而且应贯通基础本身。高层建筑在下述平面位置处,应考虑设置沉降缝:

a. 高度差异或荷载差异较大处;

b. 上部不同结构体系或结构类型的相邻交界处;

c. 地基土的压缩性有显著差异处;

d. 基底标高相差过大,基础类型或基础处理不一致处。

在地震区,所设置的沉降缝也应做成防震缝所要求的宽度,以避免沉降缝两侧的房屋互相碰撞。

设置沉降缝后,虽然解决了建筑物因差异沉降而造成的结构过大裂缝问题,但由于上部结构必须在沉降缝的两侧均设独立的抗侧力结构,形成双梁、双柱和双墙,给建筑在使用上和立面处理等方面带来不便,结构上也存在基础埋置深度、整体稳定等问题,地下室渗漏也不容易解决。因此,在地基条件允许的情况下,尽可能把主楼和裙房部分的基础做成整体,不设沉降缝,这时可采取以下措施:

a. 当压缩性很小的土质不太深时,可以利用天然地基,把主楼和裙房部分放在一个刚度很大的整体基础上,采用桩基,桩支承在基岩上,使它们之间不产生沉降差。

b. 当土质比较好,且地基土压缩可在不太长的时间内完成时,可先施工主楼,留后浇带。因主楼工期长,待主楼基本建成,沉降基本稳定后,再施工裙房,使它们后期沉降基本相近。设计时要考虑两个阶段基础受力状态不同,分别验算。

c. 当裙房面积不大时,可以从主体结构的箱形基础上悬挑出基础梁,承受裙房的重量。还有很多处理方法,实际工程中应根据具体条件综合考虑。

③防震缝

建筑结构防震缝的设置主要是为了避免在地震作用下结构产生过大的扭转、应力集中、局部破坏等。抗震设防的多层与高层建筑,在下列情况下宜设防震缝:

a. 平面长度和突出部分尺寸超出了规定的限值,而又没有采取加强措施时;

b. 各部分结构刚度、荷载或质量相差很远,而又没有采取有效措施;

c. 房屋有较大错层时。

　　防震缝应在地面以上沿全高设置,其宽度应考虑由于基础不均匀沉降产生的转动对结构顶点位移的影响。

　　防震缝可与沉降缝、伸缩缝统一考虑,根据不同的结构形式防震缝应满足相应的最小宽度。防震缝的最小宽度应符合下列要求:框架结构房屋,当高度不超过15m时可采用70mm,超过15m时,6、7、8和9度相应每增加高度5m、4m、3m和2m,宜加宽20mm;框架—剪力墙和剪力墙结构房屋的防震缝宽度,可分别按相同高度框架结构房屋防震缝宽度的70%和50%采用,同时均不宜小于70mm。防震缝应在地面以上沿全高设置,当不作为沉降缝时,基础可以不断开,但在防震缝处基础应加强构造和连接。

　　由于防震缝的宽度较大,会给多高层建筑设计和构造处理等带来困难,另外,地震时由于缝的两边单元间相互碰撞产生较严重的震害,目前工程设计中大多倾向于不设防震缝。建筑平面和竖向布置简单、规则、对称,刚度和质量分布均匀,是避免设缝的主要途径。对于8度、9度框架结构房屋不得不设缝时,可在防震缝两侧房屋的尽端沿全高设置垂直于防震缝的抗撞墙,以减少防震缝两侧碰撞时的破坏。每一侧抗撞墙的数量不应少于两道,宜分别对称布置,如图2.9所示。

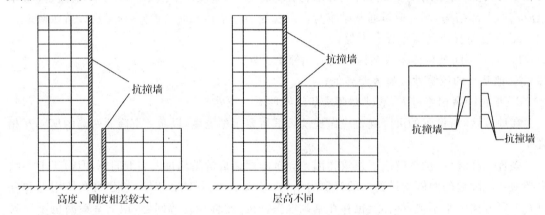

图2.9　抗撞墙示意图

　　钢结构房屋宜避免采用不规则建筑结构方案,不设防震缝;需要设防震缝时,缝宽不小于相应钢筋混凝土结构房屋的1.5倍。

　　2. 混合结构体系结构布置

　　(1)混合结构体系的分类

　　多层砌体房屋的抗震性能受建筑体型和结构布置方案的影响较大。如果房屋建筑体型复杂,平、立、剖面布置不规则,墙体布置不合理,在地震时极易产生应力集中和扭转效应,从而加重震害。

　　因此,抗震设计中对建筑体型的基本要求是:规则、简单、对称,避免平面凹凸曲折,立面高低错落,避免质量和刚度发生突变。一般而言,混合结构体系可以分为以下几类:

　　①横墙承重体系:横墙数量多、间距较密(通常为3m～4.5m),因此结构横向刚度较大,外墙一般不承重,门窗洞口的设置较为方便。常用于住宅、旅馆等建筑物。

　　②纵墙承重体系:结构横向刚度较小,但可形成较大空间,纵墙承受的荷载较大,一般不能任意开设门窗洞口。常用于学校、医院、办公楼等建筑物。

　　③纵横墙承重体系:其刚度特征介于前两种体系之间,适用于建筑功能多样、平面布置复

杂的建筑。常用于多层综合楼。

（2）混合结构布置原则

①应优先采用横墙承重或纵横墙共同承重的结构布置方案。不宜纵墙承重，这是因为纵墙承重的结构布置方案，房屋横墙较少，间距较大，地震时外纵墙因与预制楼板的拉结失效而外倾，容易引起楼板坍落而引起严重破坏。

②结构平面和立面力求规整、体型简单，尽量减少收进与凸出及错层，局部大房间应尽可能放在顶层中部。质量和刚度力求均匀对称，质量和刚度明显不均匀不对称的结构，应考虑水平地震作用的扭转影响。房屋总高度与总宽度的比值不应超过表 2.3 的要求。房屋总高度和层数不应超过表 2.2 的规定。

③纵横墙的布置宜均匀对称，沿平面内宜对齐，沿竖向宜上下连续；同一轴线上的窗间墙宽度宜均匀，以减少墙体、楼板等受力构件的中间传力环节，使地震作用能均匀传递并分配到各道墙及各个墙段，避免产生应力集中，减少扭转效应。每片横墙和纵墙开洞宜均匀，洞口上下对齐，尽量使同一轴线上的墙肢均匀等宽。内外墙厚和局部尺寸限值均需满足相应规定。抗震横墙间距不应超过表 2.9 中的要求。

表 2.9 房屋抗震横墙最大间距(m)

房屋类别		烈　度			
		6	7	8	9
多层砌体	现浇或装配整体式钢筋混凝土楼、屋盖	18	18	15	11
	装配式钢筋混凝土楼、屋盖	15	15	11	7
	木楼、屋盖	11	11	7	4
底部框架—抗震墙	上部各层	同多层砌体房屋			—
	底层或底部两层	21	18	15	—
多排柱内框架		25	21	18	—

注：1. 多层砌体房屋的屋顶，最大横墙间距应允许适当放宽；

　　2. 表中木楼、屋盖的规定，不适用于小砌块砌体房屋。

④保证结构整体性，按规定设置圈梁和构造柱或芯柱、配筋砌体等，使墙体之间，墙体和楼盖之间的连接部位具备必要的强度和变形能力。

⑤楼梯间不宜设置在房屋的尽端和转角处。这是由于房屋端部和转角处地震时扭转作用大，应力比较集中，且楼梯间墙体横向支承少，震害较重。

⑥设置烟道、风道、垃圾道等不应削弱墙体。当墙体被削弱时应采取加强措施（如在砌体中加配钢筋等），不宜采用无竖向配筋的附墙烟囱及出屋面的烟囱。

⑦不宜采用无锚固的钢筋混凝土预制挑檐。

（3）框架结构体系选型与结构布置

房屋结构布置是否合理，对结构的安全性、实用性及造价影响很大，因此结构方案设计者对结构的方案选择尤为重要。要确定一个合理的结构布置方案，需要充分考虑建筑的功能、造型、荷载、高度、施工条件等。虽然建筑千变万化，但结构布置始终有一些基本的规律，总的来说，框架结构布置包括框架柱布置和梁格布置两个方面。

①结构布置原则

a. 结构平面形状和立面体型宜简单、规则,使各部分刚度均匀对称,减少结构产生扭转的可能性。

b. 控制结构高宽比,以减少水平荷载下的侧移,其高宽比限值见表 2.5 所列。

c. 尽量统一柱网及层高,以减少构件种类规格,简化设计及施工。

d. 房屋的总长度宜控制在最大温度伸缩缝间距内,当房屋长度超过规定值时,可设伸缩缝将房屋分成若干温度区段。

②框架结构柱网的布置要求

a. 柱网布置应满足建筑功能的要求

在住宅、旅馆等民用建筑中,柱网布置应与建筑隔墙布置相协调,一般常将柱子设在纵横墙交叉点上,以尽量减少柱网对建筑使用功能的要求。大柱网适用建筑平面要求有较大空间的房屋,但将增大梁的截面尺寸;小柱网梁柱截面尺寸小,适用于饭店、办公楼、医院病房等分隔墙体较多的建筑。但在有抗震设防的框架房屋中,过大的柱网将给实现强柱弱梁及延性框架增加一定困难。

b. 柱网布置应规则、整齐、间距适中,传力体系明确,结构受力合理

框架结构是全部由梁、柱构件组成的,承受竖向荷载并同时承受水平荷载,并且框架结构只能承受自身平面内的水平力,因此沿建筑物的两个主轴方向都应设置框架;柱网的尺寸还受到梁跨度的限制,一般常使梁跨度在 6m～9m 为宜。

c. 柱网布置应便于施工

结构布置应考虑施工方便,以加快施工进度,降低工程造价。设计时应尽量考虑到构件尺寸的模数化、标准化,尽量减少构件规格,柱网布置时应尽量使梁、板布置简单、规则。

③梁格布置

柱网确定后,用梁把柱连接起来,即形成框架结构。实际的框架结构是一个空间受力体系。但为了计算分析方便起见,可把实际框架结构看成是纵横两个方向的平面框架。沿建筑物长向的称为纵向框架,沿建筑物短向的称为横向框架。纵向框架和横向框架分别承受各自方向上的水平力,而楼面竖向荷载则依楼盖结构布置方式而按不同的方式传递。

④钢筋混凝土承重框架的布置

按楼面竖向荷载传递路线的不同,框架的布置方案可分为三种:

a. 横向框架承重方案

横向框架承重方案是在横向上布置主梁,在纵向上设置连系梁。如图 2.10(a)所示,楼板支承在横向框架上,楼面竖向荷载传给横向框架主梁。由于横向框架跨数较少,主梁沿框架横向布置有利于增加房屋横向抗侧移刚度。由于竖向荷载主要通过横梁传递,所以纵向连系梁往往截面尺寸较小,这样有利于建筑物的通风和采光。不利的一面是由于主梁截面尺寸较大,对于给定的净空要求使结构层高增加。

b. 纵向框架承重方案

纵向框架承重方案是在纵向上布置框架主梁,在横向上布置连系梁。如图 2.10(b)所示,楼面的竖向荷载主要沿纵向传递。由于连系梁截面尺寸较小,这样对于大空间房屋,净空较大,房屋布置灵活。不利的一面是进深尺寸受到板长度的限制,同时房屋的横向刚度较小。

c. 纵横向框架混合承重方案

框架在纵横两个方向上均需布置框架承重梁以承受楼面荷载。楼板的竖向荷载沿两个方向传递。预制楼板通常布置成图 2.10(c)形式。柱网较大的现浇楼盖,通常布置成图 2.10(d)形式;柱网较小的现浇楼盖,楼板可以不设井字梁直接支承在框架主梁上。由于这种方案沿两个方向传力,因此各杆件受力较均匀,整体性能也较好,通常按空间框架体系进行内力分析。

在地震区,考虑到地震方向的随意性以及地震产生的破坏效应较大,因此应按双向承重进行布置。高层建筑承受的水平荷载较大,应设计为纵横双向梁柱刚接的抗侧力结构体系,而不宜采用一个方向梁柱刚接的抗侧力结构。若有一个方向为铰接时,应在铰接方向设置支撑等抗侧力构件。主体结构除个别部位外,不应采用梁柱铰接。

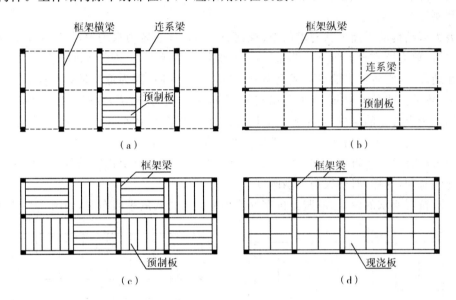

图 2.10 框架结构典型平面布置

(a)纵向上设置连系梁;(b)横向上布置连系梁;(c)预制楼板布置形式;(d)现浇板布置形式

⑤**钢框架钢梁的布置**

楼盖钢梁是结构体系中各抗侧力构件的连接杆件,钢梁的布置应考虑以下几条原则:

a. 为了充分发挥结构体系的整体空间作用,主梁应与竖向杆件直接相连;而每根钢柱在纵、横方向均应有钢梁与之连接,以减小柱的计算长度、保证柱的侧向稳定。

b. 主梁的布置,应使结构体系中的外柱承担尽可能多的楼盖竖向荷载;而角柱会出现高峰轴向拉应力,也需要利用较大的竖向荷载来平衡。

c. 连续的组合梁虽可减小梁的跨中弯矩和挠度,但次梁与主梁按受弯节点要求采用刚接连接时,将增加较多的焊接工作量;因此高层建筑钢结构中的楼盖结构较少采用网格梁或井字梁结构,除悬臂梁外,次梁宜与主梁铰接相连,并与楼板形成简支组合梁,以提高梁的承载力和减小梁的挠度。

d. 钢梁的间距应与所采用楼板类型的经济跨度相协调。在钢结构高层建筑中应用较多的压型钢板混凝土楼板,其适用跨度为 1.5m~4m,经济跨度为 2m~3m。预应力混凝土现浇平板的跨度则可达 10m。

3. 剪力墙结构体系

现浇剪力墙体系布置应综合考虑建筑使用功能,构件类型、施工工艺及技术经济指标等因素。

（1）剪力墙的布置

①当建筑物为矩形、T形和L形平面时，剪力墙可沿两个主轴方向布置；当建筑物为三角形、Y形平面时，剪力墙可沿三个主轴方向布置；当建筑物为圆形平面时，剪力墙多沿径向布置成辐射状。剪力墙宜贯通到顶，当顶层有大房间需要取消一部分剪力墙时，顶层的顶板和楼板宜按转换层楼板的要求适当加强。

②剪力墙宜拉通对齐，不同方向的剪力墙宜分别联结在一起，避免仅单向有墙的结构布置形式。当剪力墙双向布置且相互联结时，纵墙（横墙）可以作为横墙（纵墙）的翼缘，从而提高其承载力和刚度。

③剪力墙结构的平面形状力求简单、规则、对称，墙体布置力求均匀，使质量中心与刚度中心尽量接近；剪力墙宜自上到下连续布置，不宜突然取消或中断，避免刚度突变。

④在地震区，宜将剪力墙设计成高宽比 H/B 较大的墙，因为低矮墙（$H/B<1.5$）属剪切脆性破坏，抗震性能差。因此，当剪力墙较长时，可用楼板（无连梁）或跨高比不小于5的连梁将其分为若干个独立的墙段，每个独立墙段可以是实体墙、整体小开口墙、联肢墙或壁式框架，每个独立墙段的 H/B 不宜小于2，且墙肢长度不宜大于8m。

⑤剪力墙宜设于建筑物两端、楼梯间、电梯间及平面刚度有变化处同时以能使纵横向相互连在一起为有利，这样，对增大剪力墙刚度很有好处。

⑥对有抗震要求的建筑，应避免抗震性能不良的鱼骨式的平面布置，如图2.11所示。

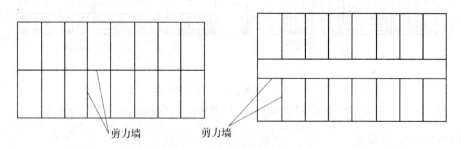

图2.11　鱼骨式剪力墙平面布置图

⑦全剪力墙体系从剪力墙布置均衡来考虑，在民用建筑中，一般横墙短而数量多，纵墙长而数量少。因此，纵横向剪力墙的布置需适应这个特点。

横向剪力墙的间距，从经济考虑，不宜太密，一般不小于6m～8m。

纵向剪力墙一般设为二道、二道半、三道或四道，如图2.12所示。

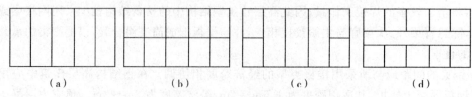

（a）　　　　　　　（b）　　　　　　　（c）　　　　　　　（d）

图2.12　纵向剪力墙布置图

（2）控制剪力墙平面外弯矩

剪力墙的特点是平面内刚度及承载力大，而平面外刚度及承载力相对很小。当剪力墙与平面外方向的梁连接时,会造成墙肢平面外弯矩,而一般情况下在设计中并不验算墙体平面外的刚度和承载力。事实上,梁端弯矩会造成墙体平面外受力的不利影响,特别是当梁截面高度相对较大时(梁高大于墙厚 2 倍)。为控制剪力墙平面外的弯矩,可采取下列措施之一:

①沿梁轴线方向设置与梁相连的剪力墙,抵抗该墙肢平面外弯矩;

②当不能设置与梁轴线方向相连的剪力墙时,宜在墙与梁相交处设置扶壁柱,扶壁柱宜按计算确定截面及配筋;

③当不能设置扶壁柱时,应在墙与梁相交处设置暗柱,并宜按计算确定配筋;

④必要时,剪力墙内可设置型钢。

(3)剪力墙墙体上开洞的基本要求

剪力墙墙体上开洞的位置和大小会从根本上影响剪力墙的分类及其相应的受力状态与变形特点。设计中要求建筑、结构、设备等专业协作配合,合理布置墙体上的洞口,避免出现对抗风、抗震不利的洞口位置,对于较大的洞口应尽量设计成上下洞口对齐成列布置,使之能形成明确的墙肢和连梁,尽量避免上下洞口错列的不规则布置。

①如由于建筑使用功能要求上下洞口不能对齐成列而需要错开时,应根据《钢筋混凝土高层建筑结构设计与施工规程》的规定进行应力分析及截面配筋设计。

对于错洞墙工程实践中常采取下列措施:

a. 一般错洞墙

一级抗震等级情形,不应采用错洞墙,二、三级情形时不宜采用错洞墙。当必须采用错洞墙时,洞口错开距离不宜小于 2m,如图 2.13(a)所示。

b. 叠合错洞墙

抗震设计及非抗震设计中均不宜采用叠合错洞墙,当必须采用时,应按图 2.13(b)所示的暗框式配筋。

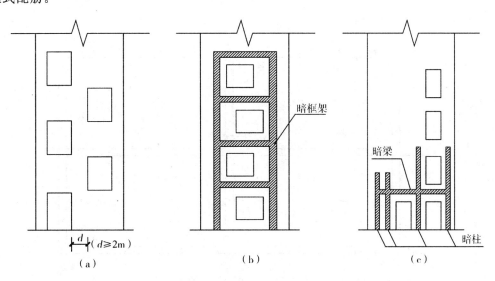

图 2.13　错洞剪力墙

c. 底层局部错洞墙

当采用这种形式的剪力墙时,其标准层洞口部位的竖向钢筋应延伸至底层,并在一、二层形成上下连续的暗柱,二层洞口下设暗梁,并加强配筋。底层墙截面的暗柱应伸入二层,如图

2.13(c)所示。

②对于宽墙肢(即剪力墙的截面高度过大),一般当其截面高度大于8m时可开门窗洞(若建筑使用功能许可)或开结构洞(若建筑使用功能在该部位不需要开洞时再行堵砌),如图2.14所示,使一道剪力墙分为若干较均匀的墙肢。各墙肢可以是整体墙、小开口墙、联肢墙或壁式框架,各墙肢的高宽比均不宜小于2。

③洞口位置距墙端要保持一定的距离,以使墙体受力合理及有利于配筋构造,可按图2.15所示要求来保证洞口位置距墙端保持必要的距离。

④门窗洞口的设置中应避免出现宽度 $B < 3b$(b为墙肢厚度)的薄弱小墙肢,研究表明,这种薄弱小墙肢在地震作用下会出现早期破坏,即使加强纵向配筋及箍筋也很难避免。

关于上述剪力墙开洞与不开洞相比,不仅受力效能不同,而且计算方法也不一样。总之,剪力墙以不开洞比开洞好;少开洞比多开洞好;开小洞比开大洞好;单排洞比多排洞好;洞口靠中比洞口靠边好。

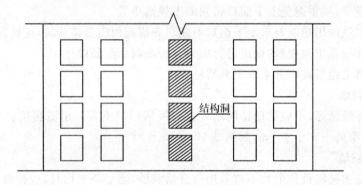

图 2.14　宽墙肢留结构洞

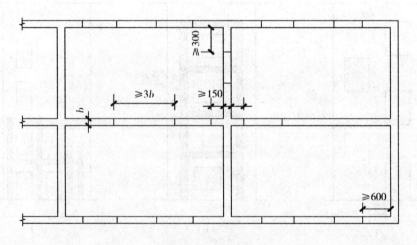

图 2.15　洞口位置距墙端的最小距离

4. 框架—剪力墙结构体系

框架—剪力墙结构是由框架和剪力墙组成的结构体系。在水平荷载作用下,框架和剪力墙是变形特点不同的两种结构,当用平面内刚度很大的楼盖将两者组合在一起组成框架—剪力墙结构时,框架与剪力墙在楼盖处的变形必须协调一致,即二者之间存在协同工作问题。因此框架—剪力墙结构房屋的总体平面布置、竖向布置、变形缝设置等不仅要满足前面相关章节所陈述的内容,其框架和剪力墙的布置还应分别符合下列要求:

(1)框架部分布置要求

在框架—剪力墙结构中,框架的构造要求应满足框架结构抗震设计的有关规定,剪力墙的构造要求应满足剪力墙结构抗震设计的有关规定,此外,还应满足下列要求:

①框架—剪力墙结构应设计为双向抗侧力体系,主体结构不应采用铰接。故框架应采用纵横双向梁柱刚接体系。框架梁柱的轴线宜重合在同一平面内,梁、柱轴线间偏心距不宜大于柱截面在该方向边长的1/4。

②框架—剪力墙结构的剪力墙常与框架梁柱形成带边框的剪力墙结构,边框梁的截面宽度不宜小于墙厚的2倍,梁的截面高度不宜小于墙厚的3倍,边框柱的宽度不宜小于墙厚的2.5倍,柱的截面高度不宜小于柱宽度。

③框架—剪力墙结构中,当框架柱底部承受的地震作用小于结构底部总地震作用的20%时,一、二级柱的轴压比限值可分别按框架结构中柱的轴压比限值提高0.1采用。当剪力墙承担的总弯矩占地震作用产生的总弯矩的50%以上且超过值较多时,框架柱的轴压比可较纯框架结构中柱的轴压比适当放宽。

④框架—剪力墙结构当采用装配整体式楼盖时,为使楼盖在自身平面内具有足够的刚度,以满足框架与剪力墙协同工作的设计假定,应保证楼盖与剪力墙具有可靠连接及其整体性,装配式楼、屋面板应有配筋现浇层,板与板、板与梁应通过板缝及叠合梁浇混凝土连成整体。

(2)剪力墙部分的布置原则

在框架—剪力墙结构体系中剪力墙是主要的抗侧力构件,它本身承受很大的剪力和弯矩。在设计中剪力墙应沿两个主轴方向布置并按照"均匀、对称、分散、周边"的原则来布置,尽可能使两个方向抗侧力刚度接近,除个别节点外,不应采用铰接。主体结构构件间的连接刚性,目的是为了保证整体结构的几何不变和刚度发挥;同时,较多的赘余约束对结构在大震下的稳定性是有利的。若在平面中对称布置剪力墙有困难,则可调整有关部位剪力墙的长度和厚度,使框架—剪力墙结构体系的抗侧刚度中心尽量与质量中心相接近,以减轻地震作用下对结构产生扭转作用的不利影响。

剪力墙的布置应符合下列要求:

①剪力墙宜均匀对称地布置在建筑物的周边附近、楼电梯间、平面形状变化或恒载较大的部位。平面形状凹凸较大时,宜在凸出部分的端部附近布置剪力墙。

②为防止楼板在自身平面内变形过大,保证水平力在框架和剪力墙之间的合理分配,横向剪力墙的间距宜满足表2.10的要求。当这些剪力墙之间的楼盖有较大开洞时,剪力墙的间距应适当减小。

③纵向剪力墙宜布置在结构单元的中间区段内。房屋纵向较长时,不宜集中在两端布置纵向剪力墙,否则宜留施工后浇带以减少温度、收缩应力的影响。

④纵横向剪力墙宜布置成L形、T形和口形等形状,如图2.16所示。以使纵墙(横墙)可以作为横墙(纵墙)的翼缘,从而提高承载力和刚度。

⑤为了保证剪力墙具有足够的延性,不发生脆性剪切破坏,每道剪力墙不应过长。当剪力墙墙肢截面高度大于8m时,可用门窗洞口或施工洞形成联肢墙。

⑥剪力墙布置不宜过分集中,每道剪力墙的底部剪力不宜超过总底部剪力的 40%。抗震设计时,各主轴方向剪力墙的刚度宜接近。

⑦楼电梯间、竖井等造成连续楼层开洞时,宜在洞边设置剪力墙,且尽量与靠近的抗侧力结构结合,不宜孤立地布置在单片抗侧力结构或柱网以外的中间部分。

⑧剪力墙宜贯通建筑物全高,避免沿高度方向突然中断而出现刚度突变。剪力墙厚度沿高度宜逐渐减薄,每次减薄的厚度不宜超过 100mm。

⑨有边框剪力墙的布置除应符合上述要求外,尚应符合:墙端处的柱(框架柱)应予保留,柱截面应与该榀框架其他柱的截面相同;剪力墙平面的轴线宜与柱截面轴线重合;与剪力墙重合的框架梁宜保留,梁的配筋按框架梁的构造要求配置。该梁亦可做成宽度与墙厚度相同的暗梁,暗梁高度可取墙厚的 2 倍。

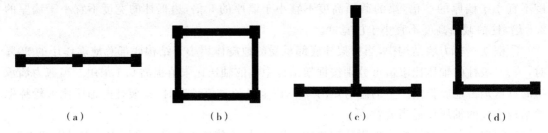

(a)	(b)	(c)	(d)

图 2.16　纵横剪力墙交联成组布置

表 2.10　剪力墙的最大间距

楼盖类型	非抗震设计	抗震设计		
		6 度、7 度	8 度	9 度
现　　浇	≤5B,且≤60m	≤4B,且≤50m	≤3B,且≤40m	≤2B,且≤30m
装配整体	≤3.5B,且≤50m	≤3B,且≤40m	≤2.5B,且≤30m	—

注:1. B 为楼盖的宽度;

　　2. 装配整体式楼盖指装配式楼面上做配筋现浇层;

　　3. 现浇部分厚度大于 60mm 的预应力或非预应力叠合楼板可作为现浇楼板考虑;

　　4. 剪力墙之间的楼面有较大开洞时,剪力墙的间距应予减小。

⑩框架—剪力墙结构体系中剪力墙的合理数量,是关系到框架—剪力墙体系是否安全、经济、合理的关键环节。一般来说,多设剪力墙对抗震有利,但超过一定限度,会使结构抗侧力刚度过大,加大地震作用,增大地震效应,既不经济也不合理。在满足规范许可位移的前提下,剪力墙的数量应尽量少。为了能充分发挥框架—剪力墙体系的结构特性,剪力墙在结构底部所承担的地震弯矩值(可按第一振型计算)不少于总地震弯矩值的 50%。

框架梁、柱截面尺寸确定以后,应在充分发挥框架抗侧力的前提下,按层间弹性位移角限值确定剪力墙数量。在初步设计阶段,可根据房屋底层全部剪力墙截面面积 A_w、全部框架柱截面面积 A_c 之和与楼面面积 A_f 的比值,或者采用全部剪力墙截面面积 A_w 与楼面面积 A_f 的比值,来粗估剪力墙数量。$(A_w+A_c)/A_f$ 或 A_w/A_f 限值大致可取表 2.11 内的值。层数多、高度大的框架—剪力墙结构体系,宜取表中的上限值。当设防烈度或场地类别不同时,可根据上述数值适当增减。

表 2.11　底层结构截面面积与楼面面积之比

设计条件	$(A_w+A_c)/A_f$	A_w/A_f
7 度，Ⅱ类场地	3%～5%	2%～3%
8 度，Ⅱ类场地	4%～6%	3%～4%

5. 楼、屋盖结构的选择

在建筑结构中，混凝土楼盖的造价约占土建总造价的 20%～30%；在钢筋混凝土高层建筑中，混凝土楼盖的自重约占总自重的 50%～60%，因此降低楼盖的造价和自重对建筑物来讲是至关重要的。减小混凝土楼盖的结构设计高度，可降低建筑层高，对建筑工程具有很大的经济意义。混凝土楼盖设计对于建筑隔声、隔热和美观等建筑效果有直接影响，对保证建筑物的承载力、刚度、耐久性，以及提高抗风、抗震性能等也有重要的作用。对于结构设计人员来讲，混凝土楼盖设计是一项基本功。

高层建筑中各竖向抗侧力结构（框架、剪力墙、筒体等）是依靠水平楼面结构连为整整体的，水平力通过楼板平面进行传递和分配。因此，要求楼板在自身平面内有足够大的刚度。对需要进行抗震设防、高度超过 50m 的高层建筑，宜优先采用现浇楼面结构，框架—剪力墙结构应优先采用现浇楼面结构。对于高度不超过 50m 的高层建筑，除现浇楼面外，还可以采用装配整体式楼面，也可采用与框架梁或剪力墙有可靠连接的预制大楼板楼面。装配整体式楼面的构造要求应符合下列要求：

（1）抗震设计的框架—剪力墙结构，8、9 度区不宜采用装配式露面，6、7 度区采用装配式楼面时每层宜设现浇层。现浇面层厚度不宜小于 50mm，混凝土强度等级不应低于 C20，并应双向配置直径 $\phi 6$～$\phi 8$、间距 150mm～250mm 的钢筋网，钢筋应锚固在剪力墙内。

（2）当框架—剪力墙结构采用装配式楼面、高度小于 50m 的框架或剪力墙结构采用预制板时，预制板应均匀排列，板缝拉开的宽度不宜小于 40mm，板缝大于 60mm 时应在板内配钢筋，形成板缝梁，并宜贯通整个结构单元。预制板板缝、板缝梁的混凝土强度等级不应低于 C20。

（3）装配式楼屋盖整体性和刚性较差，应采取有效措施保证楼屋盖的整体性及其与结构的可靠连接；不宜用于高层建筑及有抗震设防要求的建筑。

（4）当楼面被洞口或平面凹凸等造成局部楼盖削弱过多时，应加强楼盖削弱部位，以保证楼盖的刚性。

（5）在多、高层钢结构民用建筑中，宜采用压型钢板—混凝土板组合楼盖。它是利用成型的压型钢板铺设在钢梁上，通过纵向剪力连接件和钢梁上翼缘焊牢，然后在压型钢板上现浇混凝土（或轻质混凝土）构成。这种组合楼板强度高、刚度大、延性好、整体性强；压型钢板作为永久性模板，构造简单，总造价较为经济。

组合楼板的总厚度不应小于 90mm，在压型钢板表面上的厚度不应小于 50mm；压型钢板应采用镀锌钢板，在钢梁上的支撑长度不应小于 50mm；压型钢板组合楼板的适用跨度为 1.5m～4m，经济跨度为 2m～3m。

（6）对不超过 12 层的钢结构房屋，尚可采用装配式、装配整体式钢筋混凝土楼板或其他轻型楼板；将楼板预埋件与钢梁焊接，或采取其他保证楼盖整体性的措施。

房屋的顶层、结构转换层、平面复杂或开洞过大的楼层应采用现浇楼面结构。顶层楼板厚度不宜小于 130mm；转换层楼板和地下室顶板的厚度不宜小于 180mm；一般楼层现浇楼板厚度不宜小于 80mm。

2.3 结构荷载作用和结构设计原则

施加在结构上的集中力或分布力和引起结构外加变形、约束变形的原因,统称为结构上的作用。直接作用习惯上称为荷载,一般指结构构件自重、楼面上的人群和各种物品的重量、设备重量、风压及雪压等;间接作用一般指温度变化、结构材料的收缩和徐变、地基不均匀沉降及地震等给结构产生的效应。直接作用或间接作用在结构内产生的内力(如轴力、弯矩、剪力和扭矩)和变形(如挠度、转角和裂缝等)称为作用效应;尽由荷载产生的效应称为荷载效应。

结构设计中所涉及的荷载分为永久荷载(恒荷载)、可变荷载(活荷载)和偶然荷载(如地震力、爆炸力、撞击力等)。

荷载有四种代表值,即标准值、频遇值、准永久值和组合值,其中标准值是荷载的基本代表值,其他代表值是标准值乘以相应的系数后得出的。荷载标准值是结构在使用期间,在正常情况下可能出现的具有一定保证率的偏大荷载值。荷载频遇值是指在结构上时而出现的较大荷载值,即在设计基准期间其超越的总时间比率为规定的较小比率或超越次数为规定较少次数的荷载值。荷载准永久值是指在结构上经常作用的荷载值,即在设计基准期间超越的总时间约为设计基准期一半的荷载值。当有多种可变荷载同时作用在结构上时,为了能够使该结构产生的总效应与只有一个可变荷载作用时所产生的效应有最佳的一致性,通常将某些可变荷载的标准值乘以组合系数予以折减,折减后的荷载值为荷载组合值。

在设计建筑结构时,应根据不同的设计要求,选取不同的荷载代表值用来计算设计荷载。

永久荷载(恒载),在按承载能力极限状态设计时,应采用标准值作为代表值。

可变荷载(活载),在按承载能力极限状态设计时,常以组合值为代表值;在按正常使用极限状态设计时,常以准永久值为代表值。

偶然荷载,应根据试验资料并结合工程经验确定其代表值。

建筑结构设计应当保证在荷载作用下结构有足够的承载能力及刚度,能保证结构的安全和正常使用。对于高层建筑,当其高宽比大于 5 时,还宜进行整体稳定性验算和抗倾覆验算。

在使用荷载及风荷载作用下,结构应处于弹性阶段或仅有微小的裂缝出现。结构应满足承载能力及限制侧向位移的要求。

"小震不坏,中震可修,大震不倒"的抗震设防目标,是通过三水准设防,二阶段抗震设计来实现的。在第一阶段设计是多遇地震作用下构件的抗震承载力验算以及结构的弹性变形验算。除要满足承载力及侧向位移限制要求,还要满足延性要求。延性要求通过采取一系列抗震措施来实现,以满足第一、第二水准的抗震设防要求,保证"小震不坏,中震可修";在某些情况下,要求进行第二阶段验算,即进行罕遇地震作用下结构薄弱部位的弹塑性变形验算,并采取相应的构造措施,以保证"大震不倒"。

2.3.1 重力荷载

1. 恒荷载

恒荷载指结构自重及相应粉刷、装修及固定设备的自重等。永久荷载标准值可按结构构件的设计尺寸和材料单位体积的自重计算确定,对常用材料和构件的自重可从《建筑结构荷载规范》(GB50009-2001)附表 A.1 中查得。

2. 活荷载

(1)民用建筑楼面均布活荷载

民用建筑楼面均布活荷载的标准值及组合值、频遇值和准永久值系数,应按表 2.12 的规定采用。由于表 2.12 所规定的楼面均布荷载标准值是以楼板的等效均布活荷载为依据的,故在设计楼面梁、墙、柱及基础时,表 2.12 中的楼面均布活荷载标准值在下列情况下应乘以规定的折减系数。

设计楼面梁时的折减系数。表中第 1(1)项当楼面梁从属面积超过 25m² 时,应取 0.9;第 1(2)~7 项当楼面梁从属面积超过 50m² 时应取 0.9;第 8 项对单向板楼盖的次梁和槽形板的纵肋应取 0.8,对单向板楼盖的柱梁应取 0.6;对双向板楼盖的梁应取 0.8;第 9~12 项采用与所属房屋类别相同的折减系数。

设计墙、柱和基础时的折减系数。表中第 1(1)项按表 2.13 的规定采用;表中 1(2)~7 项采用与楼面梁相同的折减系数;第 8 项对单向板楼盖应取 0.5,对双向板楼盖和无梁楼盖应取 0.8;第 9~12 项采用与所属房屋类别相同的折减系数。

楼面梁的从属面积应按梁两侧各延伸二分之一梁间距的范围内的实际面积确定。

表 2.12　民用建筑楼面均布荷载标准值及其组合值、频遇值和准永久值系数

项次	类　别	标准值 (kN/m²)	组合值 系数 ψ_c	频遇值 系数 ψ_f	准永久值 系数 ψ_q
1	(1)住宅、宿舍、旅馆、办公楼、医院病房、托儿所、幼儿园	2.0	0.7	0.5	0.4
	(2)教室、实验室、阅览室、会议室、医院门诊室			0.6	0.5
2	食堂、餐厅、一般资料档案室	2.5	0.7	0.6	0.5
3	(1)礼堂、剧场、影院、有固定座位的看台	3.0	0.7	0.5	0.3
	(2)公共洗衣房	3.0	0.7	0.6	0.5
4	(1)商店、展览厅、车站、港口、机场大厅及其旅客等候室	3.5	0.7	0.6	0.5
	(2)无固定座位的看台	3.5	0.7	0.6	0.3
5	(1)健身房、演出舞台	4.0	0.7	0.6	0.5
	(2)舞厅	4.0	0.7	0.6	0.3
6	(1)书库、档案库、贮藏室	5.0	0.9	0.9	0.8
	(2)密集柜书库	12.0			
7	通风机房、电梯机房	7.0	0.9	0.9	0.8
8	汽车通道及停车库:			0.7	0.6
	(1)单向板楼盖(板跨不小于 2m)客车	4.0	0.7	0.7	0.6
	消防车	35.0	0.7		
	(2)双向板楼盖和无梁楼盖(板跨不小于 6m×6m)和无梁楼盖(柱网尺寸不小于 6m×6m)				
	客车	2.5	0.7	0.7	0.6
	消防车	20.0	0.7	0.7	0.6

（续表）

项次	类　别	标准值 （kN/m²）	组合值 系数 ψc	频遇值 系数 ψf	准永久值 系数 ψq
9	厨房(1)一般的 (2)餐厅的	2.0 2.0	0.7 0.7	0.6 0.7	0.5 0.7
10	浴室、厕所、盥洗室： (1)第一项中的民用建筑 (2)其他民用建筑	2.0 2.5	0.7 0.7	0.5 0.6	0.4 0.5
11	走廊、门厅、楼梯： (1)宿舍、旅馆、医院病房、托儿所、幼儿园、住宅 (2)办公楼、教学楼、餐厅、医院门诊部 (3)当人流可能密集时	2.0 2.5 3.5	0.7 0.7 0.7	0.5 0.6 0.5	0.4 0.5 0.3
12	阳台： (1)一般情况 (2)当人群有可能密集时	2.5 3.5	0.7	0.6	0.5

注：1. 本表所给各项荷载适用于一般使用条件，当使用荷载较大或情况特殊时，应按实际情况采用。

2. 第 6 项库活荷载当书架高度大于 2m 时，书库活荷载尚应按每米书架高度不小于 2.5kN/m² 确定。

3. 第 8 项中的客车活荷载只适用于停放载人少于 9 人的客车；消防车活荷载是适用于满载总重为 300kN 的大型车辆；当不符合本表要求时，应将车轮的局部荷载按结构效应的等效原则，换算为等效均布荷载。

4. 第 11 项楼梯活荷载，对预制楼梯踏步平板，尚应按 1.5kN 集中荷载验算。

5. 本表各项荷载不包括隔墙自重和二次装修荷载。对固定隔墙的自重应按恒荷载考虑，当隔墙位置可灵活自由布置时，非固定隔墙的自重可取每延米长墙重（kN/m）的 1/3 作为楼面活荷载的附加值（kN/m²）计入，附加值不小于 1.0kN/m²。

表 2.13　活荷载按楼层的折减系数

墙、柱、基础计算截面以上的层数	1	2～3	4～5	6～8	9～20	＞20
计算截面以上各楼层活荷载总和的折减系数	1.00 (0.90)	0.85	0.70	0.65	0.60	0.55

注：当楼面梁的从属面积超过 25m² 时，应采用括号内的系数。

（2）工业建筑楼面活荷载

工业楼面在生产使用或安装检修时，由设备、管道、运输工具及可能拆移的隔墙产生的局部荷载，均应按实际情况考虑，可采用等效均布活荷载代替。工业建筑楼面（包括工作平台）上无设备区域的操作荷载，包括操作人员、一般工具、零星原料和成品的自重，可按均布活荷载考虑，采用 2.0kN/m²。生产车间的楼梯活荷载，可按实际情况采用，但不宜小于 3.5kN/m²。

（3）屋面均布活荷载

工业与民用房屋的屋面，其水平投影上的屋面均布活荷载应按表 2.14 采用。

表 2.14 屋面均布活荷载

项次	类别	标准值/ (kN/m²)	组合值系数 Ψ_c	频遇值系数 Ψ_f	准永久值 Ψ_q
1	不上人的屋面	0.5	0.7	0.5	0
2	上人的屋面	2.0	0.7	0.5	0.4
3	屋顶花园	3.0	0.7	0.6	0.5

注：1. 不上人的屋面，当施工或维修荷载较大时应按实际情况采用，对不同结构应按有关设计规范的规定，将标准值作 0.2kN/m² 的增减；

2. 上人的屋面，当兼做其他用途时，应按相应楼面活荷载采用；

3. 对于因屋面排水不畅、堵塞等引起的积水荷载，应采用构造措施加以防止；必要时，应按积水的可能深度确定屋面活荷载；

4. 屋顶花园活荷载不包括花园土石等材料自重。

2.3.2 雪荷载

屋面水平投影面上的雪荷载标准值，应按公式（2-3-1）计算：

$$s_K = \mu_r s_0 \tag{2-3-1}$$

式中：s_K 为雪荷载标准值（kN/m²）；

s_0 为基本雪压（kN/m²）；

μ_r 为屋面积雪分布系数。

基本雪压 s_0 根据当地一般空旷平坦地面上统计所得 50 年一遇最大积雪的自重确定，应按《荷载规范》全国基本雪压分布图及有关的数据采用；屋面积雪分布系数 μ_r 就是地面基本雪压换算为屋面雪荷载的换算系数，它与屋面形式、朝向及风力有关。

雪荷载的组合值系数可取 0.7；频遇值系数可取 0.6；准永久值应按雪荷载分区 Ⅰ、Ⅱ、Ⅲ 的不同，分别取 0.5、0.2 和 0。

2.3.3 风荷载

随着建筑物高度的增高，风荷载的影响越来越大。高层建筑中除了地震作用的水平力以外，主要的侧向荷载是风荷载，在荷载组合时往往起控制作用。因此，高层建筑在风荷载作用下的结构分析与设计引起了研究人员和工程师们的重视。

垂至于建筑表面上的风荷载标准值，当计算主要承重结构时应按公式（2-3-2）计算：

$$\omega_K = \beta_Z \mu_S \mu_Z \omega_0 \tag{2-3-2}$$

式中：ω_k 为风荷载标准值（kN/m²）；

β_Z 为高度 z 处的风振系数；

μ_S 为风荷载体型系数；

μ_Z 为风压高度变化系数；

ω_0 为基本风压（kN/m^2）。

风荷载的组合值、频遇值和准永久值系数分别取 0.6、0.4 和 0。

对于一般的高层建筑和高耸结构，基本风压可用《建筑结构荷载规范》中的 ω_0 乘 1.1 的增大系数作为该建筑的基本风压值；对于特别重要或对风荷载比较敏感的高层建筑，其基本风压值应按 100 年重现期的风压值采用。其他各系数的取值规定详见荷载规范。

对于非抗震设计，水平荷载以风荷载为主；对于抗震设计，60m 以下的建筑物不考虑风的影响，其水平力以地震作用为主。

当多栋或群集的高层建筑物相互间距较近时，宜考虑风力相互干扰的群体效应。一般可将单栋建筑的体型系数 μ_s 乘以相互干扰增大系数，该系数就可参考类似条件的试验资料确定；必要时宜通过风洞试验确定。

房屋高度大于 200m 时宜采用风洞试验来确定建筑物的风荷载；房屋高度大于 150m，有下列情况之一时，宜采用风洞试验确定建筑物的风荷载：

(1)平面形状不规则，立面形状复杂；

(2)立面开洞或连体建筑；

(3)周围地形和环境较复杂。

2.3.4　荷载效应组合

结构设计时，要考虑可能发生的各种荷载的最大值以及它们同时作用在结构上产生的综合效应。各种荷载性质不同，发生的概率和对结构的作用也有区别。经过统计和实践检验，荷载规范规定了必须采用荷载效应组合的方法。通常，在各种不同荷载作用下分别进行结构分析，得到内力和位移后，再用分项系数与组合系数加以组合。抗震规范也规定了抗震设计时荷载效应的组合方法。

无地震作用荷载效应组合：

$$S = \gamma_0 (\gamma_G C_G G_k + \gamma_{Q1} C_{Q1} Q_{1k} + \gamma_{Q2} C_{Q2} Q_{2k} + \psi_w \gamma_w C_w \omega_k) \qquad (2-3-3)$$

有地震作用荷载效应组合：

$$S_E = \gamma_G C_G G_E + \gamma_{Eh} C_{Eh} E_{hk} + \gamma_{Ev} C_{Ev} E_{vk} + \psi_w \gamma_w C_w \omega_k \qquad (2-3-4)$$

上二式中：γ_0 为结构重要性系数，对安全等级为一级、二级、三级的结构构件分别取 1.1、1.0、0.9；

　　$C_G G_k$、$C_{Q1} Q_{1k}$、$C_{Q2} Q_{2k}$ 分别为永久荷载（建筑构造、结构的重量）、使用荷载、雪荷载等标准值产生的荷载效应；

　　$C_w \omega_k$ 为风荷载标准值产生的荷载效应；

　　$C_G G_E$ 为抗震计算时重力荷载代表值产生的荷载效应，重力荷载代表值包括全部自重、50%雪荷载、50%～80%使用荷载；

　　$C_{Eh} E_{hk}$、$C_{Ev} E_{vk}$ 分别为水平地震作用、竖向地震作用产生的荷载效应；

　　γ_G、γ_{Q1}、γ_{Q2}、γ_w、γ_{Eh}、γ_{Ev} 分别为与上述各种荷载相应的荷载分项系数；ψ_w 为风荷载与其他荷载组合时的组合系数。

表 2.15　荷载分项系数及荷载效应组合系数

类型	编号	组合情况	竖向荷载		水平地震作用	竖向地震作用	风荷载		说明
			γ_G	γ_Q	γ_{Eh}	γ_{Ev}	γ_w	ψ_w	
无地震作用	1	恒载及活载	1.2	1.4	0	0	0	0	
	2	恒载、活载及风荷载	1.2	1.4	0	0	1.4	1.0	
有地震作用	3	重力荷载及水平地震作用	1.2		1.3	0	0	0	
	4	重力荷载、水平地震作用及风荷载	1.2		1.3	0	1.4	0.2	60m 以上高层建筑考虑
	5	重力荷载及竖向地震作用	1.2		0	1.3	0	0	9 度抗震设计时考虑，但水平长悬臂及大跨度构件 8、9 度时考虑
	6	重力荷载、水平及竖向地震作用	1.2		1.3	0.5	0	0	
	7	重力荷载、水平及竖向地震作用、风荷载	1.2		1.3	0.5	1.4	0.2	60m 以上高层建筑，9 度抗震设计时考虑，但水平长悬臂及大跨度构件 8、9 度时考虑

对高层建筑而言，第 2、3、4 项是基本组合情况，在 9 度设防区才需考虑 5、6、7 项组合。在 6 度设防区，除 Ⅳ 类场地土以外，可以不进行抗震计算，因此，不需要与地震作用效应组合。在所选定可能出现的几种情况下，要选择最不利的荷载效应组值进行结构构件的承载力计算。

2.3.5　结构构件截面承载力计算

按极限状态设计的要求，承载力计算的一般表达式如下：

无地震作用组合时：
$$S \leqslant R \tag{2-3-5}$$

有地震作用组合时：
$$S_E \leqslant R_E / \gamma_{RE} \tag{2-3-6}$$

式中：S 为无地震作用时经过荷载效应组合后的构件内力，由式(2-3-3)计算；

γ_0 为结构重要系数，对安全等级为一级、二级和三级的结构构件可分别取 1.1、1.0 和 0.9；

R 为无地震作用组合时构件的承载能力，不同的构件采用不同的承载能力计算公式，如抗弯承载力、抗剪承载力等；

S_E 为有地震作用时经过荷载效应组合得到的内力，由式(2-3-4)计算；因地震作用属于偶然作用，这时的目标可靠指标可以适当降低一些，故式(2-3-4)中不再考虑结构构件的重要性系数；

R_E 为抗震设计时的构件承载能力；

γ_{RE} 为承载力抗震调整系数，混凝土结构按表 2.16 采用，当仅考虑竖向地震作用组合时，各类构件 γ_{RE} 均取 1.0。

　　从理论上讲,抗震设计中采用的材料强度设计值应高于非抗震设计时的材料强度设计值。但为了应用方便,在抗震设计中仍采用非抗震设计时的材料强度设计值,而通过引入承载力抗震调整系数 γ_{RE} 来提高其承载力。当轴压比小于 0.15 的偏心受压柱,因柱的变形能力和相近,故其抗震调整系数与梁相同。

表 2.16　承载力抗震调整系数

构件类别	梁	轴压比小于 0.15 的柱	轴压比不小于 0.15 的柱	剪力墙		各类构件	节点
受力状态	受弯	偏压	偏压	偏压	局部承压	受剪偏拉	受剪
γ_{RE}	0.75	0.75	0.80	0.85	1.0	0.85	0.85

2.3.6　高层建筑整体稳定和抗倾覆验算

　　1. 整体稳定性验算

　　高宽比大于 5 的高层建筑,其整体稳定性验算公式为

$$\left.\begin{aligned} G_{tc} &\leqslant \frac{\sum E_c I_{eq}}{8H^2} \\ G_{tc} &= \frac{1}{H^2}\sum G_i H_i^2 \end{aligned}\right\} \tag{2-3-7}$$

式中: G_{tc} 为顶端等效重力荷载设计值;

　　　 H 为建筑总高度;

　　　 G_i 为第 i 层重力荷载设计值;

　　　 H_i 为第 i 层高度;

　　　 $\sum E_c I_{eq}$ 为验算方向抗侧力结构等效刚度之和。

　　当各层的竖向荷载沿高度分布基本均匀时,顶端等效重力荷载设计值可按下式计算:

$$G_{tc} = \frac{1}{3}\sum G_i + G_t \tag{2-3-8}$$

式中: G_t 为除去作为均匀荷载部分以外的顶点附加荷载设计值。

　　2. 抗倾覆验算

　　在进行高层建筑结构抗倾覆验算时,倾覆力矩应按风荷载或地震作用计算其设计值。计算稳定力矩时,楼层活荷载取 50%,恒荷载取 90%。抵抗倾覆的稳定力矩不应小于倾覆力矩设计值。

2.3.7　水平位移限值

　　1. 弹性变形验算

　　过大的侧移会使人不舒服,影响正常使用;过大的层间变形会使填充墙及一些建筑装修出现裂缝或损坏,也会使电梯轨道变形或玻璃破损;过大的侧移会使主体结构出现裂缝甚至破损,限制结构裂缝宽度就要限制结构的侧向变形及层间变形;过大的侧移会使结构产生附加内

力,严重时会加速倒塌。

结构的刚度要求表达为限制结构侧向变形,即

$$\left.\begin{array}{l} \Delta/H \leqslant [\Delta/H] \\ \delta/h \leqslant [\delta/h] \end{array}\right\} \qquad (2-3-9)$$

式中:Δ、δ 分别为结构的顶点水平位移和层间变形;

　　H、h 分别为结构总高度和层高。

公式右端是限制值,参见表 2.17。

因变形属于正常使用极限状态,故在计算弹性位移时各作用分项系数均取 1.0,钢筋混凝土构件的刚度可采用弹性刚度。对于一般建筑,楼层层间最大位移以楼层最大的水平位移差计算,并不扣除整体弯曲变形以及由于结构不对称引起的扭转效应和 $P-\Delta$ 效应所产生的相对水平位移。对于高度超过 150m 或高宽比大于 6 的高层建筑,因以弯曲变形为主,故可以从楼层水平位移差中扣除结构整体弯曲所产生的楼层水平位移值;如未扣除,位移角限值可有所放宽。

表 2.17　侧移限制值

结构类型			风荷载作用下		多遇地震作用下	
			$[\Delta/H]$	$[\delta/H]$	$[\Delta/H]$	$[\delta/H]$
钢筋混凝土结构	框架	轻质隔墙	1/550	1/450	1/500	1/400
		砌体填充墙	1/650	1/500	1/550	1/450
	框架—剪力墙 框架—筒体	一般装修标准	1/800	1/750	1/700	1/650
		较高装修标准	1/950	1/900	1/850	1/800
	剪力墙	一般装修标准	1/1000	1/900	1/900	1/800
		较高装修标准	1/1200	1/1100	1/1100	1/1000
钢框架			1/500	1/400	—	1/300

2. 弹塑性变形验算

震害经验表明,如果结构中存在薄弱层或薄弱部位,在强烈地震作用下,由于结构的薄弱部位产生了弹塑性变形,导致结构构件严重破坏甚至引起房屋倒塌。为了防止出现这种情况,实现"大震不倒"即第三水准设防目标,《抗震规范》规定对下列结构应进行罕遇地震作用下薄弱层的抗震变形验算:

(1)8 度 Ⅲ、Ⅳ 类场地和 9 度时,高大的单层钢筋混凝土柱厂房的横向排架;

(2)7~9 度设防,楼层屈服强度系数小于 0.5 的框架结构;

(3)高度大于 150m 的钢结构;

(4)甲类建筑和 9 度时乙类建筑中的钢筋混凝土和钢结构;

(5)采用隔震和消能减震设计的结构。

同时还规定,对竖向不规则类型的高层建筑结构 7 度 Ⅲ、Ⅳ 类场地和 8 度时乙类建筑中的钢筋混凝土和钢结构、板柱—抗震墙结构和底部框架砖房以及高度不大于 150m 的高层钢结构,宜进行罕遇地震作用下的弹塑性变形验算。

楼层屈服强度系数 ξ_y 的定义为

$$\xi_y = \frac{V_y}{V_e} \qquad (2-3-10)$$

式中：V_y 为按构件实际配筋和材料强度标准值计算的楼层受剪承载力；

V_e 为按罕遇地震作用等效荷载，由弹性计算得到的楼层地震剪力。

结构薄弱层是指屈服强度较小或相对较小的楼层。

在计算罕遇地震作用下楼层地震剪力时，仍用底部剪力法或振型分解反应谱法，其中水平地震影响系数最大值 α_{max} 应按罕遇地震一栏采用。

结构薄弱层位置，单层厂房取上柱；当 ξ_y 沿高度分布均匀，可取底层；当 ξ_y 沿高度分布不均匀，可取 ξ_y 最小或相对较小的楼层，但一般不超过 2～3 处。

结构在罕遇地震作用下薄弱层的层间弹塑性变形计算，可采用静力弹塑性分析方法、弹塑性时程分析法或渐化计算方法。对不超过 12 层且刚度无突变的钢筋混凝土框架结构及单层钢筋混凝土柱厂房，可采用采用简化计算方法：

$$\Delta u_p = \eta_p \Delta u_e \qquad (2-3-11)$$

式中：Δu_e 为罕遇地震作用下按弹性分析的层间位移；

η_p 为弹塑性位移增大系数，当薄弱层的屈服强度系数不小于相邻层该系数平均值的 80% 时按表 2.18 采用，当小于相邻层该系数平均值的 50% 时按表 2.18 中数值的 1.5 倍采用，其余情况可由内插法确定。

表 2.18　钢筋混凝土弹塑性位移增大系数 η_p

结构类型	总层数 n 或部位楼	层屈服强度系数 ξ_y		
		$\xi_y = 0.5$	$\xi_y = 0.4$	$\xi_y = 0.3$
多层均匀结构	2～4	1.30	1.40	1.60
	5～7	1.50	1.65	1.80
	8～12	1.80	2.00	2.20
单层厂房	上柱	1.30	1.60	2.00

对于钢筋混凝土框架结构，要求薄弱层的层间弹塑性位移 Δu_p，还应满足以下条件：

$$\frac{\Delta u_p}{h} \leqslant \frac{1}{50} \qquad (2-3-12)$$

式中：h 为薄弱层层高。

当柱轴压比小于 0.4 时，限值可放宽 10%；当柱轴压比小于 0.4 且沿全高加密箍筋并取用体积配箍率上限时，限值可放宽 20%。

对于钢框架结构，在罕遇地震作用下要求薄弱层的层间弹塑性位移 Δu_p 不超过 $h/50$。

2.3.8　内力组合及最不利内力

结构或结构构件在使用期间，可能同时遇到承受永久荷载和两种以上可变荷载的情况。但这些荷载同时都达到它们在设计基准期内的最大值的概率较小，且对某些控制截面来说，并非全部可变荷载同时作用时其内力最大,因此应进行荷载效应的最不利组合。其一般步骤为:由恒载、活载、风载及地震作用分别计算框架梁、柱、每片剪力墙、每根连梁内力,对某些内力值进行处理之后,按照荷载效应组合规定,选取可能的多种组合类型,进行内力叠加。然后在各种组合类型中,根据控制截面和其相应的最不利内力类型,挑选最不利内力。最后用此最不利内力进行构件截面设计。

在各种结构中,框架的内力组合是比较复杂的,在此主要讨论框架结构,其他结构可参照使用。

1. 荷载布置时考虑可能产生的最不利内力

(1)竖向活荷载的布置

通常情况下,竖向活荷载的布置方法,有逐跨施荷组合法、最不利荷载位置法、满布荷载法。计算活荷载作用下的框架内力时,按理应考虑活荷载的不利布置,但这样将使计算量增加很多,故手算时一般采用简化方法。对于一般民用建筑中的楼面活荷载,当活荷载与恒载之比不大于1时,可按活荷载满布计算。如此求得的梁支座弯矩、剪力及柱的最大轴力,与按考虑活荷载不利布置求得的相应内力值很接近,但梁的跨中弯矩值偏低,实用上将这样所得的跨中弯矩乘以系数 $1.1 \sim 1.2$ 予以调整。

(2)水平荷载作用方向

风载和地震作用可能沿任意方向,计算时一般考虑作用沿主轴方向,但可以是正方向,也可是负方向。在矩形平面结构中,正、负两方向作用荷载下内力大小相等,符号相反。因此只需作一次计算分析,将内力冠以正、负号即可。

但在平面布置复杂或不对称结构中,一个方向的水平荷载可能对一部分构件形成不利内力,另一方向水平荷载对另一部分构件形成不利内力,这时要作具体分析,选择不同方向的水平荷载,分别进行内力分析,然后进行内力组合。

2. 框架梁端支座负弯矩塑性调幅

梁端弯矩调幅就是把竖向荷载作用下的梁端负弯矩按一定的比例下调的过程。梁端弯矩的调幅原因有以下几方面:

(1)强柱弱梁是框架结构的基本设计要求,在梁端首先出现塑性铰是允许的;

(2)为了施工方便,也往往希望节点处梁的负钢筋放得少些;

(3)对于装配式或装配整体式框架,节点并非绝对刚性,梁端实际弯矩将小于其弹性计算值。

由于以上的原因,可以通过对梁端负弯矩进行调幅的办法,人为地减小梁端负弯矩,减小节点附近梁顶面的配筋量。

设某框架梁 AB 在竖向荷载作用下,梁端的最大负弯矩分别为 M_A、M_B,梁跨中最大正弯矩为 M_C,则调幅以后梁端弯矩 M'_A、M'_B 可按式(2-3-13)计算

$$\left.\begin{aligned} M'_A &= \beta M_A \\ M'_B &= \beta M_B \end{aligned}\right\} \tag{2-3-13}$$

式中:β 为弯矩调幅系数,对于现浇框架可取 $0.8 \sim 0.9$,对于装配整体式框架可取 $0.7 \sim 0.8$。

支座弯矩降低后,必须按平衡条件加大跨中设计弯矩,这样,在支座出现塑性铰后不会导致跨中截面承载力不足。为保证梁的安全,跨中弯矩还必须满足:调幅后梁端弯矩 M'_A、M'_B 的平均值与跨中最大正弯矩 M'_C 之和应不小于按简支梁计算的跨中弯矩 M_0。

$$\left|\frac{M'_A + M'_B}{2}\right| + M'_C \geqslant M_0 \qquad\qquad (2-3-14)$$

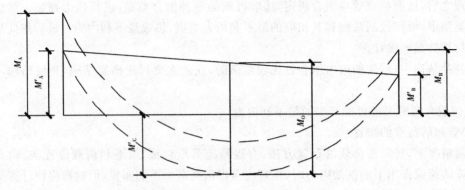

图 2.17　梁端负弯矩调幅

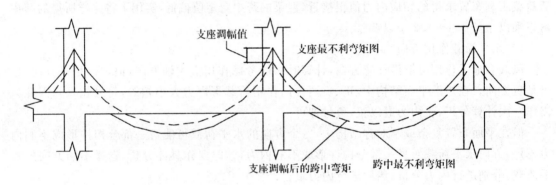

图 2.18　支座弯矩调幅

　　需要注意的是,水平荷载下梁的支座弯矩不得进行调幅。因此,竖向荷载作用下梁端的支座负弯矩应先进行调幅,然后与水平荷载下的弯矩进行组合。

　　3. 选择控制截面,确定最不利内力

　　最不利内力就是使截面配筋最大的内力,控制截面通常是内力最大的截面。一个构件可能同时有几个控制截面,同一个控制截面可能有好几组最不利内力组合类型。梁一般取梁端柱边和跨中作为梁承载力设计的控制截面;框架柱的弯矩、剪力和轴力沿柱高是线性变化的,因此可取各层柱的上、下端截面作为控制截面。

　　(1)框架梁控制截面及其最不利内力

　　梁端截面(左支座和右支座):$+M_{max}$、$-M_{max}$、V_{max};

　　跨中截面:$+M_{max}$。

　　(2)框架柱控制截面及其最不利内力

　　柱端截面:$|M|_{max}$ 及相应的 N,V;

　　　　　　　N_{max} 及相应的 M,V;

　　　　　　　N_{min} 及相应的 M,V;

　　　　　　　$|M|$ 比较大,且 N 比较小或比较大(不是绝对最小或最大);

　　　　　　　V_{max} 及相应的 N。

（3）剪力墙组合内力

剪力墙组合内力种类和柱相仿。

应注意，控制截面是指构件端部截面，而不是轴线截面；在截面配筋计算时也采用构件端部截面的内力，而不是轴线处内力。因此在组合前要经过换算，求出端截面的内力。但是实际计算中为了简便设计，也可采用轴线处的内力值乘以 0.85～0.95 的折减系数计算配筋，也可不折减，但是这将增大配筋量和结构的承载力。内力组合时，无地震与有地震应分别组合；还应注意前面计算得出的内力值是设计值还是标准值，不能混淆。

2.4　主体结构分析与设计

2.4.1　明确结构设计步骤

根据建筑功能确定了结构体系之后，就进入了结构分析计算过程，它是结构设计的主要内容，结构设计是否成功，主要依赖于计算成果的实现。多层、高层建筑结构的结构分析设计步骤大致如下：

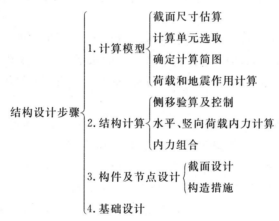

2.4.2　结构计算简化假定

实际建筑结构是一个复杂的空间结构，它不仅平面形状多变，立面体型也各种各样，而且结构形式和结构体系各不相同。在多、高层建筑中，有框架、剪力墙和筒体等竖向抗侧力结构，又有楼板将他们连接成整体。这样一种高次超静定、多种结构形式组合在一起的三维空间结构，要进行内力和位移计算，就必须进行计算模型的简化，引入不同程度的计算假定。简化的程度视所采用的计算工具，按必要和合理的原则决定。

1. 结构计算的一般假定

实际建筑结构是复杂的三维空间结构，由于结构材料、风荷载、地震作用等影响因素均具有不同程度的随机性，使结构精确分析十分困难。因此在计算模型和受力分析上必须进行不同程度的简化。

（1）弹性工作状态

高层建筑结构的内力与位移按弹性方法计算，在非抗震设计时，在竖向荷载和风荷载作用下，结构应保持正常使用状态，结构处于弹性工作阶段；在抗震设计时，结构计算是对多遇的小震(低于设防烈度1.5度)进行的,此时结构处于不裂的弹性阶段。所以,从结构整体来说,基本上处于弹性工作状态,按弹性方法计算。

但对于某些局部构件,由于按弹性计算所得的内力过大,出现截面设计困难,配筋不合理的情况,因此在某些情况下可以考虑局部构件的塑性变形内力重分布,对内力适当予以调整。例如连梁的刚度折减系数可以按照具体情况决定,但考虑到连梁的塑性变形能力十分有限,刚度折减系数不应小于0.55。

对于罕遇地震的第二阶段设计,绝大多数结构不要求进行内力和位移计算,"大震不倒"通过构造要求予以保证。实际上由于在强震下结构已进入弹塑性阶段,处于开裂、破坏状态,构件刚度难以确切给定,内力计算已无重要意义。

(2)高层建筑结构应考虑整体共同工作

在低层建筑设计中,常采用将整个结构划分为若干平面结构,按构件间距分配荷载,然后逐片按平面结构独立进行分析,这种设计方法对高层建筑结构不适用。

高层建筑结构在风力和地震作用下,楼层的总水平力是已知的,但这水平力如何分配到各片框架、各片剪力墙却是未知的。由于各片抗侧力结构的刚度、形式不同,变形特征也不相同,所以不能简单地按受荷面积、构件间距分配;否则,会使刚度大、起主要作用的结构所分配的水平力过小,偏于不安全。

由于高层建筑中楼板在自身平面内的刚度是很大的,几乎不产生变形,在不考虑扭转影响时,同层各构件水平位移相同,剪力墙结构中各片墙的水平力大致按其等效刚度分配;框架结构中的各片框架的水平力大致按其抗侧刚度分配;框架—剪力墙和筒体结构则受力较为复杂,要进行专门的计算。

(3)楼板在自身平面内的刚度为无限大,平面外的刚度可以不考虑

高层建筑进深大,剪力墙、框架等抗侧力结构的间距远小于进深,楼面的整体性能好,楼板如同水平放置的深梁,在平面内的刚度非常大。所以,在内力和位移计算中,楼板一般可作为刚性隔板,在平面内只有刚体位移——平移和转动,不改变形状。

由于计算中采用了楼板刚度无限大的假定,所以楼面构造就要保证楼板刚度无限大。一般情况下,现浇楼面可以满足要求;框架—剪力墙结构采用装配式楼面时,必须加现浇面层。

在下列情况下,楼板变形比较显著,楼板刚度无限大的假定不适用。这时,对采用刚性楼面假定的计算结果加以修正,或采用考虑楼面的平面内刚度的计算方法。

①楼面内有很大的开洞或缺口,宽度削弱;

②楼面有较大的外伸段;

③底层大空间剪力墙结构的转换层楼面;

④楼面整体性较差。

相对于抗侧力结构的刚度,楼板的出平面刚度较小,一般情况下可以不考虑其作用。但在无梁楼盖中,由于没有框架梁,楼板起等效框架梁的作用,这时楼板的平面外刚度即作为等效框架梁的刚度。

(4)在计算中应考虑墙与柱子轴向变形的影响

由结构力学可知,计算结构位移的公式为:

$$\delta_{ij} = \int \frac{M_i M_j}{EI} ds + \int \frac{N_i N_j}{EA} ds + \int \frac{\mu V_i V_j}{GA} ds$$

通常在低层建筑结构分析中，只考虑弯矩项，因为轴力项和剪切项很小，一般可以不考虑。但对于高层建筑结构，情况就不同了。由于层数较多，高度大，轴力值很大，再加上沿高度积累的轴向变形显著，轴向变形会使高层建筑结构的内力数值与分布产生显著的改变。

高层建筑结构分析中，对于简化的手算方法，除考虑各杆件的弯曲变形外，对于高宽比大于 4 的结构，宜考虑柱和墙的轴向变形的影响；剪力墙宜考虑剪切变形。

采用计算机计算时，如用平面抗侧力空间结构协同工作分析方法，应考虑梁的弯曲与剪切变形，对柱、墙应考虑弯曲、剪切和轴向变形；采用杆件系统三维空间分析时，除上述变形外，梁、柱、墙均应考虑扭转变形，墙肢还应考虑截面翘曲。轴向变形的影响在结构计算中应当考虑，但是，结构所受的竖向荷载不是在结构完成后一次施加的。特别是，占绝大部分的结构自重是施工过程中逐层施加的，轴向压缩变形已在施工过程中分阶段完成，并在各层标高处找平。所以，在考虑轴向变形影响时，要考虑施工过程分层施加竖向荷载这一因素，不能简单按一次加载考虑，否则会出现一些不合理的计算结果，如邻近剪力墙和框架—筒体的上层框架柱，在竖向荷载作用下出现拉力；上层框架梁出现过大的弯矩与剪力。

多、高层建筑结构分析时，采用上述基本假定进行简化计算，计算模型也较为简单，但须注意其结构仍保持着空间体系的受力特征和属性，因此还要配合一些相应的效应调整来弥补基本假定中的不足，使弹性静力计算结果能较好地符合弹塑性受力特性。

2. 构件截面的初步估定及结构材料的选用

建筑结构属于超静定结构。它的内力和变形除取决于荷载的形式与大小之外，还与构件或截面的刚度有关，而构件或截面的刚度又取决于构件的截面尺寸，因此先要确定构件的截面尺寸。反过来，构件的截面尺寸又与荷载和内力的大小等有关，在构件内力没有计算出来以前，很难准确地确定构件的截面尺寸大小。因此，只能先估算构件的截面尺寸，等构件的内力和结构的变形计算好后，如果估算的截面尺寸符合要求时，便按估算的截面尺寸作为设计截面尺寸。如果所需的截面尺寸与估算的截面尺寸相差很大，则要重新估算和重新进行计算。

抗震设计时，为保证结构构件具有良好的抗震性能，应选用合适的结构材料。

试验表明，强度等级偏低的混凝土，钢筋与混凝土之间的粘结强度较差，钢筋受力后容易发生滑移。混凝土强度过高，则脆性明显，影响结构的延性。因此，混凝土的强度等级，对一级抗震等级的框架梁、柱和节点不应低于 C30，其他各类构件不应低于 C20；设防烈度为 8 度时不宜超过 C70，9 度时不宜超过 C60。剪力墙的钢筋混凝土强度等级不应低于 C20，以短肢剪力墙为主的结构，其混凝土强度等级不应低于 C25。

梁、柱混凝土强度等级相差不宜大于 5MPa。如超过时，梁、柱节点区施工时应作专门处理，使节点区混凝土强度等级与柱相同。装配整体式框架结构的混凝土强度等级不宜低于 C30，其节点区混凝土强度等级还宜比柱提高 5MPa。

由于钢筋的塑性指标随钢筋级别的提高而降低，故构件的延性也随着钢筋级别的提高而降低。为了使结构构件满足一定的延性要求，纵向受力钢筋宜选用 HRB400、HRB335 级热轧钢筋；箍筋宜选用 HRB400、HRB335、HPB235 级热轧钢筋。

为了使塑性铰具有足够的转动能力，避免钢筋过早被拉断，对一、二级抗震等级的框架结构，其纵向受拉钢筋的抗拉强度实测值与屈服强度实测值的比值不应小于 1.25。另外，在抗震设计中，如果钢筋实际的屈服强度比标准值高出太多，则有可能导致构件的破坏形态改变，如在梁中可能导致应该出现塑性铰的位置不出现塑性铰的不利后果。因此，钢筋的屈服强度实测值与钢筋的标准值的比值,当按一、二级抗震等级设计时不应大于1.3。

(1)钢筋混凝土构件截面

①框架梁

一般情况下,框架梁的截面尺寸可参考受弯构件按下式估算:梁高 $h=(1/8\sim1/12)l$,其中 l 为梁的跨度。当梁的负载面积较大时或荷载较大时,宜取上限值。梁宽 $b=(1/2\sim1/3)h$。在抗震结构中,梁截面宽度不宜小于 200mm,梁截面的高宽比不宜大于4。为防止梁产生剪切脆性破坏,梁净跨与截面高度之比不宜小于4。当采用预应力混凝土梁时,其截面高度可以乘以 0.8 系数。

框架梁属受弯构件,由内力组合求得控制截面的最不利弯矩和剪力后,按正截面受弯承载力计算方法确定所需要的纵筋数量,按斜截面受剪承载力计算方法确定所需箍筋数量,再采取相应的构造措施,在 2.5 节有详细叙述。

按照弯矩调幅后设计框架结构时,为保证梁端塑性铰有良好的延性能够充分转动,受力钢筋宜采用 HRB335 级、HRB400 级延性较好的钢筋;混凝土强度等级宜在 C20～C45 范围内;截面的相对受压区高度不应超过 $0.35h_0$。对于直接承受动力荷载作用的结构,要求不出现裂缝的结构、配置延性较差的受力钢筋的结构和处于严重腐蚀性环境中的结构,不得采用塑性内力重分布的分析方法。

②框架柱

框架柱的截面形式通常大多为方形、矩形,有时也采用正多边形、圆形和工字形。柱截面尺寸应考虑以下要求:

a. 多层房屋中,框架柱截面的宽度和高度不宜小于 300mm;高层建筑中,框架柱截面的高度不宜小于 400mm,宽度不宜小于 350mm。圆柱截面直径及正多边形截面的内切圆直径不宜小于 350mm。

b. 柱截面的宽与高一般取层高的 $1/15\sim1/20$,同时满足 $h_c\geqslant l_0/25$、$b_c\geqslant l_0/30$,l_0 为柱计算长度。

c. 柱剪跨比宜大于2,柱截面高宽比不宜大于3,柱剪跨比不大于2时,应按短柱处理。

为了减少构件类型,简化施工,多层房屋中柱截面沿房屋高度不宜改变。高层建筑中柱截面沿房屋高度可根据房屋层数、高度、荷载等情况保持不变或作 1～2 次改变。当柱截面沿房屋高度变化时,中间柱宜上下柱对齐竖向轴线,均匀内收,避免上下偏心,否则在计算中应考虑偏心的附加作用;边柱和角柱宜使截面外边线重合。

在计算中,还应注意框架柱的截面尺寸应符合规范对剪压比($V_c/f_cb_ch_c$)、剪跨比($\lambda=M/Vh_c$)、轴压比($\mu_N=N/f_cb_ch_c$)限值的要求,如不满足应随时调整截面尺寸,保证柱的延性。抗震设计中柱截面尺寸主要受柱轴压比限值的控制,如以 ω 表示柱轴压比的限值(见表 2.29),则柱截面尺寸可用如下经验公式粗略确定:

$$A=a^2=\frac{GnF}{f_c(\omega-0.1)\times10^3}\varphi \tag{2-4-1}$$

式中:A 为柱横截面面积,m^2,取方形时边长为 a;

n 为验算截面以上楼层层数;

F 为验算柱的负荷面积,可根据柱网尺寸确定,m^2;

f_c 为混凝土轴心抗压强度设计值;

φ 为地震及中、边柱的相关调整系数,7 度中间柱取 1、边柱取 1.1,8 度中间柱取 1.1、边柱取 1.2;

G 为结构单位面积的重量(竖向荷载),根据经验估算钢筋混凝土高层建筑约为 12～18kN/m² 。

框架—剪力墙结构中的梁、柱截面尺寸及材料选择可按上述原则确定,应当注意是,框架—剪力墙中的框架一般应按框架—剪力墙结构房屋确定其抗震等级,进而确定其轴压比;当剪力墙部分承受的结构底部地震作用所产生的弯矩小于结构底部由地震作用产生的总弯矩的 50%时,其框架部分抗震等级应按框架结构采用。

③剪力墙

剪力墙的厚度和混凝土强度等级一般根据结构的刚度和承载力要求确定。对于有抗震设防要求的剪力墙,其在底部加强部位的厚度宜适当增大。剪力墙底部加强部位高度可取墙肢总高度的 1/8 和底部二层二者的较大值,且不大于 15m。

剪力墙的厚度即尺寸应满足下列最低要求:

a. 抗震等级为一、二级剪力墙的厚度不应小于楼层高度的 1/20,且不小于 160mm;其底部加强部位的墙体厚度不宜小于层高的 1/16,且不应小于 200mm;当底部加强部位无端柱或翼墙时,截面厚度不宜小于层高的 1/12。

b. 抗震等级为三、四级和非抗震设计时剪力墙的厚度不应小于楼层高度的 1/25,且不应小于 140mm,其底部加强部位厚度不宜小于层高的 1/20,且不宜小于 160mm。

c. 抗震等级为一、二级剪力墙的洞口连梁,跨高比不宜大于 5,且梁截面高度不宜小于 400mm。

框架—剪力墙结构中,对于周边有梁、柱的剪力墙,厚度不应小于 160mm,且不应小于层高的 1/20。剪力墙中线与墙端边柱中线宜重合,防止偏心。梁的截面宽度不小于 $2b_w$(b_w 为剪力墙厚度),梁的截面高度不小于 $3b_w$;柱的截面宽度不小于 $2.5b_w$,柱的截面高度不小于柱的宽度。如剪力墙周边仅有柱而无梁时,则应设置暗梁,暗梁的宽度同墙板厚度,高度可取 $3b_w$。

工程设计时,一般根据结构平面布置要求及工程经验布置剪力墙,待后续刚度、地震作用、侧移计算后,再调整剪力墙数量、厚度、布置等。

(2)钢结构构件截面

①钢框架梁:钢梁常采用热轧的窄翼缘 H 型钢或焊接 H 型钢。但不宜采用热轧的工字钢,因其翼缘厚度可变,不适应焊接坡口的加工要求和设置引弧板。对跨度较大或受荷很大,而高度又受到限制的部位,可采用抗弯和抗扭性能较好的箱形截面(双腹板梁)。有些设计,考虑了钢梁和混凝土楼板的共同工作,形成组合梁。大多数设计,在计算钢梁的刚度时,考虑混凝土楼板对钢梁的组合作用,而在钢梁承载力计算时,不考虑楼板对钢梁的组合作用。

②抗震建筑的框架柱宜采用由四块钢板焊接而成的箱形截面,由于柱子的内力在两个方向的水平地震作用下基本相等,故常采用方形的箱形截面柱。箱形截面柱也便于涂刷防火涂料和柱子的外包装修。

框架柱也可采用热轧的 H 型钢或焊接的 H 型钢。由于 H 型钢在截面性能上有对强轴的惯性矩和对弱轴的惯性矩之分,因此 H 型钢的设置方位,宜使其强轴的惯性矩对应于柱弯矩较大的方向,或对应于柱的计算长度较大的方向。对于抗震的框架柱 H 型钢设置方位,还可考虑强轴方向部分对应于 x 方向、部分对应于 y 方向设置,以使两个方向的侧向刚度的大小有所调整。

③钢梁、钢柱截面尺寸的确定:根据荷载与支座情况,钢梁截面高度通常取跨度的 1/20～1/50。翼缘宽度可先不考虑钢梁的整体稳定,根据梁间侧向支撑的间距按 l/b 限值确定。确定了截面高度和翼缘宽度后,其板件厚度可按规范中局部稳定的宽厚比要求预估。

柱截面按长细比预估,通常 $50<\lambda<150$,简单选择在 100 左右。

钢梁、钢柱截面尺寸的确定还可查阅钢结构相关设计手册中的选型图表,或参考已建同类建筑。

④钢材的选择:比较常用的是 Q235 和 Q345。通常主结构使用单一钢种以便于工程管理,从经济考虑,也可以选择不同强度钢材的组合截面。当强度起控制作用时,可选择 Q345;稳定控制时,宜使用 Q235。

还须注意,地震区高层钢结构不应采用 15MnV 或 15MnVq 钢。

3. 计算简图的确定

为了保证计算结果的合理性,我们在确定计算简图要综合考虑结构体系特征、计算精度要求及计算复杂程度限制,对于不同的结构体系该采用不同的计算简图。

(1)框架结构体系

框架结构一般有按空间结构分析和简化成平面结构分析两种方法。在计算机没有普及的年代,实际为空间工作的框架常被简化成平面结构采用手算的方法进行分析,在一般《结构力学》教材中所介绍的弯矩分配法、无剪力分配法、迭代法等就是为了适应这一要求而发展起来的。当结构跨数与层数较多时,采用上述手算方法进行计算需耗费大量的时间,因此人们也常采用分层分析法、反弯点法、D 值法等近似的分析方法。近年来随着微机的日益普及和应用程序的不断出现,框架结构分析时更多的是根据结构力学位移法的基本原理编制电算程序,由计算机直接求出结构的变形、内力,以至各截面的配筋。由于目前计算机内存和运算速度已经能够满足结构计算的需要,因此在电算程序中一般是按空间结构进行分析。

但是在初步设计阶段,为确定结构布置方案或估算构件截面尺寸,还是需要采用一些简单的近似计算方法,以及既快又省地解决问题。另外,近似的手算方法虽然计算精度较差,但概念明确,能够直观地反映结构的受力特点,因此,工程设计中也常利用手算的结果来定性地校核判断电算结果的合理性。所以在本书中,仍将重点介绍框架结构的近似手算方法,包括竖向荷载作用下的分层法、水平荷载作用下的反弯点法和 D 值法,以帮助读者掌握结构分析的基本方法、建立结构受力性能的基本概念。

①计算单元的确定

一般情况下,框架结构是一个空间受力体系[图 2.19(b)]。若要分析图 2.19(a)所示的纵向框架和横向框架,为方便起见,常常忽略纵向和横向之间的空间联系,忽略各构件的抗扭作用,将纵向框架和横向框架分别按平面框架进行分析计算[图 2.19(c)、(d)]。在分析图 2.19所示的各榀平面框架时,由于通常横向框架的间距相同,作用于各横向框架上的荷载相同,框架的抗侧刚度相同,因此,除端部框架外,各榀横向框架都将产生相同的内力与变形,结构设计时一般取中间有代表性的一榀横向框架进行分析即可;而作用于纵向框架上的荷载则各不相同,必要时应分别进行计算。

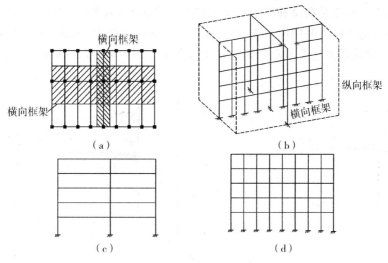

图 2.19 框架结构计算简图的选取

(a)荷载影响示意图；(b)空间示意图；(c)横向框架；(d)纵向框架

②梁、柱的简化

在框架计算简图中，框架梁、柱以其轴线表示，均用单线条代表。框架梁、柱连接区以节点表示，杆件长度用节点间的距离表示，荷载的作用点也转移到轴线上。

在一般情况下，梁柱轴线取各自的形心线；对与钢筋混凝土楼盖整体浇筑的框架梁，一般可取楼板底面处作为梁轴线。当上、下层柱截面尺寸不同时，取顶层柱的形心线作为柱的轴线，待框架内力计算完成后，计算杆件内力时，要考虑荷载偏心的影响。梁跨度取柱轴线间的距离。柱高对楼层柱取层高，对底层柱取底部嵌固面到二层楼面间的高度。多、高层建筑底部嵌固面的确定原则详见本节 4。

当各跨跨度相差不超过 10% 时，可当作具有平均跨度的等跨框架。斜形或折线形横梁当倾斜度不超过 1/8 时，仍可视为水平横梁计算。

③节点的简化

框架节点一般总是三向受力的，但当按平面框架进行结构分析时，则节点也相应地简化。框架节点可简化为刚接节点、铰接节点和半铰接节点，这要根据施工方案和构造措施确定。在现浇混凝土结构中，梁和柱内的纵向受力钢筋都将穿过节点或锚入节点区（图 2.20），这时应简化为刚性节点。

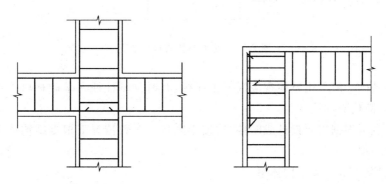

图 2.20 现浇框架节点

　　装配式框架结构则是在梁和柱子的某些部位预埋钢板,安装就位再焊接起来(图 2.21)。由于钢板在其自身平面外的刚度很小,同时焊接质量随机性较大,难以保证结构受力后梁柱间没有相对转动,因此常把这类节点简化为铰接节点[图 2.21(a)]或半铰接节点[图 2.21(b)]。

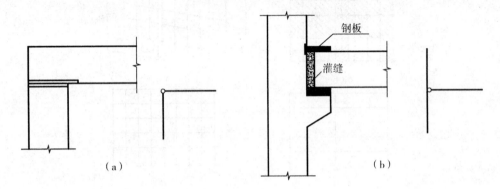

图 2.21　装配式框架节点

　　装配整体式框架结构梁柱节点构造如图 2.22 所示,节点处梁底的钢筋可为焊接、搭接或预埋钢板焊接,梁顶钢筋则必须为焊接或通长布置,并将现场浇筑部分混凝土。节点左右梁端均可有效地传递弯矩,因此可认为是刚接节点。当然这种节点的刚性不如现浇式框架好,节点处梁端的实际负弯矩要小于计算值。

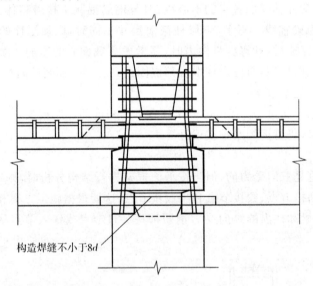

图 2.22　装配整体式框架节点

　　框架柱与基础一般采用整体现浇混凝土连接,有时预制柱插入基础杯口再浇筑细石混凝土连接,故通常简化成刚接结点。

　　钢结构节点可根据需要设计成刚接、铰接半刚接。多数情况下根据结构体系设计思想确定钢框架节点类型。

　　(2)钢筋混凝土剪力墙结构体系

　　对于钢筋混凝土剪力墙结构体系,一般有以下几种分析方法:

①材料力学分析法

对于整体墙，在水平力作用下截面仍然保持平面，法向应力呈线形分布，可采用材料力学中有关公式计算内力及变形。对于小开口剪力墙，其截面变形后基本保持平面，正应力大体呈直线分布。为方便计算，仍采用材料力学中有关公式进行计算并进行局部弯曲修正。一般可将总力矩的 85% 按材料力学方法计算墙肢弯矩及轴力，将总力矩的 15% 按墙肢的刚度进行分配。

②连续化方法

将结构进行某些简化，进而得到比较简单的解析法。计算双肢墙和多肢墙的连续连杆法就属于这一类。此方法是将每一楼层的连续梁假想为在层高内均匀分布的一系列连续连杆，由连杆的位移协调条件建立墙的内力微分方程，从中求解出外力。

③壁式框架分析法

此法是将开有较大洞口的剪力墙视为带刚域的框架，用 D 值法进行求解，也可以用杆件有限元及矩阵位移法借助计算机进行求解。

④有限元法和有限条法

有限元法是剪力墙应力分析中一种比较精确的方法，且对各种复杂几何形状的墙体都适用。

用有限条法计算结构也是一种简单有效的分析方法，它是将剪力墙结构进行等效连续化处理后，取条带进行计算，也是一种精度较高的计算方法。

通常我们在设计时，对水平荷载作用下的剪力墙作如下假定：

①楼盖在自身平面内的刚度为无限大；

②各片剪力墙在其自身平面内的刚度较大，忽略其平面外的刚度。

根据上述假定，可将纵横两个方向的剪力墙分开，把空间剪力墙结构简化为平面结构，即将空间结构沿两个正交主轴划分为若干个平面剪力墙，每个方向的水平荷载由该方向的剪力墙承受，垂直于水平荷载方向的各片剪力墙不参加工作。在每个方向上，各片剪力墙承担的水平荷载按楼盖水平位移线性分布的条件进行分配。若结构无扭转，则水平荷载可按各片剪力墙的刚度进行分配。

计算剪力墙的内力和位移时，可以考虑纵、横墙的共同工作。纵墙（横墙）的一部分可以作为横墙（纵墙）的有效翼墙，如图 2.23(a) 的结构，y 向、x 向分别按图(b)、图(c)划分剪力墙。

剪力墙有效翼缘宽度 b_i 可按表 2.19 中取最小值，表中符号见图 2.24。

剪力墙结构房屋一般设有地下室，上部结构的固定端宜取层间刚度不小于其上一层结构层间刚度 3 倍的地下室顶面，否则宜取在基础顶面。

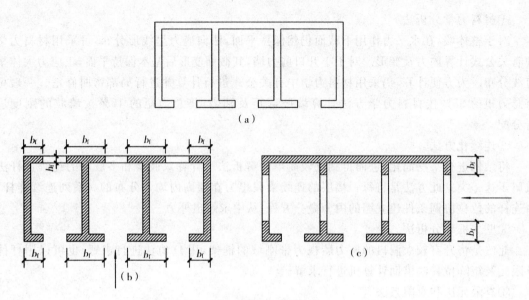

图 2.23　剪力墙单元

(a)剪力墙平面示意;(b)横向地震力计算;(c)纵向剪力墙计算

表 2.19　剪力墙有效翼缘宽度 b_i

考虑方式	截面形式	
	T 形或 I 形	L 形或 I 形
按剪力墙间距计算	$b+\dfrac{S_{02}}{2}+\dfrac{S_{03}}{2}$	$b+\dfrac{S_{01}}{2}$
按翼缘厚度计算	$b+12h_i$	$b+6h_i$
按门窗洞口计算	b_{01}	b_{02}

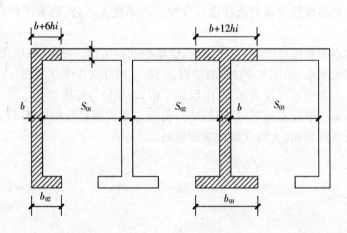

图 2.24　剪力墙翼缘宽度

(3)框架—剪力墙结构体系

①概述

框架—剪力墙结构在竖向荷载(恒载、活载)作用下计算主要与楼屋盖结构平面布置有关,不考虑每榀框架、每片剪力墙之间的相互影响；而框架—剪力墙结构在水平荷载下的计算较复杂，要考虑协同工作。以下讨论框架—剪力墙结构水平荷载作用下的计算简图。

②框架—剪力墙结构中的梁

框架—剪力墙结构中的梁有 3 种（如图 2.25 所示）：第一种是普通框架梁 C，即两端均与框架柱相连的梁，第二种是剪力墙之间的连梁 A，第三种是一端与墙肢相连，另一端与框架柱相连的梁 B。其中：

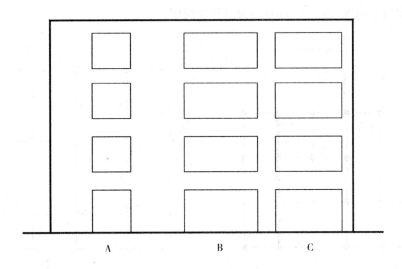

图 2.25　框架—剪力墙结构中的梁

a. C 梁按框架梁设计，A 梁按双肢或多肢剪力墙的连梁设计。

b. B 梁一端与墙相连，墙肢刚度很大；另一端与框架柱相连，柱刚度较小。B 梁在水平力作用下，会由于弯曲变形很大而出现很大的弯矩和剪力，首先开裂、屈服，进入弹塑性工作状态。因此，B 梁应设计为强剪弱弯，保证在剪切破坏前已屈服而产生了塑性变形。

c. 在进行内力和位移计算时，由于 B 梁可能弯曲屈服进入弹塑性状态，B 梁的刚度应乘以折减系数 β 予以降低。为防止裂缝开展过大，避免破坏，β 值不宜小于 0.5。如配筋困难，还可以在刚度足够、满足水平位移限值的条件下，降低连梁的高度而减小刚度，降低内力。

③框架—剪力墙结构的基本假定和总框架刚度计算

框架—剪力墙结构体系在水平荷载作用下的内力分析是一个三维超静定问题，通常把它简化为平面结构来计算，并在结构分析中做如下基本假定：

a. 楼板在自身平面内的刚度无穷大。这一假定保证楼板将整个计算区段内的框架和剪力墙连成一个整体，在水平荷载下，框架和剪力墙之间不产生相对位移。现浇楼板和装配整体式楼板均可采用刚性楼板的假定。此外，横向剪力墙的间距宜满足表 2.10 的要求。

b. 房屋的刚度中心与作用在结构上的水平荷载（风荷载或水平地震作用）的合力作用点重合，在水平荷载作用下房屋不产生绕竖轴的扭转。

在以上基本假定的前提下，计算区段内结构在水平荷载作用下，处于同一楼面标高处各片剪力墙及框架的水平位移相同。此时，可把所有剪力墙综合在一起成一榀假想的总剪力墙，总剪力墙的弯曲刚度等于各榀剪力墙弯曲刚度之和；将所有框架综合在一起成一榀假想的总框架，总框架的剪切刚度等于各榀框架剪切刚度之和。楼板的作用是保证各片平面结构具有相同的水平侧移,但楼面外的刚度为零,它对各平面结构不产生约束弯矩,可以把楼板简化成铰接连杆。铰接连杆、总框架、总剪力墙构成框剪结构简化分析的铰接计算体系。如图 2.26(a)为某框架—剪力墙结构的平面图,图 2.26(b)所示为其计算简图。图 2.26 中总剪力墙包含 2片墙,总框架包含 5 榀框架。另外,还有一种计算体系称为刚接体系,这种体系包括总剪力墙、总框架和刚性连杆。此连杆实为一连梁,连接剪力墙和框架。该梁对剪力墙有约束作用,视为刚接,该梁对柱也有约束作用,此约束作用反映在柱的抗侧刚度 D 中。图 2.27(a)所示为某框架—剪力墙结构平面图,图 2.27(b)(c)为其计算简图。

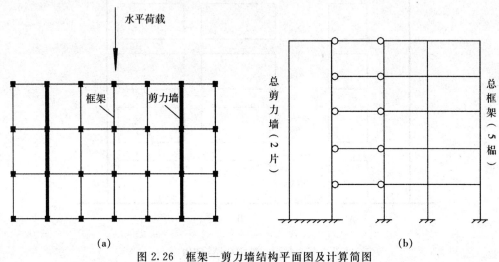

(a)　　　　　　　　　　　　(b)

图 2.26　框架—剪力墙结构平面图及计算简图
(a)框架—剪力墙结构平面图;(b)铰接体系计算简图

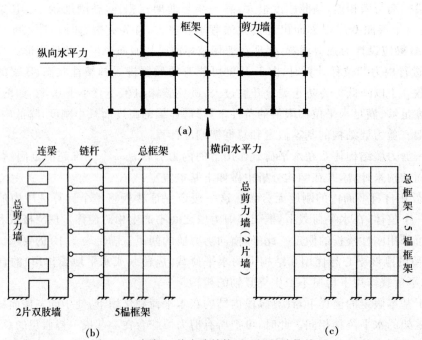

(b)　　　　　　　　　　　　(c)

图 2.27　框架—剪力墙结构平面图及计算简图
(a)框架—剪力墙结构平面图;　(b)铰接体系计算简图;　(c)刚接体系计算简图

图 2.27(a)所示结构,在横向水平力作用下,剪力墙之间由连系梁连接,连系梁对墙产生约束弯矩,此时,宜将结构简化为刚接计算体系,图 2.27(c)为其计算简图。图中总剪力墙包含 4 片墙,总框架包含 5 榀框架。每层总连梁包含 4 个刚结端(每根梁有两个刚结端)。

图 2.27(a)所示结构,在横向水平力作用下,也可简化为图 2.27(b)所示的铰接体系。此时,总剪力墙包含 2 片双肢剪力墙,总框架包含 5 榀框架。

4. 多、高层建筑底部嵌固面的确定原则

多、高层结构底部嵌固面的确定是保证计算可靠的前提,按下列情况确定嵌固面位置:

(1)上部结构为框架或框—剪结构、有一层地下室为箱基时,结构的嵌固面可取在箱基顶板面。

(2)当设置半地下室、半地下室墙体截面惯性矩比半地下室上层墙体惯性矩增大 75% 以上,或当地下室全埋在地下、全地下室墙体截面惯性矩比全地下室上层墙体惯性矩增大 50% 以上时,嵌固面可取在地下室顶板面。

(3)当上部结构为框架或框架—剪力墙结构、地下室顶板整体性较好、刚度较大,且地下室周围有现浇钢筋混凝土墙体,能承受上部结构通过地下室顶板传来的剪力时,嵌固面可取在地下室顶板面。

(4)上部结构为框架—剪力墙体系有两层地下室,第二层地下室为箱基,上部剪力墙在地下室与地下室外墙的间距不超过表 2.10 的规定,地下室外墙为现浇钢筋混凝土,地下室一层顶板整体性较好(无大的洞口)时,则嵌固面可取在地下室一层顶板面。

(5)当上部结构为框架体系、地下室设置的层数与构成情况与上述第 4 条中相同,但地下室平面为矩形且长宽比不大于 3 时,嵌固面亦取在地下室一层顶板面。

(6)当上部结构为框架或框—剪结构,有一层地下室且地下室底板为筏基,当地下室顶板整体性较强(无大的洞口),刚度较大,且上部剪力墙在地下室与地下室外墙的间距符合表 2.10 中规定时,则嵌固面取在地下室顶板面。

(7)当上部为剪力墙结构体系,有一层地下室为箱基时,则嵌固面取在箱基顶板面;当剪力墙结构体系有两层地下室为箱基时,则嵌固面取在第二层箱基顶板面。

多、高层建筑如不符合上述诸条件,则嵌固面均应取在基础顶面。

5. 荷载与地震作用计算

(1)荷载作用计算

作用在多层和高层建筑结构上的荷载作用分析详见 2.3.1～2.3.3 节。

(2)地震作用计算的一般原则

结构抗震计算就是分析地震作用,包括水平地震作用和竖向地震作用,计算确定工程结构及构件的地震反应,即在地震作用下结构产生的内力(剪力、弯矩、扭矩、轴向力等)或变形(线位移、角位移等),再将地震效应与其他荷载组合验算工程结构及构件的强度与变形。

多、高层建筑一般在 6～9 度范围内进行抗震设防。6 度设防时一般不必计算地震作用,只须采取必要的抗震措施;7～9 度设防时,要计算地震作用的影响。

地震时,由于地震波的作用产生地面运动,通过房屋基础影响上部结构,使结构产生振动,称为结构的地震反应,包括加速度、速度和位移反应。地震波可能使房屋产生竖向振动与水平振动,但一般对房屋的破坏主要由水平振动引起,设计中主要考虑水平地震作用,但在某些情况下也不能忽略竖向地震作用。我国的《建筑抗震设计规范》(GB50011-2001)对此做出如下规定：

①一般情况下，应允许在建筑结构的两个主轴方向分别考虑水平地震作用并进行抗震验算，各方向的水平地震作用应全部由该方向抗侧力构件承担。

②对有斜交抗侧力构件的结构，当相交角度大于 15°时，应分别考虑各抗侧力构件方向的水平地震作用。

③对质量和刚度分布明显不对称的结构，应计入双向水平地震作用下的扭转影响；其他情况，应允许采用调整地震作用效应的方法计入扭转影响。

④对 8 度和 9 度时的大跨度结构、长悬臂结构和 9 度时的高层建筑，应计入竖向地震作用；对 8 度和 9 度时的隔震结构，应按有关规定计算竖向地震作用。

（3）地震作用的计算方法

地震作用的计算方法可分静力法、反应谱方法（拟静力法）、时程分析法（直接动力法）三大类。抗震设计规范中规定等效水平地震荷载的计算方法分以下三种情况：

①高度不超过 40m、以剪切变形为主且刚度和质量沿高度分布比较均匀的结构，以及近似于单质点体系的结构，可采用底部剪力反应谱法。底部剪力法是根据反应谱理论得出地震加速度反应谱，按照所设计的结构的动力特性，利用反应谱确定结构最大加速度反应值，乘以结构的总质量，便可得到结构所承受的总的水平地震作用，即结构底部剪力。然后按照每一楼层的高度和重量，将总的水平地震作用，分配到各楼层处。

底部剪力法的优点是计算简单，便于手算，与习惯的静力分析方法一致；缺点是没有考虑高振型的影响。一般适用于简单结构以及粗略估计地震作用。

②除①中所说的情况外，一般高层建筑都要用振型分解反应谱法计算等效地震荷载。

振型分解反应谱法与底部剪力法相比较，它是先进行振型分解，然后利用反应谱确定每个振型的地震作用；再经过内力分析计算出每一振型相应的结构内力，并按照一定的方法进行各振型的内力组合。

显然，底部剪力法只是振型分解法中的一个特例，就是只考虑基本振型（第一振型）的地震作用。所以，振型分解法的计算精度较高。

③当房屋高度较高、地震烈度较高或房屋沿高度方向刚度和质量极不均匀时，要采用时程分析法进行补充分析。

时程分析法是一种动力分析的方法，它可以了解到在一定的地面运动（输入地震波）条件下，整个结构反应的全过程（输出）。即能直接计算出地震地面运动过程中结构的位移、速度和加速度等的变化过程；能描述强震作用下，结构在弹性和弹塑性阶段的变形情况直至倒塌的全过程。由此可以得出结构抗震过程中的薄弱部位和环节，以便修正结构的抗震设计。

显然，进行时程分析所耗费的工作量是较大的，并且所选用的地震波也不一定与结构实际遭遇的地震影响完全一致。所以目前只对一些体型较复杂的建筑和一定高度的高层建筑，检验结构抗震性能时，才采用时程分析法。

毕业设计要求手算，一般只需用底部剪力法。下面着重介绍底部剪力法。

底部剪力法是房屋建筑水平地震作用的简化计算，一般满足下述条件的房屋建筑可以采用此方法：

a. 房屋结构的质量和刚度沿高度分布比较均匀；

b. 房屋的总高度不超过 40m；

c. 房屋结构在地震运动作用下的变形以剪切变形为主；

d. 房屋结构在地震运动作用下的扭转效应可忽略不计。

满足上述条件的结构在地震运动作用下的反应通常以第一振型为主，且第一振型接近为直线，如图 2.28 所示。

结构的总水平地震作用标准值可用式(2-4-2)计算：

$$F_{EK} = \alpha_1 G_{eq} \qquad (2-4-2)$$

第 i 个楼层处的等效地震作用标准值 F_i 按式(2-4-3a)计算

$$F_i = \frac{G_i H_i}{\sum\limits_{j=1}^{n} G_j H_j} F_{EK} (1 - \delta_n) \qquad (2-4-3a)$$

顶部附加水平地震作用按式(2-4-3b)计算

$$\Delta F_n = \delta_n F_{EK} \qquad (2-4-3b)$$

式中：a_1 为相应于结构基本周期 T_1 的地震影响系数 α 值，但取值不小于 $0.2\alpha_{max}$；

T_1 为结构基本自振周期；

G_{eq} 为结构等效总重力荷载，对单质点体系应取总重力荷载代表值；对多质点体系，可取总重力荷载代表值的 85%；总重力荷载代表值，为各层重力荷载代表值之和；

G_i、G_j 分别为第 i 层、j 层的重力荷载代表值，为计算范围内各层楼面上的重力荷载代表值及上下各层楼面上的重力荷载代表值及上下各半层的墙、柱等重量；各可变荷载的组合值系数按表 2.19 的规定采用；无论是否为上人屋面，其屋面上的可变荷载均取雪荷载；

H_i、H_j 分别为第 i 层、第 j 层离地面的高度；

δ_n 为顶部附加地震作用系数，当 $T_1 \leqslant 1.4 T_g$ 时取 0，当 $T_1 > 1.4 T_g$ 时按表 2.20 选用，当计算的 $\delta_n > 0.15$ 时取 0.15。

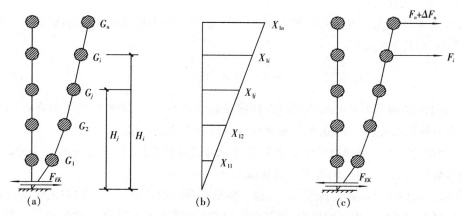

图 2.28 水平地震作用的简化计算

(a)计算简图；(b)简化的第一振型；(c)质点地震作用

表 2.20　顶部附加地震作用系数

$T_g(s)$	$T_1 > 1.7T_g$	$T_1 \leqslant 1.4T_g$
$\leqslant 0.35$	$0.08T_1 + 0.07$	
$0.35 \sim 0.55$	$0.08T_1 + 0.01$	0.0
> 0.55	$0.08T_1 - 0.02$	

(4)重力荷载代表值和地震影响系数

用反应谱法计算地震作用,应解决两个主要问题:计算建筑的重力荷载代表值;根据结构的自振周期确定相应的地震影响系数。

①重力荷载代表值

重力荷载代表值是指结构和构配件自重标准值和各可变荷载组合值之和,是表示地震发生时根据遇合概率确定的"有效重力"。各可变荷载的组合值系数应按表 2.21 采用。

表 2.21　可变荷载的组合值系数

可变荷载种类		组合值系数
雪荷载		0.5
屋面积灰荷载		0.5
屋 面 活 荷 载		不计入
按实际情况考虑的楼面活荷载		1.0
按等效均布荷载考虑的楼面活荷载	藏书库、档案库	0.8
	其他民用建筑	0.5
吊车悬吊物重力	硬钩吊车	0.3
	软钩吊车	不计入

注:硬钩吊车的吊重较大时组合值系数宜按实际情况采用。

②结构基本自振周期计算

对于质量和刚度沿高度分布均匀的框架结构、框架—剪力墙结构和剪力墙结构,其基本自振周期 $T_1(s)$ 可按下式计算:

$$T_1 = 1.7\Psi_T\sqrt{\mu_T} \qquad (2-4-4)$$

式中:μ_T 为计算结构基本自振周期用的结构顶点假想位移(m),即假想把集中在各层楼面处的重力荷载代表值 G_i 作为水平荷载而算得的结构顶点位移;

Ψ_T 为结构基本自振周期考虑非承重砖墙影响的折减系数,框架结构取 0.6~0.7,框架剪力墙结构取 0.7~0.8,剪力墙结构取 0.9~1.0。

对于带屋面局部突出间的房屋,μ_T 应取主体结构顶点的位移。突出间对主体结构顶点位移的影响,可按顶点位移相等的原则,将其重力荷载代表值折算到主体结构的顶层。当屋面突出部分为两层时,其折算重力荷载 G_e 可按下式计算:

$$G_e = G_{n+1}\left(1 + \frac{3}{2}\frac{h_1}{H}\right) + G_{n+2}\left(1 + \frac{3}{2}\frac{h_1+h_2}{H}\right) \qquad (2-4-5)$$

式中:H 为主体结构的计算高度;

　　h_1 为突出部分第一层的高度;

　　h_2 为突出部分第二层的高度,若突出部分仅有一层时,只取 h_1。

当突出部分为几层时,也可按式(2-4-5)的规律写出相应的公式。

对框架结构,式(2-4-4)中的 μ_T 按下列公式计算:

$$V_{Gi} = \sum_{k=i}^{n} G_k \qquad (2-4-6)$$

$$\mu_T = \sum_{k=1}^{n} \left(V_{Gi} / \sum_{j=1}^{s} D_{ij} \right)_k \qquad (2-4-7)$$

式中:G_k 为集中在 k 层楼面处的重力荷载代表值;

　　V_{Gi} 为把集中在各层楼面处的重力荷载代表值视为水平荷载而得的第 i 层的层间剪力;

　　$\sum_{j=1}^{s} D_{ij}$ 为第 i 层层间侧移刚度;

　　S 为同层内框架柱的总数。

③地震影响系数

地震影响系数 α 是单质点弹性体系的绝对最大加速度与重力加速度的比值,它除与结构自振周期有关外,还与结构的阻尼比等有关。根据地震烈度、场地类别、设计地震分组和结构自振周期以及阻尼比的不同,地震影响系数 α 取值如下:

周期小于 0.1s 的区段,为直线上升段,取

$$\alpha = [0.45 + 10(\eta_2 - 0.45)T]\alpha_{\max} \qquad (2-4-8)$$

自 0.1s 至特征周期区段,为水平段,取

$$\alpha = \eta_2 \alpha_{\max} \qquad (2-4-9)$$

自特征周期至 5 倍特征周期区段,为曲线下降段,取

$$\alpha = (T_g / T)^\gamma \eta_2 \alpha_{\max} \qquad (2-4-10)$$

自 5 倍特征周期至 6s 区段,为直线下降段,取

$$\gamma = 0.9 + \frac{0.05 - \zeta}{0.5 + 5\zeta} \qquad (2-4-11)$$

ζ 为阻尼比,一般的建筑结构可取 0.05;η_1 为直线下降段的下降斜率调整系数,按式(2-4-12)确定,当 η_1 小于 0 时取 0

$$\eta_1 = 0.02 + (0.05 - \zeta)/8 \qquad (2-4-12)$$

η_2 是阻尼调整系数,按式(2-4-13)确定,当 η_2 小于 0.55 时应取 0.55

$$\eta_2 = 1 + \frac{0.05 - \zeta}{0.06 + 1.7\zeta} \qquad (2-4-13)$$

T 为结构自振周期;T_g 为特征周期,根据场地类别和设计地震分组按表 2.22 采用,计算 8、9 度罕遇地震作用时,特征周期应增加 0.05s;$\alpha_{\max}$ 为地震影响系数最大值,阻尼比为 0.05 的建筑结构应按表 2.23 采用,阻尼比不等于 0.05 时表中的数值应乘以阻尼调整系数 η_2。

对于一般的建筑结构,阻尼比 ζ 可取 0.05,由式(2-4-12)和式(2-4-13)分别得 $\eta_1 = 0.02, \eta_2 = 1$,可代入公式求得相应的地震影响系数。

表 2.22　特征周期(s)

设计地震分组	场地类别			
	I	II	III	IV
第一组	0.25	0.35	0.45	0.65
第二组	0.30	0.40	0.55	0.75
第三组	0.35	0.45	0.65	0.90

表 2.23　水平地震影响系数最大值

地震影响系数	烈度			
	6 度	7 度	8 度	9 度
多遇地震	0.04	0.08(0.12)	0.16(0.24)	0.32
罕遇地震	——	0.50(0.72)	0.90(1.20)	1.40

注:括号中的数值分别用于设计基本地震加速度为 0.15g 和 0.30g 的地区。

6. 荷载图示的简化原则

(1)楼面荷载分配

在内力计算前,需将楼面上的竖向荷载分配给支承它的结构(梁、柱、剪力墙等)。楼面荷载的分配与楼盖的构造有关。当采用装配式或装配整体式楼盖时,板上荷载通过预制板的两端传递给它的支承结构。如果采用现浇楼盖时,楼面上的恒载和活荷载根据每个区格板两个方向的边长之比,沿单向或双向传递。区格板长边边长与短边边长之比大于 2 时沿单向传递,小于或等于 2 时沿双向传递。

当板上荷载沿双向传递时,可以按双向板楼盖中的荷载分析原则,从每个区格板的四个角点作 45°线将板划成四块,每个分块上的恒载和活荷载向与之相邻的支承结构上传递。此时,由板传递给支承结构的荷载为三角形或梯形。为了简化内力计算,可以将三角形和梯形荷载换算成等效的均布荷载计算。

(2)风荷载简化

在框架结构内力计算前,为简化起见,可将分布作用于墙体表面的风荷载换算成节点水平集中荷载计算。将计算单元内节点下半层和上半层墙面上的分布风荷载作用在该节点上,女儿墙和屋面上的风荷载由框架的顶节点承受。

在剪力墙结构、框—剪结构内力计算时,需将实际作用于结构上的风荷载改造为典型的顶点集中荷载、均布荷载或倒三角形荷载,以适应相应的协同内力计算图表。作用于出屋面小阁楼(电梯机房、水箱等)的风载传至下部结构上可按集中力 F 计算,然后取一层楼面处的风载值为均布荷载 q,再将剩余风荷载按对基础顶面弯矩等效的原则简化为倒三角形荷载。

(3)其他原则

作用在框架梁上的集中荷载,其位置允许移动不超过计算跨度的 1/20;计算次梁传给框架主梁的荷载时,允许不考虑次梁的连续性,即按简支梁传递集中力;作用在框架上的次要荷载可以简化成与主要荷载形式相同的荷载,转化的原则是对应结构的主要受力部位维持内力等效。

2.4.3 内力与位移计算

1. 框架结构内力与位移计算

平面框架内力的计算方法较多,如弯矩分配法、无剪力分配法、迭代法等,也可以用矩阵位移法进行电算内力分析。选用计算方法时一定要注意方法的适用性,不能误差过大。手算时竖向荷载作用下常用分层法或弯矩二次分配法、水平荷载作用下可用反弯点法和修正反弯点法(D 值法)。

(1)框架梁、柱的抗弯刚度

梁、柱线刚度按式(2-4-14)计算:

$$i = \frac{EI}{l} \qquad\qquad (2-4-14)$$

式中:E 为混凝土的弹性模量;

l 为杆件长度;

I 为杆件的截面惯性矩。

在框架结构中,考虑楼板参加梁的工作,框架梁截面惯性矩按下列规定采用:

①对于装配式楼面结构,梁按本身截面惯性矩计算 $I=I_0$(I_0 为矩形截面的惯性矩);

②对于有整浇层的装配式楼面结构,中间框架梁取 $I=1.5I_0$;边框架梁取 $I=1.2I_0$;

③对于现浇楼面结构,中间框架梁取 $I=2.0I_0$;边框架梁取 $I=1.5I_0$。

框架柱的惯性矩按实际截面尺寸确定。

(2)竖向荷载作用下的分层法

①基本假定

a. 忽略框架在竖向荷载作用下的侧移和由它引起的侧移力矩。

b. 忽略本层荷载对其他各层内力的影响。即竖向荷载只在本层的梁内以及与本层梁相连的框架柱内产生弯矩和剪力,而对其他楼层框架梁和隔层框架柱都不产生弯矩和剪力。

②计算方法

a. 将多层框架分层,以每层梁与上下柱组成的单层框架作为计算单元,柱远端假定为固端,如图 2.29 所示。

b. 用力矩分配法分别计算各计算单元的内力。

c. 由于除底层柱底是固定端外,其他各层柱均为相互间弹性连接,为减少误差,除底层柱外,其他各层柱的线刚度均乘以 0.9 的折减系数,相应的各柱的传递系数考虑远端为弹性支承改为 1/3,底层柱和各层梁的传递系数仍按远端为固定支承取为 1/2。

d. 分层计算所得的梁端弯矩即为最后弯矩。由于每根柱分别属于上下两个计算单元,所以柱端弯矩要进行叠加。此时节点上的弯矩可能不平衡,但一般误差不大,如需要进一步调整时,可将节点不平衡弯矩再进行一次分配,但不再传递。

对侧移较大的框架及不规则的框架不宜采用分层法。

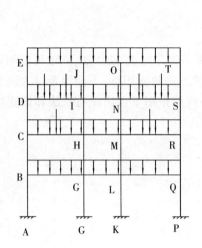
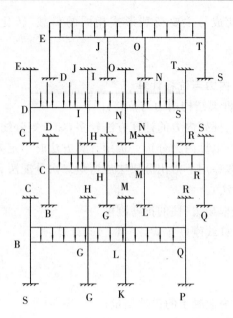

图 2.29　分层法计算简图

（3）竖向荷载下的弯矩二次分配法

①计算假定

采用无侧移框架的弯矩分配法计算竖向荷载作用下框架结构的杆端弯矩，由于要考虑任一节点不平衡弯矩对杆件的影响，计算十分冗繁。为了简化计算，可假定某一节点的不平衡弯矩只对与该节点相交的各杆件的远端有影响，而对其余杆件的影响忽略不计。

②计算方法

a. 同分层法，计算竖向荷载下各跨梁的固端弯矩和各节点杆端弯矩分配系数，并将各节点不平衡弯矩进行第一次分配。

b. 将所有杆端的分配弯矩向远端传递，传递系数均取为1/2。

c. 将各节点因传递弯矩而产生的新的不平衡弯矩进行第二次分配，使各节点处于平衡状态。

d. 将各杆端的固端弯矩，分配弯矩和传递弯矩相加，即得各杆端弯矩。

（4）水平荷载作用下的反弯点法

框架所受的水平荷载主要是风力和地震作用。按前述方法将总风力和总地震作用分配到各榀框架，进行平面框架的内力分析，再用反弯点法或 D 值法作水平荷载下的内力分析。即可按柱的抗侧刚度将总水平荷载直接分配到柱，得到各柱剪力后根据反弯点位置求出柱端弯矩，再由节点平衡求出梁端弯矩和剪力。

①反弯点法基本假定

在确定柱的侧移刚度时，认为梁的刚度无限大，上下柱端只有侧移没有转角，且同一层柱中各端的侧移相等；确定反弯点位置时，认为除底层柱外的各层柱，受力后的上下两端将产生相同的转角。

多层多跨框架在水平荷载作用下，当梁柱线刚度比值 $i_b/i_c \geqslant 3$ 时，认为符合上述假定，可采用反弯点法计算杆件内力。

②计算方法

a. 计算各柱抗侧刚度 d，并把该层总剪力分配到每个柱。

其中
$$d = \frac{12i_c}{h^2}$$

$$i_c = \frac{EI}{h}$$

$$V_{ij} = \frac{d_{ij}}{\sum\limits_{i=1}^{m} d_{ij}} V_{pj} \tag{2-4-15}$$

式中：i 为柱编号；

V_{pj} 为第 j 层的总剪力；

V_{ij}、d_{ij} 分别为第 j 层第 i 根柱子的剪力、抗侧刚度；

h 为本层层高。

b. 根据各柱分配到的剪力和反弯点位置，计算柱端弯矩。

反弯点是柱中弯矩为零的点，根据假设可知一般层柱反弯点位置在柱中点，反弯点高度（即反弯点至柱下端距离）为 $h/2$；底层柱反弯点高度为 $2h/3$。

$$\left. \begin{array}{l} \text{一般层柱：上下端弯矩相等} \quad M_{m上} = M_{m下} = V_m \cdot h_j/2 \\[2mm] \text{底 层 柱：上端弯矩} \quad M_{1上} = V_1 \cdot h_1/3 \\[2mm] \text{下端弯矩} \quad M_{1下} = V_1 \cdot 2h_1/3 \end{array} \right\} \tag{2-4-16}$$

c. 根据结点平衡计算梁端弯矩。

对于边柱：
$$M_{m梁} = M_{m上} + M_{m+1下}$$

对于中柱：设梁的端弯矩与梁的线刚度成正比，则

$$\left. \begin{array}{l} M_{m左} = (M_{m上} + M_{m+1下}) \dfrac{i_{b左}}{i_{b左} + i_{b右}} \\[4mm] M_{m右} = (M_{m上} + M_{m+1下}) \dfrac{i_{b右}}{i_{b左} + i_{b右}} \end{array} \right\} \tag{2-4-17}$$

再根据力的平衡，由梁两端的弯矩求出梁的剪力。

(5)修正的反弯点法（D 值法）

当为高层建筑、柱子截面较大，或梁柱线刚度比小于 3、考虑抗震要求有强柱弱梁的框架时，结点转角通常较大，用反弯点法计算的内力误差较大。因此提出用修正的柱抗侧移刚度和调整反弯点高度的反弯点法计算水平荷载下框架的内力，因修正后柱抗侧移刚度用 D 表示，故称为 D 值法。

①修正柱抗侧移刚度：考虑结点转角时，框架柱的侧移刚度不仅与本身的线刚度有关，而且还与梁的线刚度有关。修正后柱抗侧刚度 D 为：

$$D = \alpha \frac{12i_c}{h^2} \tag{2-4-18}$$

式中：α 为柱刚度修正系数，表示梁柱刚度比对柱刚度的影响，一般层柱与底层柱分别考虑；K

为梁柱刚度比,按表 2.24 采用。

表 2.24　柱抗侧移刚度修正系数

楼层		边柱		中柱		α
一般层柱			$K=\dfrac{i_2+i_4}{2i_c}$		$K=\dfrac{i_1+i_2+i_3+i_4}{2i_c}$	$\alpha=\dfrac{\overline{K}}{2+\overline{K}}$
底层	固接		$\overline{K}=\dfrac{i_2}{i_c}$		$\overline{K}=\dfrac{i_1+i_2}{i_c}$	$\alpha=\dfrac{0.5+\overline{K}}{2+\overline{K}}$
	铰接		$\overline{K}=\dfrac{i_2}{i_c}$		$\overline{K}=\dfrac{i_1+i_2}{i_c}$	$\alpha=\dfrac{0.5\,\overline{K}}{1+2\overline{K}}$

②修正反弯点高度:水平荷载作用下的框架柱存在着反弯点,但它不是固定在每层柱高的 1/2 处。实际上柱的反弯点的位置是随着柱、梁之间的线刚度比而变化的,也因该层柱所处楼层位置(层次)及上下层层高的不同而异,还会受荷载形式的影响。在 D 值法中,通过一系列修正系数反映上述因素的影响。

各层柱反弯点高度比由式(2-4-19)计算:

$$y=y_n+y_1+y_2+y_3 \tag{2-4-19}$$

式中:y 为柱反弯点高度比,即反弯点到柱下端距离与柱全高 h 的比值;

y_n 为柱标准反弯点高度比,是在各层等高、等跨、各层梁和柱线刚度不变时在水平荷载下求得的反弯点高度比,根据框架总层数 n,该层所在楼层 j、梁柱刚度比 K、荷载形式查表得出;

y_1 为上下梁刚度变化时的修正值,根据 α_1 和 K 值查表求出:当 $i_1+i_2<i_3+i_4$ 时 $\alpha_1=(i_1+i_2)/(i_3+i_4)$,反弯点上移,$y_1$ 取正值,当 $i_l+i_2>i_3+i_4$ 时 $\alpha_1=(i_3+i_4)/(i_1+i_2)$,反弯点下移,$y_1$ 取负值,底层柱不考虑 y_l 的修正;

y_2 为上层层高变化时的修正值,根据上层层高和本层层高之比 $\alpha_2=h_上/h$ 和 K 值查表求出:当 $\alpha_2>1$ 时反弯点上移,y_2 取正值,$\alpha_2<1$ 时反弯点下移,y_2 取负值,顶层柱不考虑 y_2 的修正;

y_3 为下层层高变化时的修正值,根据下层层高和本层层高之比 α_3 和 K 值查表求出:当 $\alpha_3>1$ 时反弯点下移,y_3 取负值,$\alpha_3<1$ 时反弯点上移,y_3 取正值,底层柱不考虑 y_3 的修正。

③计算步骤

D 值法计算步骤与反弯点法相仿,当各层柱抗侧刚度 D 和各柱反弯点位置确定后,可把该层总剪力分配到每个柱,继而求出各杆内力。

柱剪力分配式为

$$V_{ij} = \frac{D_{ij}}{\sum\limits_{i-1}^{m} D_{ij}} V_{pj} \qquad (2-4-20)$$

第 j 层第 i 个柱上下端弯矩为

$$\left. \begin{array}{l} M_{ij\pm} = V_{ij}(1 - y_{ij}h) \\ M_{ij\mp} = V_{ij} \cdot y_{ij}h \end{array} \right\} \qquad (2-4-21)$$

式中：V_{ij}、D_{ij}、M_{ij}、y_{ij} 分别为第 j 层第 i 根柱子的剪力，抗侧刚度、弯矩和该柱的反弯点高
　　度比；

　　$\sum\limits_{i=1}^{m} D_{ij}$ 为第 j 层所有柱的抗侧刚度之和；

　　V_{pj} 为第 j 层的总剪力。

梁端弯矩计算见反弯点法。

（5）水平荷载作用下侧移的近似计算

水平荷载作用下框架的侧移，可认为是由梁柱弯曲变形引起的侧移和柱轴向变形引起的
侧移叠加。前者呈剪切形变形，后者呈弯曲形变形。对于建筑物高度不大于 50m，或高宽比
$H/B \leqslant 4$ 的办公楼、住宅、旅馆类的框架结构，柱轴向变形引起的顶点侧移约为框架梁柱弯曲
变形产生的顶点侧移的 5%～11%，因此当房屋高度或高宽比低于上述值时，可不计框架轴向
变形对侧移的影响。

计算侧移应采用荷载标准值，并满足结构侧向变形的限值。

①梁柱弯曲变形引起的侧移：框架层间侧移可用抗侧刚度按式（2-4-22）求出：

$$\Delta u_j^M = \frac{V_{pj}}{\sum D_{ij}} \qquad (2-4-22)$$

式中：Δu_j^M 为第 j 层由梁柱弯曲产生的层间侧移；

　　$\sum D_{ij}$ 为第 j 层所有柱的抗侧刚度之和；

　　V_{pj} 为第 j 层的总剪力。

各个层间侧移求出后，就可以计算各层楼板标高处的侧移和框架的顶点侧移。

k 层侧移：
$$\left. \begin{array}{l} u_k^M = \sum\limits_{j=1}^{k} \Delta u_j^M \\ \\ u_n^M = \sum\limits_{j=1}^{n} \Delta u_j^M \end{array} \right\} \qquad (2-4-23)$$
顶移侧移：

②柱轴向变形引起的侧移：

j 层侧移：
$$u_j^N = \frac{V_0 H_j^3}{E B^2 A_{底}} F_a \qquad (2-4-24)$$

式中：u_j^N 为 j 层侧移，$j=n$ 时为结构顶点侧移；

　　V_0 为基底剪力，可根据荷载计算；

　　F_a 为仅随 a 变化的系数，可按荷载类型查表；

　　a 为顶层边柱与底层边柱截面面积之比，$a = A_{顶}/A_{底}$；

　　B 为框架边柱轴线间距离；

H_j 为 j 层总高度，$j=n$ 时为结构总高度。

u_j^N 求出后，第 j 层的层间侧移为

$$\Delta u_j^N = u_j^N - u_{j-1}^N \qquad (2-4-25)$$

考虑柱轴向变形后，框架的总侧移为

$$\left. \begin{array}{l} u_j = u_j^M + u_j^N \\ \Delta u_j = \Delta u_j^M + \Delta u_j^N \end{array} \right\} \qquad (2-4-26)$$

计算的框架各层层间位移，应满足式(2-3-9)的要求。当不满足时，说明梁、柱截面尺寸偏小，应调整梁、柱截面尺寸或提高混凝土强度等级，并重新计算框架的侧移刚度、基本周期以及水平地震作用等，进而计算位移及进行位移验算，直至满足要求为止。

2. 剪力墙结构内力与位移计算

剪力墙一般有整截面墙、整体小开口墙、联肢墙及壁式框架四种，并按不同的方法计算。

(1)剪力墙的分类

①剪力墙整体工作系数 α

剪力墙因洞口尺寸不同而形成不同宽度的连梁和墙肢，其整体性能取决于连梁与墙肢之间的相对刚度，用剪力墙整体工作系数 α 来表示，即连梁总的抗弯线刚度与墙肢总的抗弯线刚度之比为 α，则剪力墙整体工作系数 α 为

$$\alpha = \begin{cases} H\sqrt{\dfrac{12 I_b a^2}{h(I_1+I_2) l_b^3} \cdot \dfrac{I}{I_n}} & \text{（双肢墙）} \\[4mm] H\sqrt{\dfrac{12}{\tau h \sum\limits_{j=1}^{m+1} I_j} \cdot \sum\limits_{j=1}^{m} \dfrac{I_{bj} \alpha_j^2}{l_{bj}^3}} & \text{（多肢墙）} \end{cases} \qquad (2-4-27)$$

$$I_n = I - \sum_{j=1}^{k+1} I_j$$

$$I_{bj} = \dfrac{I_{bj0}}{\dfrac{30\mu I_{bj0}}{A_{bj} l_{bj}^2}} \qquad (2-4-28)$$

式中：I 为剪力墙对组合截面形心的惯性矩；

　　　I_n 为扣除各墙肢惯性矩后剪力墙的惯性矩；

　　　I_j 为第 j 墙肢的截面惯性矩；

　　　I_{bj0} 为第 j 列连梁的截面惯性矩；

　　　I_{bj} 为第 j 列连梁的折算惯性矩；

　　　A_{bj} 为第 j 列连梁的截面面积；

　　　μ 为截面形状系数，矩形时取 1.2；

　　　α_j 为第 j 列洞口两侧墙肢轴线距离；

　　　l_{bj} 为第 j 列连梁计算跨度，取洞口宽度加连梁高度的一半；

　　　m 为洞口列数；

h、H 分别为剪力墙层高和总高；

τ 为墙肢轴向变形影响系数，当为 3~4 肢时取 $o.8$，5~7 肢时取 0.85，8 肢以上取 0.9。

α 值愈小，剪力墙的整体性愈差，当 $\alpha \rightarrow 0$ 时，各墙肢独立工作，无整体作用。α 值愈大，说明连梁的相对刚度愈大，剪力墙的整体性愈好，从而使剪力墙的侧向刚度增大，侧移减小；同时，墙肢的整体弯矩占总抵抗弯矩的比例加大，局部弯矩所占比例减小。α 大到一定程度，各墙肢就如同整体墙一样工作。

②墙肢惯性矩比 $\dfrac{I_n}{I}$

整体工作系数 α 愈大，说明剪力墙整体性愈好，这样的剪力墙可能是整体小开口墙，也可能是壁式框架。因为后者梁线刚度大于柱线刚度，其 α 值很大，结构整体性也很强，但它受力特点与框架相同。因此，除了整体参数 α 这个判别条件外，还应判别沿高度方向墙肢弯矩图是否会出现反弯点。剪力墙受力后，如果各墙肢在层间很少出现反弯点，则呈弯曲型变形；如果在大部分层间出现反弯点，则呈剪切型变形。弯曲型变形的剪力墙，可按竖向悬臂构件计算；剪切型变形的剪力墙，宜按框架设计。

墙肢是否出现反弯点，与墙肢惯性矩的比值 $\dfrac{I_n}{I}$、整体性系数 α 和层数 n 等多种因素有关。$\dfrac{I_n}{I}$ 值反映了剪力墙截面削弱的程度，$\dfrac{I_n}{I}$ 值大，说明截面削弱较多，洞口较宽，墙肢相对较弱。因此，当 $\dfrac{I_n}{I}$ 增大到某一值时，墙肢表现出框架的受力特点，即沿高度方向出现反弯点。所以 $\dfrac{I_n}{I}$ 与其限值 ζ 的关系式作为剪力墙分类的第二个判别式。

③剪力墙分类判别式

a. 无洞口的整片墙及开有小洞口，但洞口立面总面积不超过该片墙面总面积的 15%，并且洞口的长边尺寸不超过洞边至墙边及洞边至洞边的距离，可按整截面墙计算。

b. 当 $\alpha < 1$ 时，连梁的约束作用很小，各墙肢可作为单肢墙考虑，按整截面墙的计算方法计算。

c. 当 $1 \leqslant \alpha < 10$ 时，连梁的约束作用已明显存在，不能忽略，但墙肢仍以弯曲变形为主，可按联肢墙计算。

d. 当 $\alpha > 10$ 时，如 $I_n/I \leqslant \xi$，墙肢在层间很少出现反弯点，可作为以弯曲变形为主的整体小开口墙计算。

如 $I_n/I > \xi$ 墙肢将在大多数层间出现反弯点，接近于框架受力条件，宜按壁式框架设计。

系数 ξ 根据层数 n 和 α 的值查表确定。

在实际工程中，横墙的门窗洞较少，通常按整截面墙、整体小开口墙和联肢墙的计算方法计算。而纵墙，特别是外纵墙由于成排成列的开设门窗，通常按壁式框架设计。

(2)剪力墙墙肢等效抗弯刚度的计算

剪力墙刚度计算时，可以考虑纵、横墙间的共同工作。纵墙的一部分可以作为横墙的有效翼缘，横墙的一部分可以作为纵墙的有效翼缘。每一侧的有效翼缘宽度可取翼缘厚度的 6 倍、墙间距的一半、总高度的 1/20 中的最小值，且不大于至洞口边缘的距离。

①单肢墙、整截面墙的等效抗弯刚度为

$$EI_{eq} = \frac{EI_w}{1 + \frac{9\mu I_w}{A_w H^2}} \qquad (2-4-29)$$

$$A_w = \gamma_0 A = \left\{ 1 - 1.25 \sqrt{\frac{A_{op}}{A_f}} \right\} A \qquad (2-4-30)$$

式中：I_w 为无洞口墙的截面惯性矩，整截面墙，取组合截面惯性矩；

A_w 为无洞口剪力墙的截面面积，对于小洞口整截面墙取折算截面面积；

A 为剪力墙横截面毛面积；

A_{op} 为墙面洞口面积；

A_f 为墙面总面积；

γ_0 孔洞削弱系数；

H 为剪力墙总高度；

E 为混凝土的弹性模量；

μ 为截面形状系数，矩形截面为 1.2，I 形截面为 A/A'（A 为全截面面积，A' 为腹板毛面积），T 形截面的 μ 见有关章节。

②整体小开口墙的等效刚度为

$$EI_{eq} = \frac{0.8EI_w}{1 + \frac{9\mu I_w}{H^2 \sum A_i}} \qquad (2-4-31)$$

式中：I_w 为对小开口墙组合截面形心的组合截面惯性矩；

$E_i I_{eqi}$ 为各墙肢截面面积之和。

③联肢墙等其他类型剪力墙刚度计算请参见相关资料，在此不一一陈述。

（3）竖向荷载作用下剪力墙内力计算

竖向荷载作用下一般取平面计算简图进行内力分析，不考虑结构单元内各片剪力墙之间的协同工作。每片剪力墙承受的竖向荷载为该片墙负载范围内的永久荷载和可变荷载。当为装配式楼盖时，各层楼面传给剪力墙的为均布荷载；当为现浇楼盖时，各层楼面传给剪力墙的可能为三角形或梯形分布荷载以及集中荷载。剪力墙自重按均布荷载计算。

竖向荷载作用下剪力墙内力的计算，不考虑结构的连续性，可近似认为各片剪力墙只承受轴向力，其弯矩和剪力等于零。各片剪力墙承受的轴力由墙体自重和楼板传来的荷载两部分组成，其中楼板传来的荷载可近似地按其受荷面积进行分配。各墙肢承受的轴力以洞口中线作为荷载分界线，计算墙自重重力荷载时应扣除门洞部分。

①整截面墙计算截面的轴力为该截面以上全部竖向荷载之和。

②整体小开口墙，每层传给各墙肢的荷载按图 2.30 所示范围计算，j 墙肢的轴力为该墙肢计算截面以上全部荷载之和。

③无偏心荷载时联肢墙内力计算方法与整体小开口墙相同，但应计算竖向荷载在连梁中产生的弯矩和剪力，可近似按两端固定梁计算连梁的弯矩和剪力；偏心竖向荷载作用下双肢墙内力计算可查相关计算表格；多肢墙在偏心竖向荷载作用下，端部墙肢可与邻近墙肢按双肢墙

计算,中部墙肢可分别与相邻左右墙肢按双肢墙计算,近似取两次结果的平均值。

④壁式框架在竖向荷载作用下,壁梁、壁柱的内力计算和框架在竖向荷载作用下的相似,可采用分层法或力矩分配法。

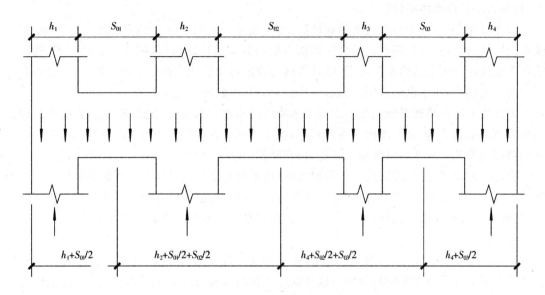

图 2.30　墙肢传递荷载示意图

(4)水平荷载作用下剪力墙内力计算方法

当结构无扭转影响,且结构单元内沿水平荷载作用方向的剪力墙中只有整截面墙、整体小开口墙、联肢墙而无壁式框架时,各片剪力墙是通过刚性楼板联系在一起的,在同一层楼板标高处的侧移将相等。因此,水平荷载将按各片剪力墙的刚度大小向各片墙分配。由于所有抗侧力单元都是剪力墙,它们有相类似的沿高度变形曲线——弯曲型变形曲线,各片剪力墙水平荷载沿高度的分布与总荷载沿高度分布相同。因此,分配总荷载或分配层剪力的效果是相同的。

当有 m 片墙时,第 i 片墙第 j 层分配到的剪力为

$$V_{ij} = \frac{E_i I_{eqi}}{\sum\limits_{i=1}^{m} E_i I_{eqi}} V_{pi} \qquad\qquad (2-4-32)$$

式中:V_{pj} 为水平荷载计算的 j 层总剪力;

　　$E_i I_{eqi}$ 为第 i 片墙的等效抗弯刚度。

由于墙的类型不同,等效抗弯刚度的计算方法也各异,如前所述。

当结构单元内有壁式框架时,由于壁式框架内大部分层的墙肢具有反弯点,其沿高度变形曲线呈剪切型,因此可将整截面墙、整体小开口墙、联肢墙合并为总剪力墙,其刚度为各片剪力墙等效刚度之和;再将各片壁式框架合并为总框架,其剪切刚度为各片壁式框架剪切刚度之和;然后按照框架—剪力墙铰接体系协同工作考虑水平荷载作用下的剪力分配及计算结构内力。

当水平荷载分配给各片剪力墙后,就可进行单片墙肢的内力计算。

①整体墙和小开口整体墙计算方法：整截面墙可按照竖向整体悬臂构件求各楼层截面内力，并假定正应力符合直线分布规律，这称之为整体墙计算方法。对于小开口整体墙，门窗洞稍大，两墙肢的应力分布不再是直线关系，但偏离不大，可在应力按直线分布的基础上加以修正，称其为小开口整体墙计算方法。

②连续化方法：对于洞口较大的联肢墙，可看成是一系列由连梁约束的墙肢所组成，将连梁看成墙肢间的连杆，并将它们沿高度离散为均匀分布的连续连杆，用微分方程求解，这种方法称为连续化方法或连续连杆法，是联肢墙内力及位移分析的一种较好的近似方法，把函数解制成曲线或图表，使用也很方便。但必须注意它的基本假定及使用方法。

连续化方法忽略连梁轴向变形即假定两墙肢的水平位移完全相同，假定两墙肢各截面的转角和曲率都相等，因此连梁两端转角相等，连梁的反弯点在梁的中点；各个墙肢截面、各连梁截面及层高等几何尺寸沿双肢墙全高都是相同的。

由这些假定可见，此方法适用于开洞规则、由下到上墙厚及层高都不变的联肢墙。实际工程中不可避免会有变化，如果变化不多，可取各楼层的平均值进行计算。如果是很不规则的剪力墙，则本方法不适用。此外，层数愈多，本方法计算结果愈好。对低层或多层建筑中的墙，计算误差较大。

③带刚域框架计算方法：当洞口较大，连梁刚度接近于或大于墙肢刚度时，可以按带刚域框架计算简图进行内力及位移分析。这种墙的连梁及大部分墙肢具有反弯点，其性能已接近框架。但它具有宽梁、宽柱(图 2.31)，不能简单地简化为一般杆件体系。它的梁、墙相交部分面积大、变形小，可看成"刚域"。于是可把梁、墙肢简化为杆端带刚域的变截面杆件，假定刚域部分没有任何变形，因此称为带刚域框架，也称壁式框架。

带刚域框架计算方法可采用 D 值法计算内力及位移，忽略柱轴向变形，梁柱剪切变形通过修正杆件刚度加以考虑，然后就可利用普通框架的 D 值法及其相应的表格确定反弯点高度。这是一种较为方便的近似计算方法，适于手算。其具体过程和框架结构的 D 值法类似，其 α_c 的取值见表 2.25 所列。

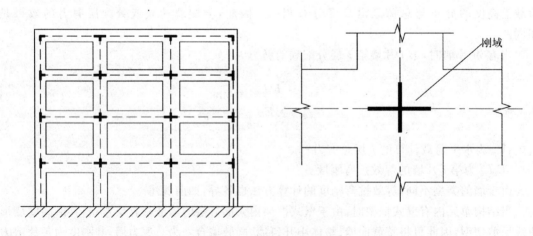

图 2.31　壁式框架计算简图

表 2.25　壁式框架 D 值计算

		K	α_c
一般层	① $K_2=ci_2$　$K_c\frac{c+c'}{2}i_c$　$K_4=ci_4$　②$K_1=c'i_1$　$K_2=ci_2$　$K_c\frac{c+c'}{2}i_c$　$K_3=c'i_3$　$K_4=ci_4$	①情况　$K=\dfrac{k_2+k_4}{2K_c}$ ②情况　$K=\dfrac{k_1+k_2+k_3+k_4}{2k_c}$	$\alpha_c=\dfrac{K}{2+K}$
底　层	① $K_2=ci_2$　$K_c\frac{c+c'}{2}i_c$　②$K_1=c'i_1$　$K_2=ci_2$　$K_c\frac{c+c'}{2}i_c$	①情况　$K=\dfrac{k_2}{K_c}$ ②情况　$K=\dfrac{k_1+k_2}{k_c}$	$\alpha_c=\dfrac{K}{2+K}$

④有限条方法：对于形状及开洞都比较规则的墙，近年来发展了用有限条计算内力和位移的方法。把剪力墙划分为竖向条带，条带的应力分布用函数形式表示，连结线上的位移为未知函数。这种方法较平面有限元的未知量大大减少，是一种精度较高的计算方法。

（5）水平荷载作用下剪力墙内力和位移计算公式

①整体墙计算公式：按材料力学方法，在水平荷载下，对各墙体截面取矩求出各墙体截面弯矩；任一截面的剪力是该截面以上所有水平力的总和。

顶点水平位移为

$$u_t=\begin{cases} \dfrac{11}{60}\dfrac{V_0H^3}{EI_{eq}}=\dfrac{11}{120}\dfrac{gH^4}{EI_{eq}} & \text{（倒三角形分布荷载）} \\[2mm] \dfrac{1}{8}\dfrac{V_0H^3}{EI_{eq}}=\dfrac{1}{8}\dfrac{qH^4}{EI_{eq}} & \text{（均布荷载）} \\[2mm] \dfrac{1}{3}\dfrac{V_0H^3}{EI_{eq}}=\dfrac{1}{3}\dfrac{FH^4}{EI_{eq}} & \text{（顶点集中荷载）} \end{cases} \qquad (2-4-33)$$

式中：V_0 为外荷载在墙底部截面产生的总剪力，即全部水平力之和；

g 为倒三角形分布荷载顶点最大荷载值；

H 为剪力墙总高。

等效抗弯刚度 EI_{eq} 由式（2-4-29）计算。

②整体小开口墙计算公式：整体小开口墙，门窗洞稍大，可认为外荷载在截面中产生的弯矩大约有 85% 使墙体产生整体弯曲，15% 使墙体产生局部弯曲，墙肢的内力可由式（2-4-34）、式（2-4-35）计算：

墙肢弯矩：
$$M_j=0.085M\frac{I_j+A_jy_j^2}{I}+0.15M\frac{I_j}{\sum\limits_{j=1}^{m+1}I_j} \qquad (2-4-34)$$

墙肢轴力： $$N_j = 0.85 \frac{A_j y_j}{I} \qquad (2-4-35)$$

墙肢剪力的分配与墙肢的截面积及惯性矩有关，这里采用分别按面积和惯性矩分配后的平均值计算（在底层可只按面积分配），即：

一般层： $$V_j = \frac{V}{2} \left[\frac{A_j}{\sum\limits_{j=1}^{m+1} A_j} + \frac{I_j}{\sum\limits_{j=1}^{m+1} I_j} \right] \Bigg\}$$

底　层： $$V_j = V \frac{A_j}{\sum\limits_{j=1}^{m+1} A_j} \qquad (2-4-36)$$

当夹有小墙肢时，其内力考虑采用附加局部弯矩修正：

$$M_j = M_{0j} + \Delta M_j \Bigg\}$$
$$\Delta M_j = V_j h_0 / 2 \qquad (2-4-37)$$

$$I = \sum_{j=1}^{m+1} (I_j + A_j \cdot y_j^2) \qquad (2-4-38)$$

式中：M、V 为外荷载产生的总弯矩及总剪力；

　　　I_j、A_j 为第 j 墙肢的截面惯性矩和截面面积；

　　　I 为剪力墙对组合截面形心轴的惯性矩；

　　　m 为窗洞的列数；

　　　y_j 为第 j 墙肢截面形心至组合截面形心的距离；

　　　ΔM_j 为由于小墙肢局部弯曲在肢端增加的局部弯矩；

　　　M_{0j} 为按整体小开口墙算得的小墙肢端部弯矩；

　　　V_j 为墙肢剪力；

　　　h_0 为洞口高度。

整体小开口墙，由于洞口削弱而使位移增大，顶点水平位移可用整体墙的位移计算值乘以 1.2 的修正系数，等效抗弯刚度由式（2-4-31）给出。

篇幅所限，联肢墙、壁式框架的计算公式和图表则不一一列举，请查阅相关计算手册。

（6）剪力墙结构弹性水平位移计算

在水平地震作用或风荷载作用下，当结构计算单元内无壁式框架时，可按竖向悬臂构件，用总剪力墙刚度（各片剪力墙等效刚度之和）代替整体墙的等效刚度，用式（2-4-33）分别计算结构在均布荷载、顶点集中荷载、倒三角形荷载下的弹性水平位移，然后将它们叠加，即得结构弹性水平位移。

当结构计算单元内有壁式框架时，应按框架—剪力墙协同工作计算结构位移。

位移计算一般宜在结构内力计算之前进行，以减少因构件刚度不合适而进行的重复计算。剪力墙结构房屋的层间位移应满足表 2.17 要求，当不满足时应调整构件截面尺寸或混凝土强度等级，并重新验算直至满足为止。

3. 框架—剪力墙结构内力与位移计算

（1）水平荷载作用下框架—剪力墙结构协同工作原理

框剪结构由框架及剪力墙两类抗侧力单元组成。这两类抗侧力单元在水平荷载作用下的受力和变形特点各异。框架以剪切型变形为主,如图 2.32(a)所示;剪力墙以弯曲型变形为主,如图 2.32(b)所示。在同一结构中,通过楼板把两者联系在一起,楼板在其自身平面内刚度很大,它迫使框架和剪力墙在各层楼板标高处共同变形,图 2.32(c)中虚线表示框架和剪力墙各自的变形及相互作用力。其变形特征如图 2.34 所示。

由它们协同工作的变形特点可知,剪力墙下部变形将增大,框架下部变形却减小了,这使得下部剪力墙担负更多剪力,而框架下部担负的剪力较小。在上部,情形正好相反,剪力墙变形减小,因而卸载,框架上部变形加大,担负的剪力将增大。因此,框架上部和下部所受剪力趋于均匀化。由图 2.33 可见,框剪结构的层间变形在下部小于纯框架、在上部小于纯剪力墙。也就是说,各层的层间变形也将趋于均匀化。

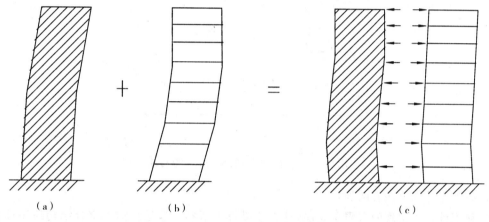

图 2.32 框剪结构协同作用

(a)单独剪力墙作用;(b)单独框架作用;(c)框架—剪力墙相互作用力

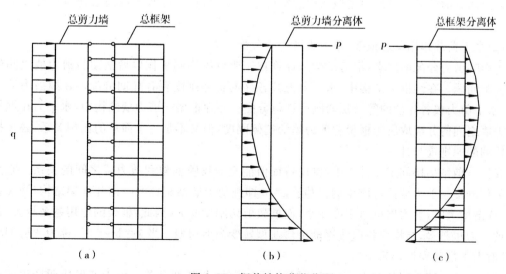

图 2.33 框剪结构荷载分配

在计算框架、剪力墙水平荷载下的内力时,应考虑协同工作条件进行计算。计算的思路是:水平力首先在总框架与总剪力墙之间分配,然后将总框架分得的份额按各榀框架的抗侧刚度进行再分配;将总剪力墙分得的份额按各片剪力墙的等效刚度进行再分配。最后计算单榀框架和单片剪力墙的内力。

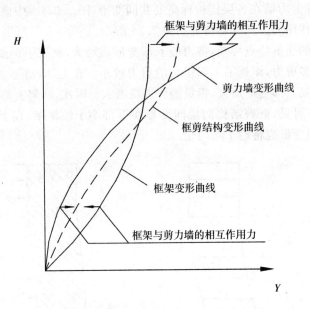

图 2.34　框架—剪力墙结构的变形特征

协同工作计算方法有两类:

①利用计算机实现的有限单元法,计算结果较为精确。这是目前大部分结构通用计算程序所采用的方法,它可建立在平面结构假定的基础上,也可直接按空间结构建模计算。

②手算的近似法。可利用图表曲线简化计算,在大多数比较规则的结构中应用近似方法可以得到满意的结果。但是该近似法中忽略柱轴向变形,在高度较大的高层建筑中计算会有误差。

(2)水平荷载作用下总框架、总剪力墙剪力分配计算

①影响剪力分配的因素:框剪结构的计算首先要解决协同工作以后框架与剪力墙之间的剪力分配问题。在纯框架结构中,水平剪力按各柱的抗侧刚度在各柱间分配。在纯剪力墙结构中,水平剪力按各片墙的等效抗弯刚度进行分配。而在框架—剪力墙结构中,水平力在框架和剪力墙之间的分配取决于框架和剪力墙的抗侧刚度,但又不是一个简单的比例关系,必须按位移协调的原则进行计算。

在框—剪结构协同工作计算中,刚度特征值能充分反映框架和剪力墙之间的关系。它是框架剪切刚度与剪力墙抗弯刚度的比值。$\lambda=0$ 即纯剪力墙结构;$\lambda=\infty$ 即纯框架结构;当 λ 在 $0 \to \infty$ 逐渐增大时,剪力墙抗弯刚度变小,而框架剪切刚度变大,因此,框架的作用越来越大,它承担的剪力也越多,结构位移曲线逐渐由弯曲型转变为剪切型。当 $\lambda=1 \sim 6$ 时,称为弯剪型变形,此时上下层间变形较为均匀。

框架与剪力墙之间的剪力分配在各层是不相同的,与高度有关。由于变形协调产生的相互作用,使剪力墙下部剪力大,上部出现负剪力;框架底部剪力很小,上部有较大的正剪力。而框架的剪力最大值出现在结构中部某层,且随着 λ 的增大向下移动。框架柱的控制截面因此

而改变,这与框架结构不同,设计时必须注意,否则会偏于不安全。

框—剪结构可简化为铰接体系和刚接体系,它们的主要区别在于总剪力墙和总框架之间的连杆对墙肢的约束作用。刚接体系的连杆中除了轴向力外还有剪力和弯矩,因此对墙肢截面形成约束弯矩,影响了总剪力在框架和剪力墙之间的分配。铰接和刚接体系应区别对待。

②总框架、总剪力墙、总连梁的刚度计算:

总剪力墙刚度为各片剪力墙等效刚度之和:

$$EJ_w = \sum EI_{eqi} \qquad (2-4-39)$$

总框架剪切刚度为各层框架剪切刚度按层高加权平均:

$$C_f = \sum C_{fj} h_j / H \qquad (2-4-40)$$

$$C_{fj} = \sum C_{fi} = h_j \sum D_i \qquad (2-4-41)$$

总连梁约束刚度为各层连梁约束刚度按层高加权平均;

$$C_b = \sum C_{bj} h_j / H \qquad (2-4-42)$$

$$C_{bj} = \sum C_{bi} = \sum_{i=1}^{k} \frac{m_{abi}}{h_j} \qquad (2-4-43)$$

式中:EI_{eqi} 为第 i 片剪力墙的等效刚度,根据剪力墙类型计算;

C_{fj} 为总框架第 j 层的剪切刚度,为产生单位层间转角所需施加的水平力,取该层所有框架柱剪切刚度之和;

C_{bj} 为第 j 层连梁约束刚度,为该层所有连梁约束刚度之和,其中每根连梁均应按一端连接墙另一端连接框架和两端均连接墙两种情况考虑;

m_{abi} 为 i 杆杆端弯矩系数;

k 为同一层内连梁与墙肢相交的总节点数。

当结构层高变化不大时,总刚度可通过直接平均求得。当框架高度大于 50m 或框架高度与其宽度之比大于 4 时,可用考虑柱轴向变形影响后的等效刚度来代替框架的刚度。

需要特别强调的是:框剪结构在内力与位移计算中,所有构件均采用弹性刚度。框架与剪力墙之间的连梁和剪力墙墙肢间的连梁,为了减少配筋量,在工程实际中允许考虑连梁的塑性变形能力,对连梁进行塑性调幅。调幅的办法是对连梁的刚度予以折减,但为了防止使用阶段连梁开裂,折减系数不应小于 0.55。在计算地震周期时,连梁的刚度不考虑折减。

③铰接体系剪力分配计算:

刚度特征值:

$$\lambda = H \sqrt{\frac{C_f}{EJ_w}} \qquad (2-4-44)$$

相 对 高 度:

$$\xi = \frac{x}{H}$$

ξ 坐标原点取底层固定端处,$\xi=0$ 时指底部,$\xi=1$ 时指顶部。

总剪力墙的位移、内力为

$$y=\begin{cases}\dfrac{gH^4}{EJ_w\lambda^2}\left[\left(1+\dfrac{\lambda\,\mathrm{sh}\lambda}{2}-\dfrac{\mathrm{sh}\lambda}{\lambda}\right)\dfrac{\mathrm{ch}\lambda\xi-1}{\lambda^2\,\mathrm{ch}\lambda}+\left(\dfrac{1}{2}-\dfrac{1}{\lambda^2}\right)\left(\xi-\dfrac{\mathrm{sh}\lambda\xi}{\lambda}\right)-\dfrac{\xi^3}{6}\right]&\text{(倒三角荷载)}\\[3mm]\dfrac{qH^4}{EJ_w}\left[\left(\dfrac{1+\lambda\,\mathrm{sh}\lambda}{\mathrm{ch}\lambda}\right)\left(\dfrac{\mathrm{ch}\lambda\xi-1}{\lambda^2}\right)-\dfrac{\mathrm{sh}\lambda\xi}{\lambda}+\xi\left(1-\dfrac{\xi}{2}\right)\right]&\text{(均布荷载)}\\[3mm]\dfrac{FH^3}{EJ_w}\left[\dfrac{\mathrm{sh}\lambda}{\lambda^3\,\mathrm{ch}\lambda}(\mathrm{ch}\lambda\xi-1)-\dfrac{1}{\lambda^3}\mathrm{sh}\lambda\xi+\dfrac{1}{\lambda^2}\xi\right]&\text{(顶点集中荷载)}\end{cases}\quad(2-4-45)$$

$$M_w=\begin{cases}\dfrac{gH^2}{\lambda^2}\left[\left(1+\dfrac{\lambda\,\mathrm{sh}\lambda}{2}-\dfrac{\mathrm{sh}\lambda}{\lambda}\right)\dfrac{\mathrm{ch}\lambda\xi-1}{\mathrm{ch}\lambda}-\left(\dfrac{\lambda}{2}-\dfrac{1}{\lambda}\right)\mathrm{sh}\lambda\xi-\xi\right]&\text{(倒三角荷载)}\\[3mm]\dfrac{qH^2}{\lambda^2}\left[\left(\dfrac{1+\lambda\,\mathrm{sh}\lambda}{\mathrm{ch}\lambda}\right)\mathrm{ch}\lambda\xi-\lambda\,\mathrm{sh}\lambda\xi-1\right]&\text{(均布荷载)}\\[3mm]FH\left(\dfrac{\mathrm{sh}\lambda}{\lambda\,\mathrm{ch}\lambda}\mathrm{ch}\lambda\xi-\dfrac{1}{\lambda}\mathrm{sh}\lambda\xi\right)&\text{(顶点集中荷载)}\end{cases}\quad(2-4-46)$$

$$V_w=\begin{cases}\dfrac{gH}{\lambda^2}\left[\left(1+\dfrac{\lambda\,\mathrm{sh}\lambda}{2}-\dfrac{\mathrm{sh}\lambda}{\lambda}\right)\dfrac{\lambda\,\mathrm{ch}\lambda\xi}{\mathrm{ch}\lambda}-\left(\dfrac{\lambda}{2}-\dfrac{1}{\lambda}\right)\lambda\,\mathrm{ch}\lambda\xi-1\right]&\text{(倒三角荷载)}\\[3mm]\dfrac{qH}{\lambda}\left[\lambda\,\mathrm{ch}\lambda\xi-\left(\dfrac{1+\lambda\,\mathrm{sh}\lambda}{\mathrm{ch}\lambda}\right)\mathrm{sh}\lambda\xi\right]&\text{(均布荷载)}\\[3mm]F\left(\mathrm{ch}\lambda\xi-\dfrac{\mathrm{sh}\lambda}{\mathrm{ch}\lambda}\mathrm{sh}\lambda\xi\right)&\text{(顶点集中荷载)}\end{cases}\quad(2-4-47)$$

三式中，λ、ξ 均为自变量，为使用方便，已分别将三种水平荷载下的位移、弯矩及剪力画成曲线。只要按 λ 值、ξ 值查出相应荷载形式的位移系数 $y(\xi)/f_H$、弯矩系数 $M_w(\xi)/M_0$ 和剪力系数 $V_w(\xi)/V_0$，即可按式（3-4-49）算出剪力墙任一高度截面的内力及该结构同一位置的侧移。

$$\left.\begin{aligned}y&=\left(\dfrac{y(\xi)}{f_H}\right)f_H\\[2mm]M_w&=\left(\dfrac{M_w(\xi)}{M_0}\right)M_0\\[2mm]V_w&=\left(\dfrac{V_w(\xi)}{V_0}\right)V_0\end{aligned}\right\}\quad(2-4-48)$$

式中：f_H、M_0、V_0 分别为在三种不同水平荷载下的悬臂墙的顶点位移、底截面弯矩、底截面剪力。

框架剪力 V_f 可由总剪力减去剪力墙剪力而得，总剪力 V_P 由外荷载直接计算

$$V_f=V_P-V_w\quad(2-4-49)$$

④刚接体系剪力分配计算：刚接体系剪力分配计算步骤与铰接体系相似。刚度特征值考虑了连梁约束刚度（C_f+C_b 可看做框架广义剪切刚度）：

$$\left.\begin{aligned}\lambda&=H\sqrt{\dfrac{C_f+C_b}{EJ_w}}\\[3mm]\xi&=\dfrac{x}{H}\end{aligned}\right\}\quad(2-4-50)$$

用 λ 值、ξ 值查出相应荷载下的位移系数、弯矩系数和剪力系数用式（2－4－48）计算出 y、M_w 和 V_w，因为没有考虑连梁约束弯矩 m 的影响，所以 V_w 值并不是总剪力墙的剪力，因此把这个剪力值记为 V'_w，而将 $V'_f = V_P - V'_w$ 称为框架广义剪力。将框架广义剪力按总框架抗侧刚度及连梁总约束刚度比例分配，从而得到框架总剪力 V_f 和连梁总线约束弯矩 m，然后得出总剪力墙的剪力 V_w。

$$V_f = \frac{C_f}{C_f + C_b} V'_f \left.\begin{array}{}\\\\\end{array}\right\}$$
$$m = \frac{C_b}{C_f + C_b} V'_f$$

$$(2-4-51)$$

$$V_w = V'_w + m$$

因为剪力墙的弯矩和剪力都是底截面最大，愈往上愈小，因此多取楼板标高处为控制截面。那么进行剪力分配时，ξ 值只需选取各层楼板标高处的系数，则计算出的弯矩值和剪力值均为每层总弯矩和总剪力。

（3）水平荷载下的内力计算

①剪力墙内力：计算出剪力墙每层总弯矩和总剪力后，与纯剪力墙结构相同，按各片墙的等效刚度进行分配。则第 j 层第 i 个墙肢的内力（共 m 个墙肢）为

$$M_{Wij} = \frac{EI_{eqi}}{\sum\limits_{i=1}^{m} EI_{eqi}} M_{Wj} \left.\begin{array}{}\\\\\\\\\end{array}\right\}$$
$$V_{Wij} = \frac{EI}{\sum\limits_{i=1}^{m} EI_{eqi}} V_{Wi}$$

$$(2-4-52)$$

框—剪刚接体系中，与连梁连接的剪力墙受连梁弯矩、剪力的影响，因此上式中墙肢弯矩需减掉连梁弯矩 M_{jiab}；连梁约束引起墙肢轴力，可根据平衡条件由各个连梁的剪力得出。

②框架梁、柱内力：按各楼板标高 ξ 计算 y 后，可得到框架各层楼板标高处的总剪力 V_{fj}，然后按各柱的 D 值把剪力分配到柱。手算当中可近似取各楼层上下两层楼板标高处的剪力平均值作为该层柱中点剪力。因此第 j 层第 i 个柱的剪力（共 m 个柱）为

$$V_{cij} = \frac{D_i}{\sum\limits_{i=1}^{m} D_i} \cdot \frac{(V_{f(j-1)} + V_{fj})}{2}$$

$$(2-4-53)$$

在求得每个柱的剪力之后，可用框架结构计算梁、柱弯矩的方法计算各杆件内力。

③刚接连梁的设计弯矩和剪力：首先将各个层高范围内的约束弯矩集中成弯矩 M，然后按各刚接连杆杆端刚度系数把弯矩分配给各连梁，凡是与墙肢相连的两端都应分配到弯矩。若第 j 层共有 k 个刚结点，则第 i 个结点弯矩为

$$M_{jiab} = \frac{m_{iab}}{\sum\limits_{i=1}^{k} m_{iab}} m_j \left(\frac{h_j + h_{j+1}}{2}\right)$$

$$(2-4-54)$$

式中：h_j 和 h_{j+1} 分别为第 j 和第 $j+1$ 层的层高；m_{ab} 为 m_{12} 或 m_{21}。

求出的 M_{jiab} 是剪力墙形心线处的连杆弯矩，要折算成墙边的弯矩，才是连梁截面的设计

弯矩,如图 2.35 所示。

连梁设计弯矩为

$$\left.\begin{aligned} M_{b12} &= \frac{x-cl}{x}M_{12} \\ M_{b21} &= \frac{l-x-dl}{x}M_{12} \end{aligned}\right\} \tag{2-4-55}$$

$$x = \frac{m_{12}}{m_{12}+m_{21}}l$$

式中:x 为连梁反弯点到墙肢轴线的距离。

连梁设计剪力为:

$$V_b = \frac{M_{b12}+M_{b21}}{l}$$

或

$$V_b = \frac{M_{12}+M_{b21}}{l'} \tag{2-4-56}$$

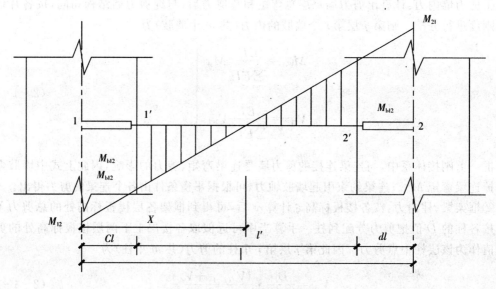

图 2.35　连梁弯矩计算

(4)框架—剪力墙结构在地震作用下的内力调整

①框架梁柱内力的调整

框架与剪力墙按协同工作分析时,假定楼板为绝对刚性,但楼板实际上有一定的变形,框架与剪力墙的变形不能完全协调。故框架实际承受的剪力比计算值大;此外,在地震作用过程中,剪力墙开裂后框架承担的剪力比例将增加,剪力墙屈服后,框架将承担更大的剪力。因此,抗震设计时,按上述方法求得总框架各层剪力 V_f 应按下列方法调整:

a. 框架柱数量从上至下基本不变的规则框架,对 $V_f \geqslant 0.2V_0$ 的楼层 V_f 可按计算值采用,不做调整。凡 $V_f < 0.2V_0$ 的楼层,设计时 V_f 取 $1.5V_{f\max}$ 和 $0.2V_0$ 两者中的较小值。其中:V_f 为框架—剪力墙协同工作分析所得的框架各层总剪力;V_0 为地震作用产生的结构底部总剪

力；V_{fmax}为各层框架所承担的总剪力最大值。

b. 框架柱数量从上至下分段有规律减少时，则分段按上述方法调整，其中每段的底层总剪力取该段最下一层的剪力。

c. 下列情况可直接对各层柱的总剪力乘以 2 予以放大：框架—剪力墙结构中，当自某层开始框架柱大量减少、水平力绝大部分由剪力墙承担时；剪力墙结构中，仅设置少量柱而未构成框架时；采用框架—剪力墙结构的屋面突出部分。

d. 按振型分解反应谱法计算时，应针对振型组合之后的剪力进行调整。

e. 在各层框架总剪力调整后，按调整前后的比例调整柱和梁的剪力和端部弯矩，但柱轴向力不调整。

f. 在框架内力调整后，剪力墙部分仍保持原协同工作计算值而不作调整。

②剪力墙内力的内部调整

考虑剪力墙内部的塑性内力重分配，允许对剪力墙的内力进行调整：当开洞剪力墙洞口连梁高度受到限制，因而连梁最大受弯承载力受到限制时，可降低部分层的连梁弯矩设计值，并将相邻各层的连梁弯矩值加大，以满足平衡条件。

经降低的连梁弯矩值，可取原最大弯矩值的 80%，即最多可以降低原计算值的 20%。

对于双肢剪力墙，不宜出现墙肢全截面受拉的情况，即一般不允许墙肢小偏心受拉情况出现。若双肢剪力墙一肢出现大偏心受拉的情况，则受压的另一肢的弯矩和剪力均应乘以放大系数 1.25。

（5）位移计算及验算

在水平荷载（风荷载或多遇地震作用）作用下，框架—剪力墙结构应处于弹性状态并且有足够的刚度，避免产生过大的位移而影响结构的承载力、稳定性和使用条件。

计算风荷载产生的侧移时，应取倒三角形分布荷载与均布荷载所产生的侧移之和；计算水平地震作用产生的侧移时，应取倒三角形分布荷载与顶点集中荷载所产生的侧移之和。框架—剪力墙结构在均布荷载、倒三角形分布荷载及顶点集中荷载作用下的侧移，应按式（2-4-45）计算。

框架—剪力墙结构房屋的层间位移应满足表 2.17 的限值要求，当不满足时应调整构件截面尺寸或混凝土强度等级，并重新验算直至满足为止。

（6）竖向荷载下的内力计算

竖向荷载下内力计算首先需根据楼盖的结构平面布置，将竖向荷载传递给每榀框架及每片剪力墙。

①框架结构在竖向荷载下的内力计算

框架结构在竖向荷载下的内力计算可用前述弯矩二次分配法计算。

②剪力墙在竖向荷载作用下的内力计算

作用于剪力墙上的竖向荷载包括由各层楼盖传来的荷载、各层连梁传来荷载、各层纵向连系梁传来荷载和各层剪力墙自重荷载，这些荷载一般多均匀、对称作用于剪力墙上，故剪力墙常按轴心受压计算截面内力，忽略较小弯矩的影响。但当有纵向剪力墙作为横向剪力墙的翼缘，截面重心存在明显偏移时，其内力计算以计算其弯矩为宜。剪力墙为一竖向悬臂构件，内力计算十分简单。

4. 连梁在竖向荷载作用下的内力计算

连梁在竖向荷载作用下内力可按两端固定梁计算,此时梁端负弯矩可考虑由于塑性内力重分布而进行调幅。

2.5　构件及节点设计

2.5.1　钢筋混凝土框架结构截面设计以及构造要求

框架结构体系是由梁、柱通过节点连接而成,抗震结构构件应具备必要的强度、适当的刚度、良好的延性和可靠的连接,并应注意强度、刚度和延性之间的合理匹配。

框架结构截面设计包括梁、柱及节点的配筋计算。通过内力组合求得梁、柱构件各控制截面的最不利内力设计值并进行必要的调整后,即可对其进行截面配筋计算和采取构造措施。

1. 一般原则

在进行框架结构抗震设计时,为达到"三水准设防二阶段设计"的要求,应满足:①具有足够的承载能力;②具有良好的变形能力;③具有合理的破坏形式和机制。实现上述要求的框架结构,可称为延性框架结构。

(1)从抗震设计及非抗震设计的内力组合设计值中,选取最不利的内力设计值进行截面配筋计算。

(2)构件的抗震承载力计算方法

①正截面承载力。试验研究表明,在低周反复荷载作用下,构件的正截面承载力与一次加载时的正截面承载力没有太多区别。因此,对框架梁、柱、剪力墙及连梁构件,其正截面承载力仍可用非抗震设计的相应计算公式,但应考虑相应的承载力抗震调整系数。

②斜截面受剪承载力。试验表明,在低周反复荷载作用下,构件上出现两个不同方向的交叉斜裂缝,直接承受剪力的混凝土受压区因有斜裂缝通过,其受剪承载力比一次加载时的受剪承载力要低,且应考虑相应的承载力抗震调整系数。

(3)要设计延性框架结构,在抗震设计时应遵循以下原则:

①强柱弱梁。指节点处柱端实际受弯承载力大于梁端实际受弯承载力。这是因为在多层框架,柱端破坏要比梁端破坏造成的后果严重。因此应使梁端先于柱端产生塑性铰,并使塑性铰具有足够的变形能力,使整个框架的内力重分布,增大结构极限变形,吸收较多的能量,从而保证结构整体具有较好的抗震性能,避免柱中出现塑性铰而形成柱铰型破坏机构。

②强剪弱弯。指梁的实际受剪承载力要大于梁屈服时实际达到的剪力,防止构件端部塑性铰区在弯曲屈服前出现脆性剪切破坏;同时为了防止柱端塑性铰区在弯曲屈服前出现脆性剪切破坏,柱的受剪承载力也要大于柱屈服时实际达到的剪力。

③强节点弱构件。指节点核芯区的承载力强于与之相连的构件的承载力。合理设计节点区及各部分的连接和锚固,防止节点破坏或锚固失效发生在塑性铰充分发挥作用之前,以确保框架结构的延性要求。

2. 框架梁

(1)梁正截面受弯承载力计算

梁受弯承载力的设计表达式可写为:

非抗震设计　　　　　　　　　　　$\gamma_0 M \leqslant M_u$　　　　　　　　　　　(2-5-1)

抗震设计　　　　　　　　　　　　$\gamma_{RE} M_E \leqslant M_u$　　　　　　　　　　(2-5-2)

式中：M、M_E 分别为非抗震及抗震设计时梁截面组合的弯矩设计值；

　　　M_u 为梁截面承载力设计值；

　　　γ_{RE} 承载力抗震调整系数，按表 2.16 采用。

　　设计时，将 $\gamma_0 M$ 与 $\gamma_{RE} M_E$ 进行比较，然后取大者进行配筋计算。当楼板与框架整浇时，梁跨中正弯矩应按 T 形截面计算纵筋数量，支座处负弯矩按矩形截面计算纵筋数量，同时跨中截面的计算弯矩，应取该跨的跨间最大正弯矩或支座正弯矩与 1/2 简支梁弯矩之中的较大者。

　　为保证框架梁的延性，在梁端截面必须配置受压钢筋，同时要限制混凝土受压区高度。按式(2-5-1)计算时，梁截面受压区相对高度应满足 $\xi \leqslant \xi_b$；按式(2-5-2)计算时，梁端截面受压区相对高度 ξ，一级抗震设计 $\xi = x/h_0 \leqslant 0.25$；二、三级抗震设计 $\xi = x/h_0 \leqslant 0.35$。设计时可先按跨中弯矩计算梁下部的纵向受拉钢筋面积，然后将其伸入支座，作为支座截面承受负弯矩的受压钢筋面积 A'_s，再按双筋矩形截面计算梁上部纵筋面积 A_s。

　　(2)斜截面受剪承载力计算

　　①提高梁端剪力设计值

　　四级抗震等级的框架梁可直接取考虑地震作用组合时的剪力计算值。一、二、三级的框架柱(框支柱)组合的剪力设计值，应根据"强剪弱弯"的抗震设计目标，按式(2-5-3)提高梁端剪力设计值：

$$V = \eta_{vb}(M_b^l + M_b^r)/l_n + V_{Gb}$$　　　　(2-5-3a)

　　一级抗震的框架结构及 9 度抗震设计的结构尚应符合式(2-5-3b)：

$$V = 1.1(M_{bua}^l + M_{bua}^r)/l_n + V_{Gb}$$　　　(2-5-3b)

式中：V 为梁端截面组合的剪力设计值；l_n 为梁的净跨；

　　　V_{Gb} 为梁在重力荷载代表值作用下，按简支梁分析的梁端截面剪力设计值(9 度时高层建筑还应包括竖向地震作用标准值)；

　　　M_b^l、M_b^r 分别为梁左、右端截面逆时针或顺时针方向组合的弯矩设计值，一级框架两端均为负弯矩时，绝对值较小的弯矩应取零；

　　　M_{bua}^l、M_{bua}^r 分别为梁左右端截面逆时针或顺时针方向实配的正截面抗震受弯承载力所对应的弯矩值，根据实配钢筋面积(计入受压筋)和材料强度标准值确定；

　　　η_{vb} 为梁端剪力增大系数，一级取 1.3，二级取 1.2，三级取 1.1；

　　　l_n 梁的净跨。

　　②梁斜截面受剪承载力计算公式

　　抗震设计时，梁斜截面受剪承载力按下式计算：对矩形、T 形和工字形截面一般梁

$$V \leqslant \left(0.42 f_t bh + 1.25 f_{yv} \frac{A_{sv}}{s} h_0\right)/\gamma_{RE}$$　　　(2-5-4)

集中荷载对梁端产生的剪力占总剪力的 75% 以上的矩形梁

$$V \leqslant \left(\frac{1.05}{\lambda+1} f_t bh + f_{yv} \frac{A_{sv}}{s} h_0\right)/\gamma_{RE}$$　　　(2-5-5)

式中：b、h_0梁截面宽度和有效高度；

f_{yv}箍筋抗拉强度设计值；

f_t混凝土抗拉强度设计值；

A_{sv}配置在同一截面内箍筋各肢的全部截面面积；

S箍筋间距；

λ计算截面的剪跨比，可取a/h_0，a为集中荷载作用点至节点边缘的距离；当λ小于1.5时取$\lambda=1.5$，当λ大于3时取$\lambda=3$。

③梁受剪截面限制条件

框架梁、柱、抗震墙和连梁，其截面组合的剪力设计值应符合下列要求：

跨高比大于2.5的梁和连梁及剪跨比大于2的柱和抗震墙

$$V \leqslant (0.20\beta_c f_c bh_0)/\gamma_{RE} \qquad (2-5-6)$$

跨高比不大于2.5的梁和连梁及剪跨比不大于2的柱和抗震墙、部分框支抗震墙结构的框支柱和框支梁以及落地抗震墙底部加强部位

$$V \leqslant (0.15\beta_c f_c bh_0)/\gamma_{RE} \qquad (2-5-7)$$

式中：f_c为混凝土轴心抗压强度设计值；β_c为混凝土强度影响系数，当混凝土强度等级不超过C50时，β_c取1.0，混凝土强度等级为C80时，β_c取0.8，其间按线性内插法取用。

(3)框架梁的抗震构造措施

①纵向受拉钢筋

a. 为保证梁有足够的受弯承载力，以耗散地震能量，防止脆断，其纵向受拉钢筋的配筋率不应小于表2.26的数值，非抗震设计时最小配筋百分率按表中三、四级采用；同时梁端纵向受拉钢筋的配筋率不应大于2.5%。

表 2.26　框架梁纵向受拉钢筋最小配筋百分率

抗震等级	梁中位置	
	支座	跨中
一	0.40 和 $80f_t/f_{yy}$ 中的较大值	0.30 和 $65f_t/f_{yy}$ 中的较大值
二	0.30 和 $65f_t/f_{yy}$ 中的较大值	0.30 和 $55f_t/f_{yy}$ 中的较大值
三、四	0.25 和 $55f_t/f_{yy}$ 中的较大值	0.30 和 $45f_t/f_{yy}$ 中的较大值

b. 梁端截面的底面和顶面纵向钢筋配筋量的比值，除按计算确定外，一级不应小于0.5%，二、三级不应小于0.3%。这是因梁端配置一定数量的纵向受压钢筋可以减少混凝土受压区高度，提高梁端塑性铰的延性。

c. 沿梁全长顶面和底面的配筋，一、二级不应少于2φ14，且分别不应少于梁两端顶面和底面纵向配筋中较大截面面积的1/4，三、四级不应少于2φ12。这是因为在地震作用效应与竖向荷载效应组合下，框架梁的弯矩分布和反弯点位置可能发生较大变化，故需配置一定数量贯通全场的纵向钢筋。

d. 一、二级框架梁内贯通中柱的每根纵向钢筋直径，对矩形截面柱，不宜大于柱在该方向截面尺寸的1/20；对圆形截面柱，不宜大于纵向钢筋所在位置柱截面弦长的1/20。

e. 考虑地震作用效应组合时，纵向受力钢筋的最小锚固长度 l_{aE} 应按式（2-5-8a）采用

$$l_{aE} = \zeta_a l_a \qquad (2-5-8a)$$

式中：l_a 为纵向受拉钢筋的锚固长度；ζ_a 为系数，一、二级抗震等级取 1.15，三级和四级时分别取 1.05 和 1.0。

当采用搭接接头时，其搭接长度 l_{aE} 按式（2-5-8b）采用

$$l_{lE} = \zeta l_{aE} \qquad (2-5-8b)$$

其中，ζ 为受拉钢筋搭接长度修正系数，按表 2.27 采用。

表 2.27　纵向受拉钢筋搭接长度修正系数

纵向钢筋搭接接头面积百分率	≤25	50	100
搭接长度修正系数	1.2	1.4	1.8

②框架梁中箍筋的构造要求

a. 梁端加密区长度、箍筋最大间距和最小直径应符合表 2.28 的要求，当梁端纵向受拉钢筋配筋率大于 2% 时，表中箍筋最小直径应增大 2mm。

b. 梁端加密区的箍筋肢距，一级不宜大于 200mm 和 20 倍箍筋直径的较大值，二、三级不宜大于 250mm 和 20 倍箍筋直径的较大值，四级不宜大于 300mm。

c. 框架梁沿良全长箍筋的面积配筋率应符合下列要求：

一级　　　　　　　　　　　$\rho_{sv} \geqslant 0.30 f_t / f_{yv}$ 　　　　　　　　（2-5-9a）

二级　　　　　　　　　　　$\rho_{sv} \geqslant 0.28 f_t / f_{yv}$ 　　　　　　　　（2-5-9b）

三、四级　　　　　　　　　$\rho_{sv} \geqslant 0.26 f_t / f_{yv}$ 　　　　　　　　（2-5-9c）

式中：ρ_{sv} 为框架梁沿梁全长箍筋的面积配筋率。

表 2.28　梁端箍筋加密区的长度、箍筋的最大间距和最小直径

抗震等级	加密区长度（采用较大值）/mm	箍筋最大间距（采用最小值）/mm	箍筋最小直径
一	$2h_b$，500	h_b，$6d$，100	10
二	$1.5h_b$，500	h_b，$8d$，100	8
三	$1.5h_b$，500	h_b，$8d$，150	8
四	$1.5h_b$，500	h_b，$8d$，150	6

注：d 为纵向钢筋直径，h_b 为梁截面高度。

3. 框架柱

（1）限制柱的轴压比

柱的轴压比是影响柱破坏形态和变形能力的重要因素。轴压比大，常发生小偏压破坏；轴压比小，常发生大偏压破坏。为了防止在地震时，柱子发生脆性破坏，一般应控制在大偏压的范围内，以保证柱有一定的延性。框架柱的轴压比 $\mu_N = N / A_c f_c$，不宜超过表 2.29 规定的限值。

表 2.29 框架柱最大轴压比限值

结构类型	抗震等级		
	一级	二级	三级
框架结构	0.70	0.80	0.90
框架—抗震墙,板柱—抗震墙及筒体	0.75	0.85	0.95
部分框支抗震墙	0.60	0.70	—

注:1. 轴压比指柱组合的轴压力设计值与柱的全截面面积和混凝土轴心抗压强度设计值乘积之比值;可不进行地震作用计算的结构,取无地震作用组合的轴力设计值。

2. 表内限值适用于剪跨比大于 2、混凝土强度等级不高于 C60 的柱;剪跨比不大于 2 的柱轴压比限值应降低 0.05;剪跨比小于 1.5 的柱,轴压比限值应专门研究并采取特殊构造措施。

3. 沿柱全高采用井字复合箍且箍筋肢距不大于 200mm、间距不大于 100mm、直径不小于 12mm,或沿柱全高采用复合螺旋箍、螺旋间距不大于 100mm、箍筋肢距不大于 200mm、直径不小于 12mm,或沿柱全高采用连续复合矩形螺旋箍、螺旋净距不大于 80mm、箍筋肢距不大于 200mm、直径不小于 10mm,轴压比限值均可增加 0.10;上述三种箍筋的配箍特征值均应按增大的轴压比来确定。

4. 在柱的截面中部附加芯柱,其中另加的纵向钢筋的总面积不少于柱截面面积的 0.8%,轴压比限值可增加 0.05;此项措施与注 3 的措施共同采用时,轴压比限值可增加 0.15,但箍筋的配箍特征值仍可按轴压比增加 0.10 的要求确定。

5. 柱轴压比不应大于 1.05。

当柱净高与截面长边尺寸之比小于 4 时,最大轴压比限值可将表内数值减小 0.05,并采取加密箍筋,增设附加箍筋等措施,加强对混凝土的约束。

(2)柱的计算长度

计算中对一般多层房屋的框架柱,梁柱为刚接的框架各层柱段,柱计算长度 l_0 可取为:

当为现浇楼盖时底层柱段 $l_0=1.0H$,其余各层柱段 $l_0=1.25H$;

当为装配式楼盖时底层柱段 $l_0=1.25H$,其余各层柱段 $l_0=1.5H$。

H 对底层柱为从基础顶面到一层楼盖顶面的高度,对其余各层柱为上下两层楼盖顶面之间的高度。

当水平荷载产生的弯矩设计值占总弯矩设计值的 75% 以上时,框架柱的计算长度 l_0 可按下列公式计算,并取其中的较小值:

$$l_0=[1+0.15(\Psi_u+\Psi_l)]H \qquad (2-5-10a)$$

$$l_0=(2+0.2\Psi_{\min})H \qquad (2-5-10b)$$

式中:Ψ_u、Ψ_l 柱的上端、下端节点处交汇的各柱线刚度之和与交汇的各梁线刚度之和的比值;

$\Psi_{\min}$ 比值 Ψ_u、Ψ_l 的较小值;

H 柱的高度。

(3)柱的正截面承载力计算

根据柱端截面组合的内力设计值及其调整值,按正截面偏心受压(或受拉)计算柱的纵向受力钢筋，一般可采用对称配筋。

　　柱弯矩设计值的调整《建筑抗震设计规范》规定，对一、二、三级框架的梁柱节点处，为保证"强柱弱梁"设计目标的实现，除框架顶层和柱轴压比小于 0.15 者及框支梁与框支柱的节点外，柱端组合的弯矩设计值应符合式(2-5-11a)要求：

$$\sum M_c = \eta_c \sum M_b \qquad\qquad (2-5-11a)$$

　　一级框架结构及 9 度时尚应符合式(2-5-11b)：

$$\sum M_c = 1.2 \sum M_{bua} \qquad\qquad (2-5-11b)$$

式中：$\sum M_c$ 为节点上下柱端截面顺时针或反时针方向组合的弯矩设计值之和；

　　　$\sum M_b$ 为节点左右梁端截面反时针或顺时针方向组合的弯矩设计值之和，一级框架节点左右梁端均为负弯矩时，绝对值较小的弯矩应取零；

　　　$\sum M_{bua}$ 为节点左右梁端截面反时针或顺时针方向实配的正截面抗震受弯承载力所对应的弯矩值之和，根据实配钢筋面积(计入受压筋)和材料强度标准值确定；

　　　η_c 为柱端弯矩增大系数，一级取 1.4，二级取 1.2，三级取 1.1。

　　当反弯点不在柱的层高范围内时，柱端弯矩设计值可直接乘以柱端弯矩增大系数 η_c。对顶层柱和轴压比小于 0.15 的柱，可直接采用地震作用组合所得的弯矩设计值。对一、二、三级抗震等级的框架结构底层柱下端截面的弯矩设计值，应分别乘以 1.5、1.25 和 1.15 的增大系数以提高柱根的承载力。考虑到角柱为双向偏心受压的不利因素，一、二、三级抗震设计角柱的弯矩设计值应在经上述调整后再乘以不小于 1.1 的增大系数。

　　(4)柱的斜截面受剪承载力计算

　　①提高柱端剪力设计值

　　为防止柱在弯压破坏前发生脆性的剪切破坏，应使柱子受剪承载力大于柱屈服时实际达到的剪力。规范规定一、二、三级的框架柱(框支柱)组合的剪力设计值应按式(2-5-12)调整：

$$V = \eta_{vc}(M_c^b + M_c^t)/H_n \qquad\qquad (2-5-12a)$$

　　一级框架结构及 9 度时尚应符合式(2-5-12b)：

$$V = 1.2(M_{cua}^b + M_{cua}^t)/H_n \qquad\qquad (2-5-12b)$$

式中：M_c^t、M_c^b 分别为柱上下端截面反时针或顺时针方向组合的弯矩设计值，应符合强柱弱梁的内力调整规定；

　　　M_{cua}^b、M_{cua}^t 分别为偏心受压柱的上下端反时针或顺时针方向实配的正截面抗震受弯承载力所对应的弯矩值，根据实配钢筋面积、材料强度标准值和轴压力等确定；

　　　η_{vc} 为柱剪力增大系数，一级取 1.4，二级取 1.2，三级取 1.1；

　　　V 为柱端截面组合的剪力设计值；

　　　H_n 为柱的净高；

　　式(2-5-12)中 M_c^t、M_c^b 和 M_c^t、M_c^b 之和应分别按顺时针或反时针方向进行计算，并取其较大值。此外，考虑到角柱为双向偏心受压的不利因素，一、二、三级抗震设计角柱的剪力设计值应在经上述调整后再乘以不小于 1.1 的增大系数。

②抗震设计时柱斜截面受剪承载力计算公式

偏心受压柱斜截面受剪承载力

$$V_c \leqslant \left(\frac{1.05}{\lambda+1} f_t b h_0 + f_{yv} \frac{A_{sv}}{s} h_0 + 0.056 N \right) / \gamma_{RE} \qquad (2-5-13)$$

偏心受拉柱斜截面受剪承载力

$$V_c \leqslant \left(\frac{1.05}{\lambda+1} f_t b h_0 + f_{yv} \frac{A_{sv}}{s} h_0 - 0.2 N \right) / \gamma_{RE} \qquad (2-5-14)$$

式中:λ 框架柱的计算剪跨比,当 λ<1 时取 1,当 λ>3 时取 3;

N 与剪力设计值对应的框架柱的轴向力设计值,当柱子受压且 $N>0.3 f_c A$ 时,取 $N=0.3 f_c A$;当 N 为拉力时,也以正值代入相应的公式。

式(2-5-14)右边括号内的计算值小于 $f_{yv} \frac{A_{sv}}{s} h_0$ 时,取等于 $f_{yv} \frac{A_{sv}}{s} h_0$,且 $f_{yv} \frac{A_{sv}}{s} h_0$ 值不应小于 $0.36 f_t b h_0$。

(5)柱的抗震构造措施

①纵向受力钢筋的构造要求

a. 保证柱内配筋不低于最小总配筋率,为了避免在地震作用下,框架柱过早地屈服,框架柱的总配筋率不应小于表 2.30 规定的限值。为了抵抗来自不同方向的地震作用,宜采用对称配筋。同时柱截面每一侧配筋率不应小于 0.2%,对建造于 Ⅳ 类场地上较高的高层建筑表中的数值应加 0.1。

表 2.30   柱截面纵向钢筋的最小总配筋率(%)

类型	抗震一级	抗震二级	抗震三级	抗震四级
中柱和边柱	1.0	0.8	0.7	0.6
角柱、框支柱	1.2	1.0	0.9	0.8

注:柱全部纵向受力钢筋最小配筋百分率,当采用 HRB400 级热轧钢筋时,应允许按表中数值减小 0.1;当混凝土强度等级高于 C60 时,应按表中数值增加 0.1。

b. 框架柱中全部纵向受力钢筋配筋率不应大于 5%;按一级抗震等级设计,且柱的剪跨比 λ 不大于 2 时,柱一侧纵向受拉钢筋配筋率不宜大于 1.2%,且应沿柱全长采用复合箍筋。当柱一侧纵向受拉钢筋配筋率不大于 1.2%,其沿柱全长箍筋含箍特征值应增加 0.015。

c. 为使柱截面核心区混凝土有较好的约束,抗震设计时,对截面边长大于 400mm 的柱,纵向钢筋间距不宜大于 200mm,同时,柱纵向受力钢筋的净距均不应小于 50mm。

②箍筋构造要求

a. 框架柱的箍筋加密范围应满足:柱端,取截面高度(圆柱直径),柱净高的 1/6 和 500mm 三者的最大值;底层框架柱,柱根不小于柱净高的 1/3;当有刚性地面时,除柱端外尚应取刚性地面上下各 500mm;剪跨比不大于 2 的柱和因设置填充墙等形成的柱净高与柱截面高度之比不大于 4 的柱、框支柱、一级及二级框架的角柱应取全高。

b. 柱箍筋加密区的箍筋间距和直径:一般情况下,按表 2.31 采用;二级框架柱的箍筋直径不小于 ϕ10 时,最大间距可采用 150mm;三级框架柱的截面尺寸不大于 400mm 时,箍筋最

小直径可采用 $\phi 6$；四级框架柱剪跨比不大于 2 时，箍筋直径不宜小于 $\phi 8$。框支柱和剪跨比不大于 2 时，箍筋间距不应大于 100mm。

表 2.31　柱箍筋加密区的箍筋最大间距和最小直径

抗震等级	箍筋最大间距/mm(采用最小值)	箍筋最小直径/mm
一	$6d$,100	10
二	$8d$,100	8
三	$8d$,150(柱根 100)	8
四	$8d$,150(柱根 100)	6(柱根 8)

注:d 为纵向钢筋直径;柱根指框架底层柱的嵌固部位。

c. 柱箍筋的体积配筋率 ρ_v 按式(2-5-15)计算

$$\rho_v = \frac{\sum A_{svi} l_i}{s A_{cor}}$$ （2-5-15）

式中:A_{svi} 第 i 根箍筋的截面面积和长度;

　　　A_{cor} 箍筋包裹范围内混凝土核芯面积,从最外箍筋的边缘算起;

　　　S 箍筋的间距。

在柱箍筋加密区范围内,箍筋的体积配箍率应符合下式要求:

$$\rho_v \geqslant \lambda_v f_c / f_{yv}$$ （2-5-16）

式中:ρ_v 柱箍筋加密区的配箍率,按式(2-5-15)计算,一、二、三、四级分别不应小于 0.8%、0.6%、0.4% 和 0.4%,计算复合箍的体积配箍率时应扣除重叠部分的箍筋体积;

　　　f_{yv} 柱箍筋的抗拉强度设计值,超过 360N/mm² 时,应按 360N/mm² 计算;

　　　f_c 混凝土轴心抗拉强度设计值,当柱混凝土强度等级低于 C35 时,应按 C35 计算;

　　　λ_v 柱最小配箍特征值,宜在表 2.32 中选用。

表 2.32　柱端箍筋加密区的最小配箍特征值

抗震等级	箍筋形式	柱轴压比								
		≤0.3	0.4	0.5	0.6	0.7	0.8	0.9	1.0	1.05
一	普通箍、复合箍	0.10	0.11	0.13	0.15	0.17	0.20	0.23	—	—
	螺旋箍、复合或连续复合螺旋箍	0.08	0.09	0.11	0.13	0.15	0.18	0.21	—	—
二	普通箍、复合箍	0.08	0.09	0.11	0.13	0.15	0.17	0.19	0.22	0.24
	螺旋箍、复合或连续复合螺旋箍	0.06	0.07	0.09	0.11	0.13	0.15	0.17	0.20	0.22
三	普通箍、复合箍	0.06	0.07	0.09	0.11	0.13	0.15	0.17	0.20	0.22
	螺旋箍、复合或连续复合螺旋箍	0.05	0.06	0.07	0.09	0.11	0.13	0.15	0.18	0.20

注:普通箍指单个矩形或单个圆形箍;螺旋箍指单个连续螺旋箍筋;复合箍指由矩形、多边形、圆形箍或拉筋组成的箍筋;复合螺旋箍指由螺旋箍与矩形、多边形、圆形箍或拉筋组成的箍筋;连续复合螺旋箍指全部螺旋箍由同一根钢筋加工而成的箍筋。

d. 柱箍筋加密区的箍筋肢距，一级不宜大于 200mm，二、三级不宜大于 250mm 和 20 倍箍筋直径的较大值，四级不宜大于 300mm。至少每隔一根纵向钢筋宜在两个方向有箍筋约束；当采用拉筋复合箍时，拉筋宜紧靠纵向钢筋并勾住箍筋。

非加密区的箍筋也不少于加密区箍筋的 50%；箍筋间距：一、二级抗震设计时不应大于 10d，三、四级不大于 15d。

2.5.2 框架节点的设计

框架节点是连接框架柱、保证结构整体性的重要部位，框架节点核心区的失效也意味着交汇于节点的全部梁柱的失效，从而导致结构破坏。框架节点核心区在水平荷载作用下承受很大的剪力，易发生剪切脆性破坏，抗震设计时，要求节点核心区基本处于弹性状态，不出现明显的剪切裂缝。保证框架节点核心区在与之相交的框架梁、柱之后屈服。

震害表明，框架节点核芯区在弯矩、剪力和轴力的共同作用下，其破坏形式主要有：①节点核芯区斜向发生剪压破坏，混凝土产生交叉斜裂缝甚至挤压剥落，柱纵向钢筋压屈外鼓；②梁纵向钢筋发生粘结失效；③梁柱交接处混凝土局部破坏。

因此框架节点核芯区的抗震验算应符合下列要求：核芯区混凝土强度等级与柱混凝土强度等级相同时，一、二级框架的节点核芯区，应进行抗震验算；三、四级框架节点核芯区，可不进行抗震验算，但应符合抗震构造措施的要求。三级框架的房屋高度接近二级框架房屋的高度下限时，节点核芯区宜进行抗震验算，以避免三级到二级之间承载力的突然变化。

1. 一般框架梁柱节点核芯区的剪力设计值

一、二级框架梁柱节点核芯区组合的剪力设计值，应按式（2-5-17）确定：

$$V_j = \frac{\eta_{jb} \sum M_b}{h_{b0} - a'_s} \left(1 - \frac{h_{b0} - a'_s}{H_c - h_b}\right) \tag{2-5-17}$$

9 度时和一级框架结构尚应符合式（2-5-18）：

$$V_j = \frac{1.15 \sum M_{bua}}{h_{b0} - a'_s} \left(1 - \frac{h_{b0} - a'_s}{H_c - h_b}\right) \tag{2-5-18}$$

式中：V_j 为梁柱节点核芯区组合的剪力设计值；

h_{b0} 为梁截面的有效高度，节点两侧梁截面高度不等时可采用平均值；

a'_s 为梁受压钢筋合力点至受压边缘的距离；

H_c 为柱的计算高度，可采用节点上、下柱反弯点之间的距离；

h_b 为梁的截面高度，节点两侧梁截面高度不等时可采用平均值；

η_{jb} 为节点剪力增大系数，一级取 1.35，二级取 1.2；

$\sum M_b$ 为节点左右梁端反时针或顺时针方向组合弯矩设计值之和，一级时节点左右梁端均为负弯矩，绝对值较小的弯矩应取零；

$\sum M_{bua}$ 为节点左右梁端反时针或顺时针方向实配的正截面抗震受弯承载力所对应的弯矩值之和，根据实配钢筋面积（计入受压筋）和材料强度标准值确定。

2. 核芯区截面有效验算宽度验算

节点核芯区的抗剪承载力，一定意义上取决于核芯区传递剪力的有效抗剪面积大小。

（1）核芯区截面有效验算宽度，应按下列规定采用：

当验算方向的梁截面宽度不小于该侧柱截面宽度的 $l/2$ 时，$b_j = b_c$；当小于柱截面宽度的 $1/2$ 时，可采用下列二者中的较小值：

$$b_j = b_b + 0.5h_c \left.\begin{array}{c} \\ \\ \end{array}\right\}$$
$$b_j = b_c \qquad\qquad (2-5-19)$$

式中：b_j 为节点核芯区的截面有效验算宽度；

b_b 为梁截面宽度；

h_c 为验算方向的柱截面高度；

b_c 为验算方向的柱截面宽度。

（2）当梁、柱的中线不重合且偏心距不大于柱宽的 $1/4$ 时，核芯区的截面有效验算宽度可采用式（2-5-9）和式（2-5-10）中计算结果的较小值：

$$b_j = 0.5(b_b + b_c) + 0.25h_c - e \qquad\qquad (2-5-20)$$

式中：e 为梁与柱中线偏心距。

3. 节点核芯区最小截面尺寸验算

节点核芯区平均剪应力过大，将导致混凝土发生脆性的斜压破坏，箍筋未达到屈服而混凝土先被压碎。因此，应通过最小截面尺寸限制防止上述破坏产生，《建筑抗震设计规范》规定，节点核芯区受剪的水平截面积应符合式（2-5-21）要求：

$$V_j \leqslant \frac{1}{\gamma_{RE}}(0.3\eta_j f_c b_j h_j) \qquad\qquad (2-5-21)$$

式中：η_j 为正交梁的约束影响系数，当楼板为现浇、梁柱中线重合、四侧各梁截面宽度不小于该侧柱截面宽度的 $1/2$ 且正交方向梁高度不小于框架梁高度的 $3/4$ 时可采用 1.5，9 度时宜采用 1.25，其他情况下均采用 1.0；

h_j 为节点核芯区的截面高度，可采用验算方向的柱截面高度；

γ_{RE} 为承载力抗震调整系数，可采用 0.85。

4. 节点核芯区的截面抗震验算

《建筑抗震设计规范》认为，节点核芯区的受剪承载力由混凝土斜压杆和水平箍筋两部分受剪承载力组成，因此节点核芯区截面抗震受剪承载力，应采用式（2-5-22a）验算：

$$V_j \leqslant \frac{1}{\gamma_{RE}}\left(1.1\eta_j f_t b_j h_j + 0.05\eta_j N \frac{b_j}{b_c} + f_{yv} A_{svj} \frac{h_{b0} - a'_s}{s}\right) \qquad (2-5-22a)$$

9 度时应符合式（2-5-22b）：

$$V_j \leqslant \frac{1}{\gamma_{RE}}\left(0.9\eta_j f_t b_j h_j + f_{yv} A_{svj} \frac{h_{b0} - a'_s}{s}\right) \qquad (2-5-22b)$$

式中：N 为对应于组合剪力设计值的上柱组合轴向压力较小值，其取值不应大于柱的截面面积和混凝土轴心抗压强度设计值的乘积的 50%，当 N 为拉力时，取 $N=0$；

f_{yv} 为箍筋的抗拉强度设计值；

f_t 为混凝土轴心抗拉强度设计值；

A_{svj} 为核芯区有效验算宽度范围内同一截面验算方向箍筋的总截面面积；

s 为箍筋间距。

5. 节点核芯区抗震构造要求

（1）材料强度

框架节点区的混凝土强度等级的限制条件与柱子相同，现浇框架节点的混凝土强度等级一般与柱子相同。在装配整体式框架中，现浇节点的混凝土强度等级宜比预制柱的混凝土强度等级提高 5MP。

（2）梁柱节点区纵向钢筋的锚固

框架梁、柱的纵向受力纵筋均在节点核芯区锚固，为了保证梁、柱纵向受力钢筋的节点核芯区有可靠的锚固，不致造成纵向受力钢筋的失锚破坏先于构件的承载力破坏，规范规定抗震设计时，节点的纵向钢筋的锚固和搭接应满足以下要求：

①框架中间层的中间节点处，框架梁的上部纵向钢筋应贯穿中间节点；对一、二级抗震等级，梁的下部纵向钢筋伸入中间节点的锚固长度不应小于 l_{aE}，且伸过中心线不应小于 $5d$。梁内贯穿中柱的每根纵向钢筋直径，对一、二级抗震等级，不宜大于柱在该方向的截面尺寸的 $1/20$；对圆柱截面，不宜大于纵向钢筋所在位置柱截面弦长的 $1/20$。

②框架中间层的端节点处，当框架梁上部纵向钢筋用直线锚固方式锚入端节点时，其锚固长度除不应小于 l_{aE} 外，尚应伸入柱中心线不小于 $5d$，d 为梁上部纵向钢筋的直径。当水平直线段锚固长度不足时，梁上部纵向钢筋应伸至柱外边并向下弯折。弯折前的水平投影长度不应小于 $0.4l_{aE}$，弯折后的竖直投影长度取 $15d$。梁下部纵向钢筋在中间层端节点中的锚固措施与梁上部纵向钢筋相同，但竖直段应向上弯入节点。

③框架顶层中间节点处，柱纵向钢筋应伸至柱顶。当采用直线锚固方式时，其自梁底边算起的锚固长度应不小于 l_{aE}，当直线段锚固长度不足时，该纵向钢筋伸到柱顶后可向内弯折，弯折前的锚固段竖向投影长度不应小于 $0.5l_{aE}$，弯折后的水平投影长度取 $12d$。对一、二级抗震等级，贯穿顶层中间节点的梁上部纵向钢筋的直径，不宜大于柱在该方向截面尺寸的 $1/25$。梁下部纵向钢筋在顶层中间节点中的锚固措施与梁下部纵向钢筋在中间层之间节点处的锚固措施相同。

④框架顶层端节点处，柱外侧纵向钢筋可沿节点外边和梁上边与梁上部纵向钢筋搭接连接，搭接长度不应小于 $1.5l_{aE}$，且伸入梁内的柱外侧纵向钢筋截面面积不宜少于柱外侧全部柱纵向钢筋截面面积的 65%；在梁宽范围以外的柱外侧纵向钢筋可伸入现浇板内，其伸入长度与伸入梁内的相同。当柱外侧纵向钢筋的配筋率大于 1.2% 时，伸入梁内的纵向钢筋宜分成两批截断，其截断点之间的距离不宜小于 20 倍的柱纵向钢筋直径。

（3）框架节点的箍筋

对节点配箍的构造要求是为节点提供必要的承载力和延性储备。

节点核芯区通常要求柱箍筋自底到顶全高配置，梁箍筋可以只配置到柱边。核芯区内柱箍筋的数量和间距，按加密区考虑。箍筋末端的构造要求是保证箍筋对混凝土抗压能起到有效的约束作用，当采用拉筋组合箍时，拉筋宜紧靠纵向钢筋并钩住封闭箍。宜采用焊接封闭箍筋。一、二、三级框架节点核芯区配箍特征值分别不宜小于 0.12、0.10、0.08 且体积配箍率分别不宜小于 0.6%、0.5%、0.4%；柱剪跨比不大于 2 的框架节点核芯区配箍特征值不宜小于核芯区上、下柱端的较大配箍特征值。

2.5.3　剪力墙截面设计及构造要求

1. 剪力墙墙肢的承载力计算

无地震作用组合

$$V_w \leqslant 0.25\beta_c f_c b_w h_w \qquad (2-5-23a)$$

有地震作用组合时

剪跨比大于 2 时　　　　$V_w \leqslant (0.20\beta_c f_c b_w h_w)/\gamma_{RE} \qquad (2-5-24b)$

剪跨比不大于 2 时　　　$V_w \leqslant (0.15\beta_c f_c b_w h_w)/\gamma_{RE} \qquad (2-5-25c)$

式中：V_w 为剪力墙截面组合的剪力设计值；

　　β_c 为混凝土强度影响系数,当混凝土强度等级不超过 C50 时 β_c 取 1.0,混凝土强度等级为 C80 时,β_c 取 0.8,其间按线性内插法取用；

　　b_w、h_w 为剪力墙截面厚度与高度。

2. 剪力墙墙肢正截面承载力计算

(1)矩形、T 形、I 形偏心受压剪力墙的正截面承载力,可按下列公式计算：

无地震作用组合时

$$N \leqslant A'_s f'_y - A_s \sigma_s - N_{sw} + N_c \qquad (2-5-26a)$$

$$N(e_0 + h_{w0} - h_w/2) \leqslant A'_s f'_y (h_{w0} - a'_s) - M_{sw} + M_c \qquad (2-5-26b)$$

当 $x > h'_f$ 时

$$N_c = \alpha_1 f_c [b_w x + (b'_f - b_w)h'_f] \qquad (2-5-27a)$$

$$M_c = \alpha_1 f_c \left[b_w x \left(h_{w0} - \frac{x}{2} \right) + (b'_f - b_w)h'_f \left(h_{w0} - \frac{h'_f}{2} \right) \right] \qquad (2-5-27b)$$

当 $x \leqslant h'_f$ 时

$$N_c = \alpha_1 f_c b'_f x \qquad (2-5-28a)$$

$$N_c = \alpha_1 f_c b'_f x \left(h_{w0} - \frac{x}{2} \right) \qquad (2-5-28b)$$

当 $x \leqslant \xi_b h_{w0}$ 时

$$\sigma_s = f_y$$

$$N_{sw} = (h_{w0} - 1.5x)b_w f_{yw} \rho_w \qquad (2-5-29)$$

$$Msw = \frac{1}{2}(h_{w0} - 1.5x)^2 b_w f_{yw} \rho_w$$

当 $x > \xi_b h_{w0}$ 时

$$\sigma_s = \frac{f_y}{\xi_b - 0.8}\left(\frac{x}{h_{\omega 0}} - 0.8\right)$$

$$N_{sw} = 0$$

$$M_{sw} = 0 \qquad (2-5-30)$$

$$\xi_b = \frac{\beta_1}{1 + \frac{f_y}{0.0033E_s}}$$

式中：f_y、f'_y、f_{yv} 分别为剪力墙端部受拉、受压钢筋和墙体竖向分布钢筋强度设计值；

α_1、β_1 分别为截面受压区混凝土矩形应力图形的应力系数和高度系数；当混凝土强度等级不超过 C50 时，α_1 取 1.0，β_1 取 0.8，当混凝土强度等级为 C80 时，α_1 取 0.94，β_1 取 0.74，其间按线性内插法取用；

f_c 混凝土轴心抗压强度；

h'_f、b'_f 分别为剪力墙受压翼缘厚度与有效宽度；

b_ω、h_ω 分别为剪力墙腹板截面厚度与高度；

$h_{\omega 0}$ 剪力墙截面的有效高度，$h_{\omega 0} = h_\omega - a_s$；

ρ_ω 剪力墙竖向分布钢筋配筋率；

e_0 偏心矩，$e_0 = M/N$。

(2)矩形截面偏心受拉剪力墙的正截面承载力可按式(2-5-31)近似计算：

无地震作用组合时

$$N \leqslant \frac{1}{\dfrac{1}{N_{0u}} + \dfrac{e_0}{M_{uu}}} \qquad (2-5-31)$$

其中

$$N_{0u} = 2A_s f_y + A_{Sw} f_{yv}$$

$$M_{uu} = A_s f_y(h_{u0} - a'_s) + A_{sw} f_{yv}\frac{h_{u0} - a'_s}{2} \qquad (2-5-32)$$

式中：A_{sw} 为剪力墙腹板竖向分布钢筋的全部截面面积，其余符号意义同前。

有地震作用时，式(2-5-26)和式(2-5-31)的右端均应除以承载力抗震调整系数 γ_{RE}，γ_{RE} 取 0.85。由上面可以看出墙肢正截面抗弯承载力，可以按照钢筋混凝土偏压构件进行计算，与柱配筋不同，墙肢截面中的分布钢筋都能参加受力，计算中应当考虑，以减少端部钢筋数量。但是，由于竖向钢筋都比较细，容易产生压屈现象。所以，在受压区，不考虑分布钢筋的作用，使设计偏于安全。如有可靠措施防止分布钢筋压屈，也可以考虑其作用。

(3)剪力墙是片状结构，受力性能不如柱，其轴压比限值应比柱严。抗震设计时，剪力墙在重力荷载代表值作用下，墙肢的最大受压比 $\mu = N/Af_c$ 不宜超过表 2.33 的限值，对短肢剪力墙墙肢轴压比限值更严。

表 2.33　剪力墙墙肢轴压比要求

类　别		特一级　以及(9 度)	一级(7、8 度)	二级	三级
剪力墙底部加强部位		0.4	0.5	0.6	
短肢剪力墙	有翼缘或端柱		0.5	0.6	0.7
	无翼缘或端柱		0.4	0.5	0.6
$h_w/b_w < 5$ 的矩形截面独立墙肢			0.4	0.5	0.6

注:N 为重力荷载代表值作用下剪力墙墙肢的轴向压力设计值;A 为剪力墙墙肢截面面积;f_c 为混凝土轴心抗压强度设计值;h_w 为墙肢截面高度;b_w 为墙肢截面宽度。

3. 剪力墙墙肢斜截面受剪承载力

墙肢中由混凝土及水平钢筋共同抗剪,在斜裂缝出现以后,穿过斜裂缝的钢筋受拉,可以阻止斜裂缝展开,维持混凝土抗剪压的面积,从而改善沿斜裂缝剪切破坏的脆性性质。

(1)剪力墙在偏心受压时的斜截面受剪承载力按式(2-5-33)计算

无地震作用组合时

$$V_w \leqslant \frac{1}{\lambda - 0.5}\left(0.5 f_t b_w h_w + 0.13 N \frac{A_w}{A}\right) + f_{yv}\frac{A_{sh}}{S}h_{w0} \qquad (2-5-33a)$$

有地震作用组合时

$$V_w \leqslant \frac{1}{\gamma_{RE}}\left[\frac{1}{\lambda - 0.5}\left(0.4 f_t b_w h_{w0} + 0.1 N \frac{A_w}{A}\right) + 0.8 f_{yv}\frac{A_{sh}}{s}h_{w0}\right] \qquad (2-5-33b)$$

式中:N 为剪力墙的轴向压力设计值,当 N 大于 $0.2 f_c b_w h_w$ 时,取 N 等于 $0.2 f_c b_w h_w$,抗震设计时应考虑地震作用组合;

A 为剪力墙截面面积;

A_w 为 T 形或 I 形截面剪力墙腹板截面面积,矩形截面取 A_w 等于 A;

λ 为计算截面处的剪跨比,$\lambda = M/(V h_{w0})$,λ 小于 1.5 时取 1.5,λ 大于 2.2 时取 2.2,此处应按墙端截面组合的弯矩值 M、对应的截面组合建立计算值 V 及截面有效高度确定,并取上下端计算结果的较大值;

s 为剪力墙水分布钢筋间距;

f_t 为混凝土抗拉强度设计值;

f_{yv} 为水平分布钢筋强度设计值;

A_{sh} 为同一截面剪力墙的水平分布的全部截面面积。

(2)剪力墙在偏心受拉时的斜截面受剪承载力应按下列公式计算:

无地震作用组合时

$$V_w \leqslant \frac{1}{\lambda - 0.5}\left(0.5 f_t b_w h_w - 0.13 N \frac{A_w}{A}\right) + f_{yv}\frac{A_{sh}}{s}h_{w0} \qquad (2-5-34a)$$

$$V_w \leqslant \frac{1}{\gamma_{RE}}\left[\frac{1}{\lambda - 0.5}\left(0.4 f_t b_w h_{w0} - 0.1 N \frac{A_w}{A}\right) + 0.8 f_{yv}\frac{A_{sh}}{s}h_{w0}\right] \qquad (2-5-34b)$$

当公式右边计算值小于 $\frac{1}{\gamma_{RE}}\left(0.8 f_{yv}\frac{A_{sh}}{s}h_{w0}\right)$ 时,取等于 $\frac{1}{\gamma_{RE}}\left(0.8 f_{yv}\frac{A_{sh}}{s}h_{w0}\right)$。

4. 剪力墙墙肢的构造要求

剪力墙的截面尺寸及混凝土强度等级应满足 2.4.2 节所述的要求,同时还应满足以下原则:

(1)为保证剪力墙能够有效地抵抗平面外的各种作用,高层剪力墙中竖向和水平分布钢筋不应采用单排配筋。宜根据墙厚按表 2.34 采用适当的配筋方式。

表 2.34　宜采用的分布钢筋配筋方式

截面厚度	$b_w \leqslant 400\text{mm}$	$400\text{mm} < b_w \leqslant 700\text{mm}$	$b_w \leqslant 400\text{mm}$
配筋方式	双排钢筋	三排钢筋	四排钢筋

(2)为了防止混凝土墙体在受弯裂缝出现后立即达到极限抗弯承载力,同时防止裂缝出现后发生脆性的剪拉破坏,规定了竖向分布钢筋和水平分布钢筋的最小配筋百分率,见表 2.35 所列。

表 2.35　剪力墙的分布钢筋的配筋要求

设计类别	配筋要求	最小配筋率/%		最大间距/mm	最小直径
抗震设计	一、二、三级	0.25		300	8
	四级	0.20		300	8
非抗震设计	水平分布筋	0.20	0.15	300	6
	竖向分布筋			400	8

注:1. 框支结构落地剪力墙底部加强部位墙肢的竖向及水平分布钢筋的配筋不小于 0.30%,钢筋间距不应大于 200mm。

2. 竖向、水平分布钢筋直径不宜大于墙肢厚度的 1/10。

剪力墙的加强区是墙体受力不利和受温度影响较大的部位。主要包括剪力墙的顶层、剪力墙的底部以及其他可能出现塑性铰的区域,其高度不小于墙截面高度,不小于底层或其他所在层层高,也不小于剪力墙总高的 1/12。分布钢筋的配筋率按式(2-5-35)计算:

$$\rho_{sw} = \frac{A_{sw}}{b_w s} \qquad (2-5-35)$$

式中:A_{sw} 为间距 s 范围内配置在同一截面内的竖向或水平分布钢筋各肢总面积。

(3)剪力墙的边缘构件(暗柱、明柱、翼柱)配置横向钢筋,可约束混凝土而改善混凝土的受压性能,提高剪力墙的延性。因此,在剪力墙轴压比满足要求的情况下,还需对剪力墙边缘构件的设计作出规定。

2.6　建筑地基基础设计

建筑物由上部结构和基础两部分组成,基础是上部结构与土层之间的过渡性构件,具有承上启下的作用。基础设计时,除了保证基础本身具有足够的承载力和刚度外,还需要选择合理的基础形式和底面尺寸,使得地基的承载力、沉降量及沉降差满足要求。

2.6.1　地基基础设计一般原则

1. 基础类型和选型原则

地基基础设计必须根据建筑物的用途和安全等级、建筑布置和上部结构类型,充分考虑建筑场地和地基岩土条件,结合施工条件以及工期、造价等方面要求,合理选择地基基础方案,因地制宜、精心设计,以保证建筑物的安全和正常使用。

地基基础的设计和计算应该满足以下三项基本原则:

①对防止地基土体剪切破坏和丧失稳定性方面,应具有足够的安全度;

②应控制地基变形量,使之不超过建筑物的地基变形允许值,以免引起基础不利截面和上部结构的损坏或影响建筑物的使用功能和外观;

③基础的类型、构造和尺寸,除应能适应上部结构、符合使用需要、满足地基承载力(稳定性)和变形要求外,还应满足对基础结构的强度、刚度和耐久性的要求。

(1)浅基础的类型和选型

选择地基基础方案时,通常优先考虑天然地基上不大的或简单的浅基础。因为,这类基础埋置不深,用料较省,无需复杂的施工设备,在开挖基坑、必要时支护坑壁和排水疏干后,地基不加处理即可修建,工期短、造价低。各类基础的材料性能、构造特点及大致适用范围如下:

①无筋扩展基础

指由砖、毛石、混凝土或毛石混凝土、灰土和三合土等材料组成的墙下条形基础或柱下独立基础。无筋扩展基础适用于多层民用建筑和轻型厂房。

②扩展基础

指柱下钢筋混凝土独立基础和墙下钢筋混凝土条形基础。钢筋混凝土扩展基础的抗弯和抗剪性能良好,可在竖向荷载较大、地基承载力不高以及承受水平力和力矩荷载等情况下使用。

③柱下条形基础

柱下条形基础是常用于软弱地基上框架或排架结构的一种基础类型。它可用于地基承载力不足,需加大基础底面面积,而配置柱下扩展基础又在平面尺寸上受到限制的情况;尤其是当柱荷载或地基压缩性分布不均匀,且建筑物对不均匀沉降敏感时,在柱列下配置抗弯刚度较大的条形基础能收到一定的效果。

条形基础可以沿柱列单向平行配置,也可以双向相交于柱位处形成交叉条形基础。它们的共同特点是:每个长条形结构单元都间隔承受柱的集中荷载,设计时必须考虑各单元纵向和横向的弯曲应力和剪应力并配置受力钢筋。双向柱下条形基础在荷载与地基比较均匀时,可简化为正交(条形基础的)交叉梁系来计算,因此也称为十字交叉形基础或交梁基础。

④筏形基础

筏形基础具有良好的整体刚度,适用于地基承载力较低、上部结构竖向荷载较大的工程。筏形基础本身是地下室的底板,厚度较大,有良好的抗渗性能。由于筏板刚度大,可以调节基础不均匀沉降。

由于筏形基础不必设置很多内部墙体,可以形成较大的自由空间,便于地下室的多种用途,因而能较好地满足建筑功能的要求。

筏形基础分为梁板式和平板式两种类型,其选型应根据工程地质、上部结构体系、柱距、荷载大小以及施工条件等因素确定。

⑤箱形基础

箱形基础是高层建筑中常采用的基础形式,它由数量较多的纵向与横向墙体和有足够厚度的底板、顶板组成刚度很大的箱形空间结构。箱形基础整体刚度好,能将上部结构的荷载较均匀地传递给地基或桩基;能利用自身的刚度调整沉降差异,减少由于沉降差产生的结构内力;箱形基础对上部结构的嵌固更接近于固定端条件,使计算结果与实际受力情况比较一致;箱形基础有利于抗震,在地震区采用箱形基础的高层建筑震害较轻。

另一方面,由于形成箱形基础必须有间距较密的纵横墙,而且墙上开洞面积受到限制,因此,当地下室需要较大空间和建筑功能上要求较灵活布置时(如地下室作为地下商场、地下停车场、地铁车站等),就难以采用箱形基础。

(2)深基础的类型和选型

如果建筑场地浅层的土质不能满足建筑物对地基承载力和变形的要求而又不适宜采取地基处理措施时,就要考虑以下部坚实土层或岩层作为持力层的深基础方案了。深基础主要有桩基础、沉井和地下连续墙等几种类型,其中以历史悠久的桩基础应用最为广泛。

桩是设置于土中的竖直或倾斜的柱型基础构件,其横截面尺寸比长度小得多,它与连接桩顶和承接上部结构的承台组成深基础,简称桩基。承台将各桩联成一整体,把上部结构传来的荷载转换、调整分配于各桩,由穿过软弱土层或水的桩传递到深部较坚硬的、压缩性小的土层或岩层。

桩基础适用于下列地基情况:

①不允许地基有过大沉降和不均匀沉降的高层建筑或其他重要的建筑物;

②重型工业厂房和荷载过大的建筑物,如仓库、料仓等;

③对烟囱、输电塔等高耸构筑物,宜采用桩基以承受较大的上拔力和水平力,或用以防止结构物的倾斜时;

④对精密或大型的设备基础,需要基础振幅、减弱基础振动对结构的影响,或应控制基础沉降和沉降速率时;

⑤软弱地基或某种特殊性土上的各类永久性建筑物,或以桩基作为地震区结构抗震措施时。

常用的桩基础为钢筋混凝土预制桩、普通灌注桩、大直径(扩底)灌注桩。

桩按受外力情况分为承受竖向力及承受水平力或两者兼而有之的桩,设计时按其受主要外力确定,一般以承受竖向荷载为主。

桩按传力方式不同分为摩擦桩、端承桩或两者兼而有之。设计时按其侧边、端头土壤强度确定,一般两种均宜考虑以提高单桩承载力设计值。

当土壤摩阻力太小时端承桩的侧边摩阻力可予以舍弃,采用摩擦桩的地基土必须稳定、不得有下沉可能,以免产生负摩擦力。端承桩的端部地基土一般宜采用第四纪砂土和碎石土较为理想。

2. 确定基础埋置深度的原则

基础埋置深度是指基础底面至天然地面的距离。确定基础的埋深应从两个方面加以考虑:一是建筑物使用要求、结构类型、作用荷载大小等建筑物本身情况;二是工程地质条件、地基土的冻胀性和融陷性以及与相邻基础的关系等建筑物的场地因素。

基础埋深应符合下列要求:

（1）建筑物的基础应埋置在较好的土层上，埋置深度不应小于 500mm，并使基础顶面低于室外地坪，一般要求基础顶面低于设计地面至少 0.1m。

当有地下室或设备基础时，建筑物的基础应局部加深或整体加深。基础底面应置于老土上，一般深入老土 300mm。

（2）有抗震设防要求的房屋，采用天然地基时，埋置深度应适当加大，不宜小于建筑物高度的 1/12～1/14；筏形和箱形基础的埋深不宜小于建筑物高度的 1/15；桩筏或桩箱基础的埋深（不计桩长）不宜小于建筑物高度的 1/18～1/20。

（3）岩石地基，可不考虑埋置深度的要求，但应验算倾覆，当不满足时应采取可靠的锚固措施。

（4）当地基上层土的承载力大于下层土时，一般宜采用上层土作为持力层；当下层土的承载力大于上层土的承载力时，应经过方案比较，再确定基础放在哪层土上；遇有地下水时，基础一般应浅埋，将基础置于地下水位之上，避免施工排水麻烦。

天然地基中的基础埋深，不宜大于邻近的原有房屋基础，否则应有足够的间距（可根据土质情况取高差的 1.5 至 2 倍）或采取可靠的措施，确保在施工期间及投入使用后相邻建筑物的安全和正常使用。

3. 地基基础设计一般步骤

基础设计可按下列步骤进行：

（1）选择基础的材料、类型，进行基础平面布置；

（2）选择地基持力层；

（3）地基承载力验算；

（4）地基变形验算；

（5）基础结构设计；

（6）基础施工图绘制（包括施工说明）。

4. 地基基础设计基本规定

（1）建筑地基基础安全等级

根据地基复杂程度、建筑物规模和功能特征以及由于地基问题可能造成建筑物破坏或影响正常使用的程度，将地基基础设计分为三个设计等级，设计时应根据具体情况，按表 2.36 选用。需注意同一建筑物的地基和基础采用同一安全等级，但与该建筑物上部结构的安全等级不直接相关。本节所指安全等级均为针对建筑物地基基础而言。

表 2.36　地基基础设计等级

设计等级	建筑和地基类型
甲级	重要的工业与民用建筑物；30 层以上的高层建筑；体形复杂，层数相差超过 10 层的高低层连成一体建筑物；大面积的多层地下建筑物（如地下车库、商场、运动场等）；对地基变形有特殊要求的建筑物；复杂地质条件下的坡上建筑物（包括高边坡）；对原有工程影响较大的新建筑物；场地和地基条件复杂的一般建筑物；位于复杂地质条件及软土地区的二层及二层以上地下室的基坑工程。
乙级	除甲级、丙级以外的工业和民用建筑物。
丙级	场地和地基条件简单，荷载分布均匀的七层及七层以下民用建筑及一般工业建筑物；次要的轻型建筑物。

（2）建筑地基变形验算

①所有建筑物的地基计算均应满足承载力计算的有关规定。

②设计等级为甲级、乙级的建筑物，均应按地基变形设计。

③不作变形验算的条件：丙级建筑物凡符合表 2.37 中规定的范围，可不作地基变形的验算。但应满足地基强度要求。符合表 2.37 要求，如有下列情况之一时，仍应作变形验算：

a. 地基承载力标准值小于 130kPa，且体型复杂的建筑；

b. 在基础上及其附近有地面堆载或相邻基础荷载差异较大，可能引起地基产生过大不均匀沉降时；

c. 软弱地基上的建筑物存在偏心荷载时；

d. 相邻建筑距离过近，可能发生倾斜时；

e. 地基内有厚度较大的或厚薄不均匀的填土，其自重固结尚未完成时。

④计算地基变形时，传到基础底面上的荷载应按正常使用极限状态下荷载效应的准永久组合，不考虑风荷载和地震作用。

表 2.37　可不作地基变形计算设计等级为丙级的建筑物范围

地基主要受力层情况	地基承载力特征值 f_{ak}(kPa)		$60 \leqslant f_{ak} < 80$	$80 \leqslant f_{ak} < 100$	$100 \leqslant f_{ak} < 130$	$130 \leqslant f_{ak} < 160$	$160 \leqslant f_{ak} < 200$	$200 \leqslant f_{ak} < 300$
	各土层坡度(%)		$\leqslant 5$	$\leqslant 5$	$\leqslant 10$	$\leqslant 10$	$\leqslant 10$	$\leqslant 10$
建筑类型	砌体承重结构、框架结构(层数)		$\leqslant 5$	$\leqslant 5$	$\leqslant 5$	$\leqslant 6$	$\leqslant 6$	$\leqslant 7$
	单层排架结构(6m柱距)	单跨	吊车额定起重量(t)	$5 \sim 10$	$10 \sim 15$	$15 \sim 20$	$20 \sim 30$	$30 \sim 50$	$50 \sim 100$
			厂房跨度(m)	$\leqslant 12$	$\leqslant 18$	$\leqslant 24$	$\leqslant 30$	$\leqslant 30$	$\leqslant 30$
		多跨	吊车额定起重量(t)	$3 \sim 5$	$5 \sim 10$	$10 \sim 15$	$15 \sim 20$	$20 \sim 30$	$30 \sim 75$
			厂房跨度(m)	$\leqslant 12$	$\leqslant 18$	$\leqslant 24$	$\leqslant 30$	$\leqslant 30$	$\leqslant 30$
	烟囱	高度(m)	$\leqslant 30$	$\leqslant 40$	$\leqslant 50$	$\leqslant 75$		$\leqslant 100$
	水塔	高度(m)	$\leqslant 15$	$\leqslant 20$	$\leqslant 30$	$\leqslant 30$		$\leqslant 30$
		容积(m^3)	$\leqslant 50$	$50 \sim 100$	$100 \sim 200$	$200 \sim 300$	$300 \sim 500$	$500 \sim 1000$

注：1. 地基主要受力层系指条形基础底面下深度为 3b（b 为基础底面宽度），独立基础为 1.5b，且厚度均不小于 5m 的范围（二层以下一般的民用建筑除外）；

　　2. 地基主要受力层中如有承载力特征值小于 130kPa 的土层时，表中砌体承重结构的设计，应符合规范的相关要求。

　　3. 表中砌体承重结构和框架结构均指民用建筑，对于工业建筑可按厂房高度、荷载情况折合成与其相当的民用建筑层数。

　　4. 表中吊车额定起重量、烟囱高度和水塔容积的数值系指最大值。

（3）地基稳定性验算

当为下列情况时需进行地基稳定性验算：

①经常受水平荷载作用的高层建筑和高耸结构地基；

②建筑在斜坡上的建筑物和构筑物地基；

③挡土墙及其类似结构地基。

2.6.2　浅基础地基设计

1. 地基承载力

(1)地基土承载力的确定方法

确定地基土承载力的方法有以下几种：

①按载荷试验确定；

②按野外鉴别结果确定；

③按物理性指标确定；

④按原位测试结果确定；

⑤根据地基土的抗剪强度指标，按理论公式确定；

⑥应用地区建筑经验，采取工程地质类比法确定。

(2)地基承载力的确定方法

地基承载力应结合当地建筑经验，按表 2.38 中方法确定。

表 2.38　地基承载力的确定方法

地基基础安全等级		确定方法
一级		按①④⑤款综合确定
二级	需进行变形验算	按②③④款综合确定
	不需作变形验算	按②③④⑤款综合确定
三级		按⑥确定

表 2.39　基础宽度与深度的地基承载力修正系数

土的类别		η_b	η_d
淤泥和淤泥质土		0	1.0
人工填土 e 或 I_L 大于等于 0.85 的粘性土		0	1.0
红粘土	含水比 $\alpha_w>0.8$	0	1.2
	含水比 $\alpha_w\leq0.8$	0.15	1.4
大面积 压实填土	压实系数大于 0.95、粘粒含量 $\rho_c\geq10\%$ 的粉土	0	1.5
	最大干密度大于 2.1t/m³ 的级配砂石	0	2.0
粉土	粘粒含量 $\rho_c\geq10\%$ 的粉土	0.3	1.5
	粘粒含量 $\rho_c<10\%$ 的粉土	0.5	2.0
e 及 I_L 均小于 0.85 的粘性土		0.3	1.6
粉砂、细砂(不包括很湿与饱和时的稍密状态)		2.0	3.0
中砂、粗砂、砾砂和碎石土		3.0	4.4

注：1. 强风化和全风化的岩石，可参照所风化成的相应土类取值，其他状态下的岩石不修正；

　　2. 地基承载力特征值按《建筑地基基础设计规范》附录 D 深层平板荷载试验确定时 η_d 取 0。

（3）地基承载力设计值

①当基础宽度大于 0.5m 时，从载荷试验或其他原位测试、经验值等方法确定的地基承载力特征值，尚应按下式修正：

$$f = f_k + \eta_b \gamma (b-3) + \eta_d \gamma_0 (d-0.5) \qquad (2-6-1)$$

式中：f 为地基承载力设计值，当上式计算值小于 $1.1 f_k$ 时，可取 $1.1 f_k$；

f_k 为地基承载力标准值；

η_b、η_d 分别为基础宽度、深度的承载力修正系数，按基底下土类查表 2.39；

γ、γ_0 分别为基底下土的重度、基底以上土的加权平均重度，地下水位以下取有效重度；b 为基础底面宽度，当基础宽度小于 3m 时按 3m 计算，大于 6m 时按 6m 考虑；

d 为基础埋置深度（m），一般自室外地面算起，在填方整平区，可自填土地面标高算起，但填土在上部结构施工后完成时，应从天然地基标高算起。采用独立基础或条形基础，基础埋置深度应从室内地面标高算起。采用箱形基础或筏基时，应从室外地面标高算起。

②在下列情况时地基承载力设计值不作深度修正：

根据地基土的抗剪强度指标，按理论公式确定的地基承载力不作深度修正；岩石地基不作深度修正。

2. 基底压力计算

$$p(x,y) = \frac{N+G}{A} \pm \frac{M_x y}{I_x} \pm \frac{M_y x}{I_y} \qquad (2-6-2)$$

式中：N 为设计地面标高处上部结构的竖向荷载设计值；

G 为基础自重设计值和基础上的土重标准值；

I_x、I_y 分别为基础对 x、y 轴的惯性矩；

M_x、M_y 分别为竖向荷载在 x、y 方向对基底形心的力矩（x、y 坐标轴通过基底形心）。

当只有一个方向存在偏心且偏心距 $e \leqslant l/6$ 时，基础边缘的最大与最小压力分别为

$$p_{\substack{\max \\ \min}} = \frac{N+G}{A} \left(1 \pm \frac{6e}{l} \right) \qquad (2-6-3)$$

当偏心距 $e > l/6$ 时，基础边缘的最大压力应按式（2-6-4）计算：

$$p_{\max} = \frac{2(N+G)}{3la} \qquad (2-6-4)$$

式中：l 为垂直于力矩作用方向的基础底面边长；

a 为合力作用点至基础底面最大压力边缘的距离。

3. 基底压力应符合下式要求

当轴心荷载作用时

$$p_k \leqslant f_a \qquad (2-6-5)$$

式中：p_k 相应于荷载效应标准组合时，基础底面处的平均压应力值；

f_a 为修正后的地基承载力特征值。

当偏心荷载作用时，除应符合式（2-6-5）要求外，尚应符合下式要求

$$p_{k\max} \leqslant 1.2 f_a \tag{2-6-6}$$

式中·$p_{k\max}$为相应于荷载效应标准组合时,基础底面边缘的最大压力值。

4. 天然地基的地基土抗震承载力应按式(2-6-7)确定

$$f_{aE} = \xi_a f_a \tag{2-6-7}$$

式中:f_{aE}为调整后的地基土抗震承载力(kPa);

ξ_a为地基土承载力调整系数,按表 2.40 确定;

f_a为深度修正后的地基承载力特征值(kPa)。

表 2.40 地基土抗震承载力调整系数 ζ_a

岩土名称和性状	ζ_a
岩石,密实的碎土石,密实的砾、粗、中砂,$f_{ak} \geqslant 300$ 的黏性土和粉土	1.5
中密、稍密的碎石土,中密和稍密的砾、粗、中砂,密实和中密的细、粉砂;$150 \leqslant f_{ak} < 300$ 的黏性土和粉土,坚硬黄土	1.3
稍密的细、粉砂,$100 \leqslant f_{ak} < 150$ 的黏性土和粉土,可塑黄土	1.1
淤泥、淤泥质土,松散的砂,填土,新近堆积黄土及流塑黄土	1.0

5. 验算天然地基在地震作用下的竖向承载力时,按地震作用效应标准组合的基础底面的平均压力和边缘最大压力应符合下列要求:

$$p \leqslant f_{aE} \tag{2-6-8}$$

式中:p为地震作用效应标准组合的基础底面平均压力(kPa);

$p_{\max}$为地震作用效应标准组合的基础边缘的最大压力(kPa)。

高宽比大于 4 的高层建筑,在地震作用下的基础底面不宜出现零应力;其他建筑,基础底面与地基土之间零应力区面积不应超过基础底面面积的 15%。

6. 基础底面积计算

在初步选择基础类型和埋置深度后,就可以根据持力层的承载力特征值计算基础底面尺寸。

当基础为轴心受压时,按式(2-6-9)计算基底面积:

$$A \geqslant \frac{Fk}{fa - \gamma_G d + \gamma_w h_w} \tag{2-6-9}$$

式中:d为基础的平均埋深;

γ_G为基础及上覆土的平均重度,可近似取 $\gamma_G = 20 kN/m^3$;

h_w为地下水至基础底面的距离。

当基础为偏心受压时,按下列步骤确定基底尺寸:

(1)先按轴心受压情况即式(2-6-9)预估基底面积 A。

(2)根据偏心距的大小,将预估面积适当增大,一般可增大 5%~10% 的基础宽度,取基础宽度 b 为

$$b=(1.05\sim1.1)\sqrt{\frac{N}{n(f-\gamma_G d)}}\qquad(2-6-10)$$

式中:n 为基础的长宽比,一般取 $n\leqslant2$。

(3)若此时地基承载力设计值需要按基础宽度进行修正,则应根据修正后的地基承载力设计值重复上述步骤,直至所取宽度前后协调为止。

7. 验算具有软弱下卧层的地基承载力

当地基压缩层范围内存在软弱下卧层时,应按式(2-6-11)验算软弱下卧层承载力:

$$\sigma_z+\sigma_{cz}\leqslant f_z\qquad(2-6-11)$$

式中:σ_z 为软弱下卧层顶面处的附加压力设计值;

σ_{cz} 为软弱下卧层顶面处土的自重压力标准值;

f_z 为软弱下卧层顶面处经深度修正后地基承载力设计值。

当上层土与下卧土层的压缩模量比值大于或等于 3 时,对条形基础和矩形基础,上式中 σ_z 的值可按式(2-6-12)、式(2-6-13)简化计算;

条形基础:
$$\sigma_z=\frac{b(p-\sigma_c)}{b+2ztg\theta}\qquad(2-6-12)$$

矩形基础
$$\sigma_z=\frac{lb(p-\sigma_c)}{(b+2ztg\theta)(l+2ztg\theta)}\qquad(2-6-13)$$

式中:b 为矩形基础和条形基础底边的宽度;

l 为矩形基础底边的长度;

σ_c 为基础底面处土的自重压力标准值;

z 为基础底面至软弱下卧层顶面的距离;

θ 为地基压力扩散角,可按表 2.41 采用。

表 2.41　地基压力扩散角 θ

E_{s1}/E_{s2}	$z=0.25b$	$z=0.50b$
3	6	23
5	10	25
10	20	30

表 2.42　沉降计算经验系数

$\overline{E_s}$　　　　　　基底附加压力	2.5 MPa	4.0 MPa	7.0 MPa	15.0 MPa	20.0 MPa
$p_0\geqslant f_{ak}$	1.4	1.3	1.0	0.4	0.2
$p_0\leqslant0.75f_{ak}$	1.1	1.0	0.7	0.4	0.2

选择基础底面尺寸后,必要时还要对地基的变形或稳定性进行验算。

8. 地基变形验算

(1)地基变形验算一般规定

在常规设计中,一般都针对各类建筑物的结构特点、整体刚度和使用要求不同,建筑物的地基变形计算值,不应大于地基变形允许值,即

$$\Delta\leqslant[\Delta]\qquad(2-6-14)$$

式中:Δ 为地基广义变形值,可分为沉降量、沉降差、倾斜和局部倾斜等;

$[\Delta]$ 为建筑物所能承受的地基广义变形的容许值,具体请参见《建筑地基基础设计规范》

中的有关规定。

由于建筑地基不均匀、荷载差异很大、体型复杂等因素引起的地基变形,对于砌体承重结构应由局部倾斜值控制;对于框架结构和单层排架结构应由相邻柱基的沉降差控制;对于多层或高层建筑和高耸结构应由倾斜值控制;必要时尚应控制平均沉降量。

在必要情况下,需要分别预估建筑物在施工期间和使用期间的地基变形值,以便预留建筑物有关部分之间的净空,选择连接方法和施工顺序。一般多层建筑物在施工期间完成的沉降量,对于砂土可认为其最终沉降量已完成 80% 以上,对于其他低压缩性土可认为已完成最终沉陷量的 50%~80%,对于中压缩性土可认为已完成 20%~50%,对于高压缩性土可认为已完成 5%~20%。根据预估的沉降量,可预留其最终沉降量,可预留建筑物有关部分之间的净空,考虑连接方法和施工顺序等。

(2)地基最终沉降量的计算

①地基变形计算

计算地基变形时,地基内的应力分布,可采用各向同性均质线性变形体理论。其最终变形量可按式(2-6-15)计算:

$$S = \Psi_s S' = \Psi_s \sum_{i=1}^{n} \frac{p_0}{E_{si}} (Z_i \bar{\alpha}_i - Z_{i-1} \bar{\alpha}_{i-1}) \qquad (2-6-15)$$

式中:S 为地基最终沉降量,mm;

S' 为按分层总和法计算出的地基沉降量,mm;

Ψ_s 为沉降计算经验系数,根据地区沉降观测资料及经验确定,或采用表 2.42 的数值;

n 为地基沉降计算深度 Z_n 范围内所划分的土层数;

p_0 为对应于荷载标准值时的基础底面处的附加压力,kPa;

E_{si} 为基础底面下第 i 层土的压缩模量,按实际应力范围取值,MPa;

Z_i、Z_{i-1} 分别为基础底面至第 i 层土、第 $i-1$ 层土底面的距离,m;

$\bar{\alpha}_i$、$\bar{\alpha}_{i-1}$ 分别为基础底面计算点至第 i 层土、第 $i-1$ 层土底面范围内平均附加应力系数。

②地基变形的计算深度 Z_n,由式(2-6-16)条件确定:

$$\Delta S_i \leqslant 0.025 \sum_{i=1}^{n} \Delta S'_n \qquad (2-6-16)$$

式中:ΔS_i 为在计算深度范围内,第 i 层土的计算沉降值;

$\Delta S'_n$ 为由计算深度向上取厚度为 ΔZ 的土层计算沉降值,ΔZ 按表 2.43 确定。

表 2.43　计算厚度 ΔZ 值

b(m)	$b \leqslant 2$	$2 < b \leqslant 4$	$4 < b \leqslant 8$	$8 < b$
ΔZ(m)	0.3	0.6	0.8	1.0

当无相邻荷载影响且基础宽度在 1m~30m 范围内时,基础中点的地基变形计算深度也可按简化公式(2-6-17)计算:

$$Z_n = b(2.5 - 0.4 \ln b) \qquad (2-6-17)$$

式中:b 为基础宽度,m。

在计算深度范围内存在基岩时，Z_n可取至基岩表面；当存在较厚的坚硬粘性土层，其孔隙比小于0.5、压缩模量大于50MPa，或存在较厚的密实砂卵石层，其压缩模量大于80MPa时，Z_n可取至该层土表面。

9. 地基稳定性

地基稳定性可用圆弧滑动面法进行验算。稳定安全系数K为最危险滑动面上各力对滑动中心所产生的抗滑力矩与滑动力矩的比值，并应符合式(2-6-18)要求：

$$K=\frac{M_R}{M_S}\geqslant 1.2 \tag{2-6-18}$$

式中：M_R为抗滑力矩；

　　　M_S为滑动力矩。

当滑动面为平面时，稳定安全系数K应提高为1.3。

2.6.3 浅基础设计

1. 无筋扩展基础

无筋扩展基础的高度按式(2-6-19)要求：

$$H_0\geqslant\frac{b-b_0}{2\tan\alpha} \tag{2-6-19}$$

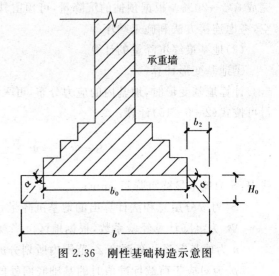

图2.36　刚性基础构造示意图

式中：b为基础底面宽度；

　　　b_0为基础顶面的砌体或混凝土宽度；

　　　H_0为基础高度；

　　　$\tan\alpha$为台阶高宽比的允许值，选用详见《建筑地基基础设计规范》；

　　　α为基础的刚性角。

2. 墙下条形基础设计

(1)构造要求

①基础下的垫层厚度，宜为100mm；梯形截面基础的边缘高度不宜小于200mm；梯形坡度i≤1∶3；当基础高度小于250mm时，可做成等厚度板；

②混凝土强度等级不宜低于C15；

③底板受力钢筋的最小直径不宜小于8mm，间距宜100mm≤a≤200mm；当有垫层时，混凝土的保护层净厚度不宜小于40mm；无垫层时不宜小于70mm。对于纵向分布钢筋的直径不小于8mm，间距不大于300mm；每延米分布钢筋的面积应不小于受力钢筋面积的1/10。

④当地基软弱时，为了减小不均匀沉降的影响，基础截面可采用带肋梁的板，肋梁的纵向钢筋和箍筋可按经验确定。

(2)设计计算

①在按前述方法确定了基础底面尺寸(对于墙下条形基础为基础底面宽度b)后，还需确定基础高度和基础底板的配筋。在确定基础底面尺寸及计算基础沉降时，需考虑基础和土的重力；而确定基础高度和基础底板的配筋时，则可不考虑设计地面以下基础及其上覆土的重力，因为由这些重力所产生的那部分地基反力与土的重力相抵消。

②计算地基净反力:仅由基础顶面的荷载设计值所产生的地基反力,称为地基净反力,并以 p_j 表示。条形基础底面的地基净反力 p_j(kPa)为

$$p_{j\,^{max}_{min}}=\frac{N}{b}\pm\frac{6M}{b^2} \tag{2-6-20}$$

式中:荷载 N(kN/m)、M(kN·m/m)为单位长度数值。

③基础高度的确定:基础验算截面的剪力设计值 V_1(kN/m)为

$$V_1=\frac{b_1}{2b}\big[(2b-b_1)p_{j\,max}+b_1 p_{j\,min}\big] \tag{2-6-21}$$

当荷载无偏心时,基础验算截面的剪力设计值 V_1,可简化为如下形式:

$$V_1=\frac{b_1}{b}N \tag{2-6-22}$$

式中:b 为验算截面 I 距基础边缘的距离,m。

当墙体材料为混凝土时,b_1 为基础边缘至墙脚的距离;当墙体材料为砖墙且墙脚伸出 1/4 砖长时,b_1 为基础边缘至墙面的距离。

基础的有效高度 h_0(m)由混凝土的抗剪切条件确定,即

$$h_0\geqslant\frac{V}{0.07f_c} \tag{2-6-23}$$

式中:f_c 为混凝土轴心抗压强度设计值,kPa。

基础高度 h 为有效高度 h_0 加上混凝土保护层厚度,设计时,可初选基础高度 $h=b/8$。

④基础底板的配筋:基础验算截面弯矩设计值 M_1(kN·m/m)为

$$M_1=\frac{1}{2}V_1 b_1 \tag{2-6-24}$$

每米墙长的受力钢筋截面面积为

$$A_s=\frac{M_1}{0.9f_y h_0} \tag{2-6-25}$$

式中:A_s 为钢筋面积,m^2;

　f_y 为钢筋抗拉强度设计值,kPa。

3. 柱下独立基础设计

(1)构造要求

柱下钢筋混凝土单独基础,除应满足墙下钢筋混凝土条形基础的一般要求外,尚应满足如下一些要求,

①矩形单独基础底面的长边与短边的比值一般取 1~1.5。

②阶梯形基础每阶高度一般为 300mm~500mm。基础的阶数可根据基础总高度来设置,当 300mm<H≤900mm 时,宜分为二级,当 H>900mm 时,宜分为三级。采用锥形基础时,其顶部每边应沿柱边放出 50mm。

③对于现浇柱基础,如基础与柱不同时浇筑,则柱内的纵向钢筋可通过插筋锚入基础中,插筋的根数和直径应与柱内纵向钢筋相同。当基础高度 H≤900mm 时,全部插筋伸至基底钢

筋网上面,端部弯直钩;当基础高度 $H>900\text{mm}$ 时,将柱截面四角的钢筋伸到基底钢筋网上面,端部弯直钩,其余钢筋按锚固长度确定,锚固长度 l_m 可按下列要求采用:

a. 轴心受压及小偏心受压,$l_m>15d$;

b. 大偏心受压且当柱子混凝土强度等级不低于 C20 时,$l_m>25d$。

插入基础的钢筋,上下至少应有两道箍筋固定。插筋与柱的纵向受力钢筋的搭接长度应满足要求。

④柱下钢筋混凝土单独基础的受力钢筋应双向配置。当基础宽度大于 3m 时,基础底板受力钢筋可缩短为 $0.9l'$ 交错布置,其中 l'＝基础底面长边长度-50mm。

(2)设计计算

①基础高度的确定:基础高度由柱边抗冲切破坏的要求确定,设计时先假定一个基础高度 h,然后按下式验算抗冲切能力:

$$p_{j\max}A_1\leqslant 0.7\beta_{hp}f_tA_2 \qquad (2-6-26)$$

式中:$p_{j\max}$ 为基底最大净反力设计值,kPa,在轴心荷载下即等于基底平均净反力设计值;

A_1 为考虑冲切荷载时取用的多边形面积,m^2;

β_{hp} 为受冲切承载力截面高度影响系数,当基础高度 h 不大于 800mm 时,β_{hp} 取 1.0;当 h 大于等于 2000mm 时,β_{hp} 取 0.9,其间按线性内插法取用;

f_t 为混凝土的轴心抗拉强度,kPa;

A_2 为冲切截面的水平投影面积,m^2。

不满足该式的抗冲切能力验算要求时,可适当增加基础高度 h 后重新验算,直至满足要求。

②内力计算和配筋:当台阶的宽高比不大于 2.5 及偏心距小于 1/6 基础宽度 b 时,柱下单独基础在纵横两个方向的任意截面 I—I 和 II—II 的弯矩可按式(2-6-27)计算:

$$\left.\begin{array}{l} M_{\mathrm{I}}=\dfrac{1}{12}a_1^2(2l+l')(p_{j\max}+p_{j1}) \\[3mm] M_{\mathrm{II}}=\dfrac{1}{48}(l-l')^2(2b+b')(p_{j\max}+p_{j\min}) \end{array}\right\} \qquad (2-6-27)$$

式中:l'、b' 和 p_{j1} 的意义如图 2.37(a)、(b)所示。

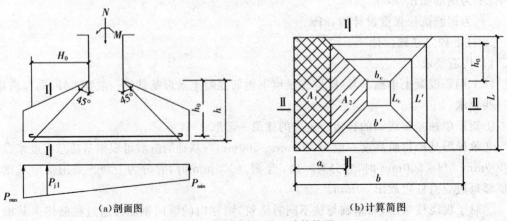

(a)剖面图　　　　　　　(b)计算简图

图 2.37　柱下独立基础计算简图

柱下单独基础的底板应在两个方向配置受力钢筋,设计控制截面是柱边或阶梯形基础的变阶处,将此时对应的 l'、b' 和 p_{j1} 值代入式(2-6-27)即可求出相应的控制弯矩值 M_I 和 M_{II}（kN·m）。底板长边方向和短边方向的受力钢筋面积 A_{sI} 和 A_{sII}（mm²）分别为

$$
\left.
\begin{aligned}
A_{sI} &= \frac{M_I}{f_y h_0} \times 10^3 \\
A_{sII} &= \frac{M_{II}}{0.9 f_y (h_0 - d)} \times 10^3
\end{aligned}
\right\}
\tag{2-6-28}
$$

式中:d 为钢筋直径,mm;其余符号意义同前。

4. 柱下条形基础

(1)构造要求

柱下条形基础由沿柱列轴线的肋梁以及从梁底沿其横向伸出的翼板组成。基础走向应结合柱网行列间距、荷载分布和地基情况适当选择。基础宽度受横向柱距和基础结构合理设计的限制,所以,相应于柱荷载的大小,条形基础的地基承载力不能过低。

柱下条形基础也称为梁式基础或基础梁,其截面一般呈倒 T 形,T 形中央高度较大的部分称为肋或肋梁,底部横向外伸部分称为翼板。

柱下条形基础不论单向或双向,其截面形式均应做成梁下扩展式基础,并按扩展式基础进行计算或配筋。柱下条形基础的构造,除了要满足前述扩展基础的构造要求外,尚应符合下列要求:

①柱下条形基础梁的高度宜为柱距的 1/4～1/8(通常取柱距的 1/6),并应经受剪承载力计算确定。翼板厚度不应小于 200mm。当翼板厚度为 200mm～250mm 时,宜用等厚度翼板;当翼板厚度大于 250mm 时,宜采用变厚度翼板,其坡度宜小于或等于 1∶3。

②柱下条形基础的两端应向边柱外延伸,延伸长度一般为边跨跨距的 0.25～0.30 倍。其作用在于增加基底面积,调整底面形心位置,使基底压力分布较为均匀,并使各柱下弯矩与跨中弯矩趋于均衡以利配筋。当荷载不对称时,两端伸出长度可不相等,以使基底形心与荷载合力作用点尽量一致。

③现浇柱与条形基础梁的交接处,其平面尺寸不应小于图 2.38 中的规定。

④条形基础梁顶部和底部的纵向受力钢筋除满足计算要求外,顶部钢筋按计算配筋全部贯通,底部通长钢筋不应少于底部受力钢筋截面总面积的 1/3。

⑤柱下条形基础的混凝土强度等级,不应低于 C20。

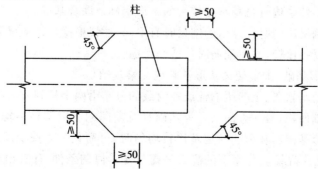

图 2.38　现浇柱与条形基础梁交接处平面尺寸

（2）设计计算

①设计步骤

a. 绘制条形基础梁的计算简图，包括荷载、尺寸等；

b. 按地基承载力设计值确定基础底面积 A，进而确定底板宽度 b；

c. 按墙下条形基础的设计方法确定翼板厚度及横向钢筋的配筋；

d. 计算基础梁纵向内力与配筋。

②内力计算方法与适用条件

柱下条形基础纵向内力计算方法有弹性地基梁法和直线分布近似计算法。

a. 弹性地基梁法中，当为较薄的塑性较大的土层上或薄的破碎岩层上的柔性基础时，可采用基床系数法。它假定地基是由许多互不联系的弹簧所组成，地基每单位面积上所受的压力与相应的地基沉降量成正比，对于压缩层深厚的一般土层上的柔性基础，可用半无限弹性体法，其假定地基为半无限弹性体，基础下某点的沉降不仅与作用在该点的压力有关，也与邻近处的荷载有关。半无限弹性体法要求有较准确的地基弹性模量及泊松比，作用于地基上的荷载不很大，地基完全处于弹性变形状态。

弹性地基梁法计算工作量较大，比较复杂，可应用弹性地基梁计算书籍中的公式及表格计算。

b. 当地基持力层土质均匀，上部结构刚度较好，各柱距相差不大（<20%），柱荷载分布较均匀，且基础梁高度大于 1/6 柱距时，地基反力可认为是直线分布，基础梁内力则按直线分布法近似计算。根据上部结构的刚度和变形情况，可分别采用静力平衡法和倒梁法。适合于这种假设计算基底反力的前提是要求基础具有足够的相对刚度。

倒梁法认为上部结构是刚性的，各柱之间没有沉降差异，因而可把柱脚视为条形基础的铰支座，支座间不存在相对的竖向位移。此法以直线分布的基底净反力以及除去柱的竖向集中力所余下的各种作用（包括柱传来的力矩），为已知荷载，而按倒置的普通连续梁（采用弯矩分配法或弯矩系数法）计算。这种计算，只考虑出现于柱间的局部弯曲，而略去沿基础全长发生的整体弯曲，因而所得的柱位处的正弯矩与柱间最大负弯矩绝对值相比较，比其他方法均衡，所以基础不利截面的弯矩最小。

当下列所有条件满足时，可以采用倒梁法计算柱下条形基础的内力：地基压缩性、柱距和荷载分布都比较均匀；基础高度大于平均柱距的 1/6；上部结构的整体刚度较好。

静力平衡法不考虑与上部结构的相互作用，因而在荷载和直线分布的基底反力作用下产生整体弯曲。与其他方法相比较，这样计算所得的基础不利截面上弯矩绝对值一般较大。此法只宜用于上部为柔性结构且自身刚度较大的条形基础及联合基础。

静力平衡法和倒梁法同时计算出的结果时有不同，建议根据具体情况采用一种方法计算，同时用另一种方法复核比较，并在配筋时作适当考虑。

c. 双向柱下条形基础（十字交叉条形基础或交梁基础）

如果柱网下的地基软弱、土的压缩性或柱荷载的分布沿两个柱列方向都很不均匀，一方面需要进一步扩大基础面积，另一方面又要求基础具有空间刚度以调整不均匀沉降时，可沿纵、横柱列设置交叉条形基础。在荷载与地基比较均匀时，可简化为正交交叉梁系来计算。首先根据每个节点 i 上在外荷载 p_i 作用下的静力平衡与变形协调条件，计算出每一方向（x 向和 y 向）上分配到的外荷载设计值 p_{ix}、p_{iy}；然后在每一方向分别按单向地基梁用前述方法进行计算。

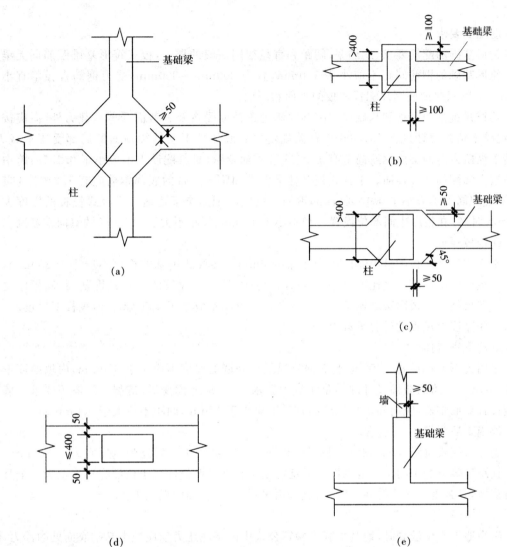

图 2.39　基础梁与柱相交处构造大样

5. 筏形基础

(1)构造要求

①混凝土

筏形基础混凝土强度等级不应低于 C30。

②筏形基础与柱、墙的连接

地下室底层柱、剪力墙与梁板式筏基的基础梁的连接构造应符合下列要求：

a. 当交叉基础梁的宽度小于柱截面的边长时，交叉基础梁连接处应设置八字角，柱角和八字角之间的净距不宜小于 50mm，如图 2.39(a)所示。

b. 当单向基础梁与柱连接时，柱截面的边长大于 400mm，可按图 2.39(b)、(c)采用；柱截面的边长小于等于 400mm，可按图 2.39(d)采用。

c. 当基础梁与剪力墙连接时，基础梁边至剪力墙边的距离不宜小于 50mm，如图 2.39(e) 所示。

③配筋要求

筏形基础的配筋要求、配筋率、间距和直径如同一般的楼盖，板式筏形基础配筋同无梁楼盖。筏形基础的钢筋间距不应小于 150mm，宜为 200mm～300mm，受力钢筋直径不宜小于 12mm，采用双向钢筋网片配置在板的顶面和底面。

梁板式筏基的底板和基础梁的配筋除满足正截面受弯及斜截面受剪承载力外，尚应按现行《混凝土结构设计规范》GB50010 有关规定验算底层柱下基础梁顶面的局部受压承载力。构造上纵横方向的支座钢筋尚应有 1/2～1/3 贯通全跨，且其配筋率不应小于 0.15%，跨中钢筋应按实际配筋全部连通。平板式筏基柱下板带和跨中板带的底部钢筋应有 1/2～1/3 贯通全跨，且配筋率不应小于 0.15%，顶部钢筋应按实际配筋全部连通。平板式筏板的厚度大于 200mm 时，宜在板厚中间部位设置直径不小于 12mm、间距不大于 300mm 的双向钢筋网。

④筏板厚度

平板式筏基的板的最小厚度不应小于 400mm。梁板式筏基的板厚不应小于 300mm，且板厚与板格的最小跨度之比不宜小于 1/20。对 12 层以上建筑的梁板式筏基，其底板厚度与最大双向板格的短边净跨之比不应小于 1/14，且板厚不应小于 400mm。当筏板变厚度时，尚应验算变厚度处筏板的受剪承载力。

⑤地下室墙体

采用筏形基础的地下室，地下室钢筋混凝土外墙的厚度不应小于 250mm，内墙厚度不应小于 200mm。墙的截面设计除满足承载力要求外，尚应考虑变形、抗裂及防渗等要求。墙体内应设置双面钢筋，竖向和水平钢筋的直径不应小于 12mm，间距不应大于 300mm。

⑥施工后浇带

施工后浇带每隔 30m～40m 设一道，以防收缩裂缝产生。后浇带宽度宜大于 800mm，设置在柱距三等分的中间 1/3 范围内。后浇混凝土宜在其两侧混凝土浇灌完毕后至少一个月再进行浇灌，其强度等级应提高一级，且宜采用早强、补偿收缩的混凝土。

(2)设计计算

①当地下水位较高时，地基承载力验算公式中的基底压力项应减去基础底面处的浮力，即

$$
\left.
\begin{aligned}
p - p_w &\leqslant f \\
p_{max} - p_w &\leqslant 1.2f
\end{aligned}
\right\}
\tag{2-6-29}
$$

$$p_w = \gamma_w h_w$$

式中：p_w 为地下水位作用在基础底面上的浮力；

h_w 为地下水位至基底的距离。

②当地下水位标高高于筏形基础板底标高时，计算基底净反力时不考虑水的浮力。

③筏板基础当上部结构为筒体、框筒、现浇剪力墙或框—剪结构（柱荷载及柱间距的变化不超过 20%）。由于整体刚度好，当地基土又比较均匀时，可认为基底反力呈直线分布，且不考虑筏板整体弯曲的计算，仅按筏板的局部弯曲计算。但在端部，应将角部区域第一、第二开间内的地基净反力增加 10%～20%，并上下均匀配筋。

④平板式筏基，当上部结构较规则，柱距相等，且板厚相同的情况下，将筏板分割为柱上板

带与跨中板带,按无梁楼盖计算。上部结构在上述条件下的肋梁式筏板,可分割为单向板或双向板及柱下条形基础梁进行计算。

⑤实际工程中筏板厚度均按构造要求确定,则梁板式筏基不用进行抗冲切与抗剪强度核算,而对平板式筏基则需要核算冲切与抗剪强度。

6. 箱形基础

(1)构造要求

①墙体的厚度和配筋

a. 墙体厚度

外墙最小厚度为 250mm,内墙最小厚度为 200mm。实际上,由于外墙为挡土墙,为承受土压力和水压力,厚度一般都在 350mm 以上。

b. 墙身分布钢筋

墙身分布钢筋采用双排双向配筋,配筋除按受力计算决定外,墙身分布钢筋间距不宜大于 200mm,直径不应小于 10mm。

c. 墙身上下连续配筋

除上部为剪力墙结构者外,沿内外墙顶部和底部宜各配置两根直径不小于 25mm 的通长构造钢筋。其目的在于使墙体形成一根高梁,有利于抵抗整体弯曲产生的内力。

这些连续水平钢筋搭接长度和转角处锚固长度均按受拉钢筋锚固长度考虑。

d. 墙身洞口的配筋

洞口形成的上下过梁的配筋由计算决定。

洞口周边的加强钢筋截面面积不应小于被洞口截断的面积的一半,也不少于两根 $\phi16mm$ 的钢筋,此钢筋应从洞口边缘处延长 40 倍钢筋直径。

e. 混凝土等级

箱形基础的混凝土强度等级不应低于 C20,并宜采用密实混凝土刚性防水,其抗渗等级不低于 B_6。

②框架柱与墙的连接

a. 连接处局部加厚

为了使框架柱的荷载能有效地扩散,并避免由于施工误差造成柱脱空,在底层柱与箱形基础交接处,墙应局部加厚,使柱角至墙边之间净距不小于 50mm,如图 2.40 所示。

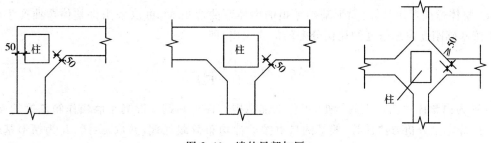

图 2.40 墙的局部加厚

b. 柱的主筋与墙的连接

柱下三面或四面有箱形基础墙的内柱,除四角钢筋应直通基底外,其余钢筋可终止在顶板底面以下 40 倍钢筋直径处;外柱、与剪力墙相连的柱及其他内柱的纵向钢筋应直通到基底。

③顶板和底板

顶板和底板的尺寸和配筋应根据受力情况、整体刚度和防水要求决定。

顶板厚度不小于 200mm,当有人防要求时,应根据倒塌荷载决定。底板厚度不小于 300mm。实际上,由底板防渗要求,厚度都远大于此数。

箱形基础的顶板和底板钢筋配置除符合计算要求外,纵横方向支座钢筋尚应有 1/3~1/2 的钢筋连通,且连通钢筋的配筋率分别不小于 0.15%(纵向)、0.10%(横向),跨中钢筋按实际需要的配筋全部连通。钢筋接头宜采用机械连接;采用搭接接头时,搭接长度应按受拉钢筋考虑。

④后浇带

施工后浇带每隔 30m~40m 设一道,以防收缩裂缝产生。后浇带宽度宜大于 800mm,设置在柱距三等分的中间 1/3 范围内。后浇混凝土宜在其两侧混凝土浇灌完毕后至少一个月再进行浇灌,其强度等级应提高一级,且宜采用早强、补偿收缩的混凝土。

(2)设计计算

①箱形基础地基承载力计算后应符合:非抗震设计时,$p_{min}=0$;抗震设计时允许 $p_{min}=0$,但零应力区域长度与基底面宽度之比不应超过 1/4。

②箱形基础的最终沉降量考虑到深基坑土的回弹影响,可按式(3-6-30)计算:

$$s = \varphi_s \sum_{i=1}^{n} \left(\frac{p_0}{E_{si}} + \frac{p_z}{E'_{si}} (z_i \bar{\alpha}_i - z_{i-1} \bar{\alpha}_{i-1}) \right) \quad (2-6-30)$$

式中:p_z 为基底标高处地基土的自重压力,kPa;

E'_{si} 为基底下第 i 土层的回弹模量,按土的自重压力到土的自重压力与附加压力之和段取值,MPa;其余符号意义同前。

③内力计算方法

a. 框架结构中的箱形基础:箱基的内力应同时考虑整体弯曲和局部弯曲作用。计算中基底反力可采用基底反力系数法确定。局部弯曲产生的弯矩应乘以 0.8 的折减系数后叠加到整体弯曲的弯矩中。

b. 现浇剪力墙体系中的箱形基础:由于现浇剪力墙体系结构的刚度相当大,箱基的整体弯曲可不予考虑,箱基的顶板和底板内力仅按局部弯曲计算。考虑到整体弯曲可能产生的影响,钢筋配置量除符合计算要求外,纵、横方向支座钢筋尚应有 0.15% 和 0.10% 的配筋率连通配置,跨中钢筋按实际配筋率全部连通。

c. 整体弯曲弯矩计算:箱形基础承担的整体弯曲弯矩 M_g 可以采用将整体弯曲产生的弯矩 M 按基础刚度占总刚度的比例分配的形式求出,即

$$M_g = M \frac{E_g I_g}{E_g I_g + E_u I_u} \quad (2-6-31)$$

式中:M 为由整体弯曲产生的弯矩,可将上部结构的柱子和钢筋混凝土墙当作箱基梁的支点,按静定梁分析方法计算,箱基的自重按柔性均布荷载处理,并取 $g=G/L$ 为箱形基础的混凝土弹性模量;

I_g 为箱形基础横截面的惯性矩,按工字形截面计算,上、下翼缘宽度分别为箱形基础顶板、底板全宽,腹板厚度为箱基在弯曲方向的墙体厚度总和;

$E_u I_u$ 为上部结构等效抗弯刚度。

d. 局部弯曲弯矩计算:顶板按室内地面设计荷载计算局部弯曲弯矩,底板局部弯曲弯矩的计算荷载为扣除底板自重后的基底反力。计算局部弯曲弯矩时可将顶板、底板当作周边固定的双向连续板处理。

④箱基截面设计与强度验算

a. 顶板与底板:箱形基础的顶板配筋可按偏心受压构件设计,底板配筋可按偏心受拉构件设计,而作用在顶板和底板上的轴力 N_c 与 N_t 可按式(2-6-32)计算:

$$N_c = N_t = \frac{M}{zB} \tag{2-6-32}$$

式中:M 为箱形基础的截面计算弯矩;

B 为箱形基础的宽度;

z 为基础顶板与底板的中心距。

箱形基础顶板与底板厚度除根据荷载与跨度大小按正截面抗弯强度决定外,其斜截面抗剪强度应符合式(2-6-33)要求:

$$V_s \leqslant 0.07 f_c b h_0 \tag{2-6-33}$$

式中:V_s 为板所承受的剪力减去刚性角范围内的反力荷载(刚性角为 $45°$),即图 2.41 阴影部分面积与基底净反力的乘积;

f_c 为混凝土轴心抗压强度设计值;

b 为计算所取的板宽;

h_0 为板的有效高度。

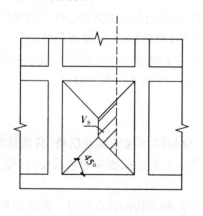

图 2.41 V_s 计算简图

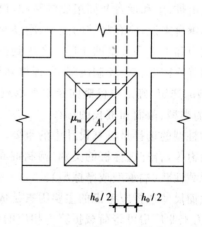

图 2.42 u_m、A_l 计算简图

箱形基础底板的冲切强度按下式验算:

$$F_l \leqslant 0.6 f_t u_m h_0 \tag{2-6-34}$$

式中:F_l 为底板承受的冲切力,其值等于基底净反力乘以图 2.42 所示阴影部分面积 A_l;

f_t 为混凝土抗拉强度设计值;

u_m 为距荷载边为 $h_0/2$ 处的周长;

h_0 为板的有效高度。

b. 内墙与外墙:箱形基础墙体承受的截面剪力 V 可近似由总剪力分配求得,即各横墙分配的剪力按所辖的底板面积计算,各纵墙剪力由纵墙的截面厚度和柱轴力进行分配求出。

除与剪力墙连接外,其墙身截面应按下式验算其抗剪强度:

$$V \leqslant 0.25 f_c A \qquad (2-6-35)$$

式中:A、f_c 分别为墙身竖向有效截面积和混凝土轴心抗压强度设计值。

对于箱形基础的外墙,在其上还有水平荷载的作用,包括土压力、水压力和由于地面均布荷载引起的侧压力等,故尚需进行受弯计算,此时可将墙身视为顶、底部固定的多跨连续板计算,而侧压力 p 一般可按静止土压力计算,计算公式如下:

地下水位以上: $\qquad p = k_0(q + \sum \gamma_i h_i) \qquad (2-6-36)$

地下水位以下: $\qquad p = k_0(q + \sum \gamma'_i h_i) + \gamma_w(h - h_w) \qquad (2-6-37)$

式中:k_0 为静止侧压力系数,与土的类别及密实度等因素有关,对于砂土一般可取 0.35～
　　　0.50,对于粘土一般可取 0.50～0.70;

　　　q 为地面荷载;

　　　h_i 为计算点以上各土层的厚度;

　　　γ_w 为水的重度,可取 10kN/m^3;

　　　γ_i、γ'_i 分别为计算点以上土层的重度和有效重度;

　　　h、h_w 分别为自室外算起的计算点深度和地下水位深度。

2.6.4　桩基础设计

桩基是由桩、土和承台共同组成的基础,设计时应结合地区经验考虑桩、土、承台的共同作用。对桩和承台来说,应有足够的强度、刚度和耐久性;对地基(主要是桩端持力层)来说,要有足够的承载力和不产生过量的变形。考虑到桩基相应于地基破坏的极限承载力甚高,因此,大多数桩基的首要问题在于控制沉降量,即桩基设计应按桩基变形控制设计。

1. 桩型的选定,确定单桩竖向及水平承载力

(1)桩的类型、截面和桩长的选择

桩类和桩型的选择是桩基设计中的重要环节,应根据结构类型及层数、荷载情况、地层条件和施工能力等,合理选择桩的类别(预制桩或灌注桩)、桩的截面尺寸和长度、桩端持力层,并确定桩的承载性状(端承型或摩擦型)。

桩的截面尺寸选择应考虑的主要因素是成桩工艺和结构的荷载情况。从楼层数和荷载大小来看(如为工业厂房可将荷载折算为相应的楼层数),10 层以下的建筑桩基。可考虑采用直径 500mm 左右的灌注桩和边长为 400mm 的预制桩;10～20 层的可采用直径 800mm～1000mm 的灌注桩和边长 450mm～500mm 的预制桩;20～30 层的可用直径 1000mm～1200mm 的钻(冲、挖)孔灌注桩和边长或直径等于或大于 500mm 的预制桩;30～40 层的可用直径大于 1200mm 的钻(冲、挖)孔灌注桩和边长或直径 500mm～550mm 的预应力混凝土管桩和大直径钢管桩。楼层更多的高层建筑所采用的挖孔灌注桩直径可达 5m 左右。

桩的设计长度,主要由桩端持力层决定。通常,坚实土(岩)层(可用触探试验或其他指标来鉴别)最适宜作为桩端持力层。对于 10 层以下的房屋,如在桩端可达的深度内无坚实土层时,也可选择中等强度的土层作为桩端持力层。

（2）确定单桩竖向及水平承载力

单桩竖向承载力特征值应通过单桩竖向静载荷试验确定。初步设计时单桩竖向承载力特征值可按下式估算：

$$R_a = q_{pa}A_p + u_p \sum q_{sia}l_i \qquad (2-6-38)$$

式中：R_a 单桩竖向承载力特征值；

q_{pa}，q_{sia} 桩端阻力、桩侧阻力特征值，由当地静载荷试验结果统计分析算得；

A_p 桩底端横截面面积；

u_p 桩身周边长度；

l_i 第 i 层岩土的厚度。

当桩端嵌入完整及较完整的硬质岩中时，可按下式估算单桩竖向承载力特征值：

$$R_a = q_{pa}A_p \qquad (2-6-39)$$

式中：q_{pa} 桩端岩石承载力特征值。

单桩水平承载力特征值取决于桩的材料强度、截面刚度、入土深度、土质条件、桩顶水平位移允许值和桩顶嵌固情况等因素，应通过现场水平载荷试验确定。必要时可进行带承台桩的载荷试验，试验宜采用慢速维持荷载法。

2. 桩的平面布置及承载力验算

（1）桩的根树和布置

初步估定桩数时，按式（2-6-38）确定单桩承载力特征值 R_a 后，可估算桩数如下。当桩基为轴心受压式，桩数 n 应满足下式的要求：

$$n \geqslant \frac{F_k + G_k}{R_a} \qquad (2-6-40)$$

式中：F_k 相应于荷载效应标准组合时，作用于桩基承台顶面的竖向力；

G_k 桩基承台及承台上土自重标准值。

偏心受压时，对于偏心距固定的桩基，如果桩的布置使得群桩横截面的重心与荷载合力作用点重合，则仍可按上式估定桩数，否则，桩的根数应按上式确定的增加 $10\% \sim 20\%$。

承受水平荷载的桩基，在确定桩数时，还应满足对桩的水平承载力的要求。此时，可取各单桩水平承载力之和，作为桩基的水平承载力。这样做通常是偏于安全的。

桩的平面布置可采用对称式、梅花式、行列式和环状排列。为使桩基在其承受较大弯矩的方向上有较大的抵抗矩，也可采用不等距排列，此时，对柱下单独桩基和整片式的桩基，宜采用外密内疏的布置方式。布置桩位时，桩的间距（中心距）一般采用 3～4 倍桩径。间距太大会增加承台的体积和用料，太小则将使桩基（摩擦型桩）的沉降量增加，且给施工造成困难。

（2）桩基承载力验算

① 桩顶荷载计算

轴心竖向力作用下

$$Q_K = \frac{F_k + G_K}{n} \qquad (2-6-41)$$

偏心竖向力作用下

$$Q_{ik} = \frac{F_K + G_k}{n} \pm \frac{M_{xk} y_i}{\sum y_i^2} \pm \frac{M_{yk} x_i}{\sum x_i^2} \qquad (2-6-42)$$

水平力作用下

$$H_{ik} = \frac{H_k}{n} \qquad (2-6-43)$$

式中：F_K 相应于荷载效应标准组合时，作用于桩基承台顶面的竖向力标准值；

G_k 桩基承台自重及承台土自重标准值；

Q_k 相应于荷载效应标准组合轴心竖向力作用下任一单桩的竖向力标准值；

n 桩基中的桩数；

Q_{ik} 相应于荷载效应标准组合偏心竖向力作用下第 i 根桩的竖向力标准值；

M_{xk}、M_{yk} 相应于荷载效应标准组合作用于承台底面通过桩群形心的 x、y 轴的力矩标准值；

x_i、y_i 桩 i 至通过桩群形心的 y、x 轴线的距离；

H_k 相应于荷载效应标准组合时，作用于承台底面的水平力标准值；

H_{ik} 相应于荷载效应标准组合时，作用于任一单桩的水平力标准值。

②单桩承载力验算

承受轴心竖向力作用的桩基，相应于荷载效应标准组合时作用于单桩的竖向力 Q_k 应符合下式的要求：

$$Q_k \leqslant R_a \qquad (2-6-44)$$

偏心荷载作用下，除满足式（2-6-44），尚应满足下列要求：

$$Q_{ik\max} \leqslant 1.2 R_a \qquad (2-6-45)$$

水平荷载作用下

$$H_{ik} \leqslant R_{Ha} \qquad (2-6-46)$$

式中：R_{Ha} 单桩水平承载力特征值。

注意，抗震设防区的桩基应按现行《建筑抗震设计规范》GB50011 有关规定执行。

③桩基软弱下卧层承载力验算

当桩基的持力层下存在软弱下卧层，尤其是当桩基的平面尺寸较大、桩基持力层的厚度相对较薄时，应考虑桩端平面下受力层范围内的软弱下卧层发生强度破坏的可能性。

④桩基沉降验算

对以下建筑物的桩基应进行沉降验算：

a. 地基基础设计等级为甲级的建筑物桩基；

b. 体型复杂、荷载不均匀或桩端以下存在软弱土层的设计等级为乙级的建筑物桩基；

c. 摩擦型桩基。

嵌岩桩、设计等级为丙级的建筑物桩基、对沉降无特殊要求的条形基础下不超过两排桩的桩基、吊车工作级别 A5 及 A5 以下的单层工业厂房桩基（桩端下为密实土层），可不进行沉降验算。

⑤桩基负摩阻力验算

桩周土沉降可能引起桩侧负阻力时,应根据工程具体情况考虑负摩阻力对桩基承载力和沉降的影响。在考虑桩侧负摩阻力和桩基承载力验算中,单桩竖向承载力特征值 R_a 只计中性点以下部分的侧阻力和端阻力。

3. 桩身结构设计

桩身混凝土强度应满足桩的承载力设计要求。计算中应按桩的类型和成桩工艺的不同将混凝土的轴心抗压强度设计值乘以工作条件系数 Ψ_c,桩身强度应符合下式要求:

$$Q \leqslant A_c f_c \Psi_c \qquad (2-6-47)$$

式中:f_c 混凝土轴心抗压强度设计值,按现行《混凝土结构设计规范》取值;

Q 相应于荷载效应基本组合时的单桩竖向力设计值;

A_p 桩身横截面面积;

Ψ_c 工作条件系数,预制桩 0.75,灌注桩取 0.6~0.7(水下灌注桩或长桩时用低值)。

桩的主筋应经计算确定。打入式预制桩的最小配筋率不宜小于 0.8%;静压预制桩的最小配筋率不宜小于 0.6%;灌注桩最小配筋率不宜小于 0.2%~0.65%(小直径桩取大值)。

配筋长度:

(1)受水平荷载和弯矩较大的桩,配筋长度应通过计算确定。

(2)桩基承台下存在淤泥、淤泥质土或液化土层时,配筋长度应穿过淤泥、淤泥质土层或液化土层。

(3)坡地岸边的桩、8 度及 8 度以上地震区的桩、抗拔桩、嵌岩端承桩应通长配筋。

(4)桩径大于 600mm 的钻孔灌注桩,构造钢筋的长度不宜小于桩长的 2/3.

2.7　结构设计成果表达

2.7.1　结构设计计算书

结构计算书是记录主要结构和构件分析计算过程的技术文件,通常要单独装订成册存档。结构计算书的书写有如下要求:

1. 结构计算时,应绘出平面布置简图和计算简图,结构计算书应完整、清楚、整洁,计算步骤要有条理,引用数据要有依据、采用计算图表和不常用的计算公式应注明其来源或出处,构件编号、计算结果(确定的截面、配筋等)应与图纸一致,以便核对。

2. 当采用计算机计算时,应在计算书中注明所采用的计算机软件名称及代号,计算机软件必须经过审定(或鉴定)才能在工程设计中推广应用,电算结果应经分析认可。荷载简图、原始数据和电算结果应整理成册,与其他计算书一并归档。

3. 采用标准图时,应根据图集的说明,进行必要的选用计算,作为结构计算书的内容之一;采用重复利用图时,应进行必要的核算和因地制宜的修改,以切合工程的具体情况。

4. 计算书应仔细校审,核对关键数据和计算过程。

2.7.2　结构施工图绘制

工图是进行施工的依据,是设计意图最准确、最完整的体现,是保证工程质量的重要环节。

施工图按专业内容分为建筑、结构、水工、暖通、电气等几部分。结构施工图编号前一般冠以"结施"二字。制图依据的主要国家标准是《房屋建筑制图统一标准》和《建筑结构制图标准》。

绘制结构施工图的顺序和内容大致如下：

1. 图纸目录

一般先列新绘制图纸，后列选用的标准图或重复利用图。

2. 设计说明（见附图 16）

（1）说明建筑结构安全等级、抗震设防烈度、建筑抗震类别、人防工程等级。

（2）扼要说明有关地基概况，对不良地基的处理措施和对基础施工的要求；有抗震设防要求时，应对地基抗震性能作进一步阐述。

（3）说明荷载规范中没有明确规定的或与规范取值不同的设计活荷载、设备荷载等。

（4）说明所选用结构材料的品种、规格、型号、强度等级等，如混凝土强度等级、钢筋种类及级别、受力筋保护层厚度、焊条型号、预应力混凝土构件的锚具种类、型号、预留孔做法、施工制作要求及锚具防腐蚀措施等，并提出对某些构件（或部位）的特殊要求。

（5）说明所采用的标准构件图集；如果有特殊构件需要做结构性能检验时，应说明进行检验的方法与要求。

（6）说明施工注意事项，如后浇带的设置、后浇时间及所用材料强度等级；高层主楼与裙房的施工先后时间；对特殊构件的拆模时间、条件要求等。

（7）多子项工程宜编写统一的结构施工图设计总说明；如为简单的小型单项工程，则设计说明可分别写在基础平面图或结构平面布置图上。

3. 基础平面图（见附图 17）

（1）应绘出承重墙、柱网布置、纵横轴线关系，基础和基础梁及其编号、柱号、基坑和设备基础的平面位置、尺寸、标高，基础底标高不同时的放坡示意图。

（2）应表示出±0.000 以下的预留孔洞的位置、尺寸、标高。

（3）桩基应表示出桩位平面布置及桩承台的平面尺寸及承台底标高。

（4）绘出有关的连接节点详图。

（5）附注说明：本工程±0.000 相应的绝对标高，基础埋置在地基中的位置及所在土层，基底处理措施，地基或桩的承载能力，以及对施工的有关要求等；如需要对建筑物进行沉降观测时，应说明观测点的布置及观测时间的要求，并绘制观测点的埋置详图。

4. 基础详图（见附图 18～20）

（1）条形基础：应绘出截面、配筋、圈梁、防潮层、基础垫层，标注尺寸、标高及轴线关系等。

（2）扩展基础：应绘出基础的平面及剖面、配筋，标注总尺寸、分尺寸、标高、轴线关系、基础垫层等。

（3）桩基：除绘出承台梁或承台板的钢筋混凝土结构外，并绘出桩位置、桩详图（也可另图绘制），桩顶插入承台的构造等。

（4）筏基和箱基：筏基按现浇梁板详图的方法表示，但要绘出承重墙、桩位置；当要求设后浇带时应表示其平面位置；箱形基础一般要绘出钢筋混凝土墙的平面、剖面及其配筋，当有预埋件，预留孔洞情况复杂时，宜绘出墙的模板图。

（5）基础梁：按现浇梁板详图的方法表示。

（6）附注说明：基础材料、垫层材料、杯口填充材料、防潮层做法，对回填土的技术要求，地面以下的钢筋混凝土构件的钢筋保护层厚度要求及其他对施工的要求。

5. 结构平面布置图(见附图 21～33)

对于砌体结构(包括砖砌体和砌块砌体结构)和框架结构的多层建筑,以及框架结构、框剪结构、剪力墙结构、筒体结构的高层建筑,均应绘制各层结构平面布置图及屋面结构平面布置图。具体内容应包括以下几方面:

(1)绘出与建筑图一致的轴线网及梁、柱、承重砌体墙、框架、剪力墙、井筒等位置,并注明编号。

(2)注明预制板的跨度方向、板号、数量,标出预留洞大小及位置,带孔洞的预制板应按本款(6)的规定单独绘出。

(3)现浇板沿斜线注明板号,板厚、配筋可布置在平面图上,亦可另绘放大比例的配筋图(复杂的楼板还应绘制模板图),注明板底标高,标高有变化处绘局部剖面,标出直径≥300mm 预留洞的大小和位置,绘出洞边加强配筋。

(4)有圈梁时应注明编号、标高,圈梁可用小比例绘制单线平面示意图,门窗洞口处标注过梁编号;砌体房屋抗震设计还应注明构造柱位置、编号。

(5)楼梯间绘斜线并注明所在详图号。

(6)屋面结构平面布置图图表示出屋面板的坡度、坡向、坡向起点和终点处结构标高,预留孔洞位置大小等,设置水箱处应表示结构布置。

(7)电梯间应绘制机房结构平面布置图,注明梁板编号、板的配筋、预留孔洞位置、大小和板底标高等。

(8)多层厂房还应表示运输线平面位置。

(9)附注说明:选用预制构件的图集代号,有关详图的索引号以及预制板支承长度和支座处找平做法等。

6. 钢筋混凝土构件详图(见附图 37 及 38)

(1)现浇构件:现浇梁、板、柱、框架、剪力墙、筒体等详图。

①纵剖面、长度、轴线号、标高及配筋情况,梁和板支座情况;整体浇捣的预应力混凝土构件尚应绘出曲线筋位置及锚固详图。

②横剖面、轴线号、截面尺寸配筋,预应力混凝土预应力筋的定位尺寸。

③剪力墙、井筒可视不同情况增绘立面。

④若钢筋较复杂不易表示清楚时,可将钢筋分离绘出。

⑤构件完全对称时可绘制一半表示。

⑥若有预留洞、预埋件时,应注明位置、尺寸、洞边配筋及预埋件编号等。

⑦曲梁或平面折线梁应增绘平面布置图,必要时可绘展开详图。

⑧附注说明:除结构总说明已叙述外需特别注明的内容。

(2)预制构件:预制梁、板、柱、框架、剪力墙等详图(包括复杂的预制梁垫)要绘出。

①构件模板图,表示模板尺寸,轴线关系,预留洞和预埋件位置、尺寸、预埋件编号、必要的标高等;后张预应力混凝土构件尚需表示预留孔道、锚固端等。

②构件配筋图,纵剖面表示钢筋形式,曲线预应力筋的位置,箍筋直径及间距,钢筋复杂时将钢筋分离绘出;横剖面注明截面尺寸、钢筋直径、数量等。

③附注说明:结构总说明已叙述外需特别注明的内容。

(3)若有抗震设防要求时,框架、剪力墙等抗侧力构件应根据不同的抗震等级要求,按现行规范规定设置主筋、箍筋(包括加密区箍筋)、节点核芯区内配筋、锚拉筋等。

7. 节点构造详图(见附图中各详图)

(1)按抗震设计的现浇框架、剪力墙、框—剪结构,均应绘制节点构造详图(尽可能采用通用设计或统一详图集),如防震缝、节点核芯区内配筋,符合抗震要求的钢筋接头和锚固,填充墙与框架梁柱的锚拉等。

(2)预制框架或装配整体框架的连接部分,梁、柱与墙体的锚拉等,均应绘制节点构造详图,节点构造应尽可能采用通用设计或统一详图集。

(3)详图应绘出平面、剖面,注明相互关系尺寸、与轴线关系、构件名称、连接材料、附加钢筋(或埋件)的规格、型号、数量、并注明连接方法以及对施工安装、后浇混凝土的有关要求等。

(4)附注说明:除结构总说明已叙述外需特别注明的内容。

(8)其他图纸(见附图 19~21)

(1)楼梯:应绘出楼梯结构平面布置及剖面图,楼梯和梯梁、梯柱详图,栏杆预埋件或预留孔位置、尺寸等。

(2)特种结构和构筑物(如水池、水箱、烟囱、挡土墙、设备基础、操作平台等)详图宜分别单独绘制,以方便施工。

(3)预埋件详图:大型工程的预埋件详图可集中绘制,应绘出平面、剖面、注明钢材种类、焊缝要求等。

(4)钢结构构件详图(指主要承重结构为钢筋混凝土、部分为钢结构的钢屋架、钢支撑等的构件详图)应单独绘制,其深度要求应视工程所在地区金属结构厂或承担制作任务的加工厂的条件而定。

2.7.3 某综合楼的全套结构施工图

1. 结构总说明见附图 16。
2. 基础平面布置图见附图 17。
3. 基础 JC—1~JC—5 配筋图见附图 18。
4. 基础 JC—6~JC—8 配筋图见附图 19。
5. 基础梁配筋图见附图 20。
6. 基础顶面~7.600 标高柱配筋图见附图 21。
7. 7.600 标高~19.200 标高柱配筋图见附图 22。
8. 19.200 标高~23.200 标高柱配筋图见附图 23。
9. 3.800 标高层结构平面图见附图 24。
10. 7.600 标高层结构平面图;11.400 标高层结构平面图见附图 25。
11. 15.200 标高层结构平面图见附图 26。
12. 19.200 标高层结构平面图见附图 27。
13. 19.900 标高层结构平面图;23.200 标高层结构平面图见附图 28。
14. 3.800 标高层梁配筋图见附图 29。
15. 7.600 标高层梁配筋图;11.400 标高层梁配筋图见附图 30。
16. 15.200 标高层梁配筋图见附图 31。

17. 19.200 标高层梁配筋图见附图 32。

18. 19.900 标高层梁配筋图;23.200 标高层梁配筋图见附图 33。

19. 甲楼梯结构详图见附图 34。

20. 乙楼梯结构详图(1)见附图 35。

21. 乙楼梯结构详图(2)见附图 36。

2.7.4　横向框架模板图

见附图 37。

2.7.5　纵向框架模板图

见附图 38。

第3章　单位工程施工组织设计

3.1　单位工程施工组织设计概述

单位工程施工组织设计是指导建筑施工从施工准备工作开始到交付使用为止的全部施工活动的技术文件。通过它可使整个拟建工程在开工前就对劳动力、材料、构件、机械设备等的需要量、需要时间及采用的施工方法和施工顺序等，全面周密地加以研究确定。同时对所需构件、材料等的放置地点、施工道路、给排水设施及行政管理与生活福利临时设施的位置也都进行合理的规划与布置。

3.1.1　单位工程施工组织设计的编制依据

1. 单位工程施工图纸及其标准图；
2. 单位工程地质勘查报告、地形图和工程测量控制网；
3. 单位工程预算文件和资料；
4. 建设项目施工组织总设计对本工程的工期、质量和成本控制的目标要求；
5. 承包单位年度施工计划对本工程开竣工的时间要求；
6. 有关国家方针、政策、规范、规程和工程预算定额；
7. 类似工程施工经验和技术新成果。

3.1.2　单位工程施工组织设计的编制程序

单位工程施工组织设计的编制程序如图3.1所示。由于单位工程施工组织设计是基层施工单位控制和指导施工的文件，所以必须切合实际。在编制前应仔细研究设计资料和有关规范标准，在此基础上计算工程量、制定施工方案和相关技术措施及组织措施。

3.2　工程概况

工程概况的编写必须在充分熟悉设计资料的基础上进行，具体有如下内容：

3.2.1　工程概况

说明工程名称、性质、用途、投资额、工期要求、施工单位和设计单位的名称等等。

3.2.2　建筑设计特点

说明拟建工程建筑面积、平面组合、平面尺寸、层数、层高、总高度、总宽度、总长度、平面形状；装饰工程的构造及做法；楼地面材料的构造及做法；屋面保温隔热以及防水材料的做法；消防、排水和空调、环保等各方面的技术要求等等。

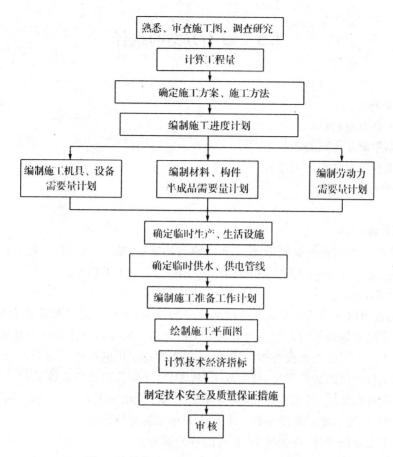

图 3.1　单位工程施工组织设计的编制程序

3.2.3　结构设计特点

简述基础的类型、形式、埋置深度；主体结构的类型；主要构件的材料以及结构类型。其中对采用新材料、新工艺、新技术的工作内容和施工的具体要求，应该重点说明。

3.2.4　建设地点特征

简述拟建工程的位置、地形、工程地质与水文地质条件，风向、风力、温度、降雨和霜冻情况。

3.2.5　施工条件

针对现场具体情况加以说明。包括现场"三通一平"（通电、通路、通水、场地平整）、临时设施、周围环境等情况；当地地产资源、材料供应和各种预制构件加工供应条件；施工单位机械、机具供应；运输条件和运输能力；劳动力，特别是主要工程项目的技术工种、数量、技术水平等；企业管理条件和内部组织形式；现场临时设施的设置等。

同学们在编写工程概况时，要特别注意单位工程的施工特点和施工中可能会遇到的关键问题，以便在选择施工方案、编制进度计划和平面施工图时采取有效措施。

3.3 施工方案的选择

3.3.1 基本要求

1. 施工上具有可行性；
2. 施工期限满足合同要求；
3. 确保工程质量和施工安全；
4. 满足经济性的要求。

3.3.2 主要内容

施工方案的选择内容主要包括：施工起点流向的确定，施工段的划分；施工程序的确定；施工顺序的确定；施工方法和施工机械的选择；相应的安全和技术措施。

1. 施工流向的确定

施工流向是指施工活动在平面或空间的展开与进程，对单层建筑要定出分段施工在平面上的流向；对多层建筑在竖向方面定出分层施工的流向。确定时应注意以下几点：

(1)考虑生产工艺流程及投产的先后顺序，先生产或使用的部位先施工；

(2)考虑工程项目的繁简程度，技术复杂、进度慢、工期长的部位先施工；

(3)建筑物有高低层、高低跨并列时，应先从并列处开始施工；

(4)施工方法、技术要求和组织设计上要求先施工的部位先施工；

(5)根据工程现场条件、周边环境，先远后近开展施工；

(6)适应施工组织的分区分段。

单位工程施工中，各分部工程的施工程序应遵循的原则：先地下，后地上；先主体，后围护；先结构，后装饰。但也可以根据不同分部分项工程的施工特点来确定施工流向，例如，对于外墙装饰可以采用自上而下的流向，对于内墙装饰则可以采用自上而下、自下而上或自中而下再自上而中的三种施工程序。

2. 施工段的划分

划分施工段是将单栋建筑物(或建筑群)划分成多个部分，以便于组织流水施工，充分利用工作面，避免窝工，缩短工期。

施工段的划分应遵循以下原则：

(1)施工段界限尽可能划分在建筑、结构缝处，以利结构的整体性；

(2)各施工段工程量大致相等，量差≤15%；

(3)施工段数应合理，与施工过程数相协调，既不造成窝工现象，又不使工作面闲置；

(4)施工段的大小要满足每个工人最小工作面的需要，一般 $250\sim280\text{m}^2$ 为一施工段；

(5)对于多层建筑物、构筑物除划分施工段外，一般还要划分施工层。

3. 施工顺序的确定

施工顺序是指分部工程中的分项工程或工序之间施工的先后顺序。其中，有一些分项工程或工序的先后顺序由于工艺的要求一般固定不变；另外有一些分项工程或工序，其施工的先后并不受工艺的限制，具有很大的灵活性。对于后一类可先可后的分项工程或工序，在安排顺

序时,应遵循以下原则:

①与选择的施工方法和采用的施工机械协调一致;

②必须考虑施工组织要求,进行技术经济比较;

③必须考虑施工质量的要求,便于成品保护;

④必须考虑工期的要求。

(1)砖混结构的施工顺序

砖混结构包括地下工程、主体结构工程、屋面工程、装饰工程和建筑设备安装工程五个分部工程。其施工的一般顺序是:

施工现场"三通一平"──→测量放线──→基槽(坑)开挖──→验槽及钎探──→基础工程施工──→基础工程验收──→土方回填──→主体工程(砌筑与构件安装)──→主体结构工程验收──→屋面、装饰、门窗、楼地面工程──→水电设备安装──→室外工程──→竣工验收。其中,水电设备安装工程从基础工程开始,就应与土建工程配合穿插进行。

①基础工程的施工顺序

施工顺序一般为先挖土,然后做垫层、砌筑大放脚和铺设防潮层,最后回填土。在安排施工时,要考虑做垫层在技术上的间歇时间,使之具有一定的强度,否则不能承受砖基础和墙身的重量。

②主体工程施工顺序

主体工程的一般施工顺序为:

基础顶面抄平、放线,立皮数杆──→立门框(若为后塞则无此工作)──→砌筑第一施工层砖墙,同时安装楼梯构件──→墙面上弹水平线(地面上 50cm 水平线)──→立窗框(若为后塞则无此工作)──→搭脚手架──→砌筑第二施工层砖墙,包括楼梯构件与门窗过梁安装──→墙面弹线──→浇筑构造柱及圈梁──→拆除里脚手架──→安装楼板──→预制楼板灌缝,楼面抄平放线──→重复上述工作──→安装屋面板及灌缝──→砌筑女儿墙等。

③装修工程的施工顺序

装修工程的施工,主要包括抹灰、勾缝、门窗扇安装、门窗玻璃安装和油漆、喷浆等分项工程。其中,抹灰是主导工程,它包括内部抹灰和外部抹灰。

通常情况下,室外装修与室内装修相互间干扰不大,先室内、后室外,或先室外、后室内,或两者同时进行都可以,应视施工条件而定。但要特别注意气候条件,室外装修要避开雨季和冬季。当室内有水磨石地面时,为避免从墙面渗水对外墙抹灰的影响,应先做水磨石地面。当采用单排脚手架砌墙时,由于墙面留有脚手眼,最好先做外墙抹灰,拆除脚手架,同时填补脚手眼,然后再进行内墙抹灰。

室外装修既可先自上而下进行里层施工,再自上而下进行表层施工,也可逐层进行里层与表层施工。室外装修的同时安装落水管并油漆。当每层所有工序都完成后拆掉脚手架,最后完成勒脚、台阶和散水。

室内抹灰在同一层的顺序一般为:地面和踢脚线──→天棚──→墙面。这样清理简便,地面质量易于保证,且便于收集墙面和天棚抹灰时的落地灰,节省材料。但由于地面需要有技术间歇(养护),从而导致工期拉长。有时也可按天棚──→墙面──→地面的顺序进行施工,此时在做地面之前必须将楼面上的落地灰和渣子扫清洗净,否则会影响地面层同楼板之间的粘结,引起地面起壳。底层地面一般是在各层墙面、楼地面做好以后再进行施工。楼梯间和踏步,由于在施工期间容易受到损坏,通常在整个抹灰工程完成以后,自上而下统一施工。

基于以上考虑,内装修的施工顺序一般为:砌隔墙──→安木门窗框(或钢窗框扇)──→楼面抹灰(含踢脚线)──→天棚抹灰──→墙面抹灰──→安木门窗扇──→木装修──→楼梯间及踏步抹灰──→地面抹灰──→油漆──→喷浆(底层需干燥)──→检查并修理。

④屋面工程的施工顺序

屋面防水工程的施工顺序为:铺保温层──→抹找平层──→刷冷底子油──→铺卷材。但在此之前必须要做好屋面上的水箱房、烟囱、排气孔、天窗等及其屋面泛水。特别需要注意的是在铺卷材之前,应使找平层干燥。

屋面工程应在主体结构完成后开始,在一般情况下,屋面工程可以和装修工程平行施工。

⑤水、暖、电、卫等工程的施工顺序

水、暖、电、卫等工程可与土建工程中有关分部分项工程交叉施工,紧密配合。

◆在基础工程施工时,应先将相应的上下水管沟和暖气管沟的垫层、管沟墙做好,然后再回填土。

◆在主体结构施工时,应在砌砖墙或现浇钢筋混凝土楼板的同时,预留上下水管和暖气立管的孔洞、电线孔槽,或预埋木砖和其他预埋件。但抗震房屋例外,可按有关规范规定处理。

◆在装修工程施工前,应安设相应的各种管道和电气照明用的附墙暗线、接线盒等。水暖电卫安装最好在楼地面和墙面抹灰之前或之后穿插施工,若电线采用明线,则应在室内粉刷以后进行。

◆室外上下水道等工程的施工可以安排在土建工程施工之前或与土建工程同时进行。

(2)框架结构施工顺序

对于多层钢筋混凝土框架结构房屋的施工,一般划分为基础工程、主体工程、屋面及装饰工程三个施工阶段。

①基础工程施工

基础工程一般以房屋底层的室内地坪(即标高为±0.00)为界,以上为主体工程,以下为基础工程。

框架结构的基础有浅基础和深基础。

浅基础包括现浇钢筋混凝土独立基础、条形基础和片筏基础等。其施工顺序为:挖地槽──→混凝土垫层──→放线后扎钢筋──→支基础模板──→浇基础混凝土──→回填土等。

深基础常见的为桩基础,如有桩基础,则应在挖地槽前进行桩基础工程施工。如有地下室工程施工则应包括地下室结构、防水等施工过程。

②主体工程施工

框架结构施工层一般是按结构层次来划分的,而每一施工层如何划分施工段,则要考虑工序数量、技术要求和结构特点。当木工在第一施工层中的第一施工段立完模板以后,就逐段向前进行,而后续工种绑扎钢筋、浇筑混凝土、混凝土养护就依次进行。当木工在第一施工层全部立完模板,理想的情况是,此时应该恰好第一施工层第一施工段混凝土养护达到允许工人在上面操作的强度(1.2MPa),此时木工就可以进行第二施工层的第一施工段工作了。

施工段的划分最好与框架的伸缩缝、沉降缝、单元界限等相吻合。各段中工程量的大小大致相等,以减少每段中所需劳动力的变化。每段中各种构件的数量尽可能接近,以利于模板的周转。

多层框架结构房屋主体工程的施工顺序为:测量放线──→绑扎柱钢筋──→支梁板、柱模板──→浇柱混凝土──→绑扎梁板钢筋──→浇梁板混凝土──→混凝土养护,还有搭设脚手架、砌框架间墙、安门窗框等施工过程。

当主体结构柱高小于 3m、工程量不大时,可以把柱、梁板混凝土合并为一道工序同时浇筑,施工顺序为:绑扎柱钢筋──→支梁板、柱模板──→绑扎梁板钢筋──→浇柱、梁板混凝土。

主体工程施工时,应尽量组织流水施工,可将每栋房屋划分 2~3 个施工段,使主导工程施工能连续进行。

③屋面及装饰工程施工

主体工程施工完成以后,首先进行屋面防水工程的施工,以保证室内装饰的顺利进行。装饰工程主要为室内装饰、室外装饰、门窗、油漆及玻璃等。

(3)装配式钢筋混凝土单层工业厂房施工顺序

装配式钢筋混凝土单层工业厂房的施工可以分为地下工程、预制工程、结构安装工程及其他(包括围护、屋面、装饰、水暖电卫和通风等)工程施工阶段,采用"先地下,后地上""先结构,后装修";"先主体,后围护"和"先深后浅"的原则来安排施工顺序。

①地下工程施工顺序

单层工业厂房不但有厂房基础,还有设备基础。其施工顺序为槽坑挖土、做垫层、安模板、绑扎钢筋、浇筑混凝土、养护、拆模、回填土等分项工程。

厂房基础和设备基础的施工顺序按厂房性质和基础埋深的不同可分为两种:一是"封闭式"施工方案,厂房基础和上部结构先施工;然后主体结构完成后才开始设备基础施工;二是"敞开式"施工方案,厂房基础和设备基础同时施工;然后主体结构施工。两种施工方案各有优缺点。

封闭式施工方案的优点是:工艺设备和管道安装在主体工程完工后进行,不占用主体施工期间的工作面,有利于构件预制、拼装和就位吊装,起重机械和开行路线可采用多种方案,从而能够加快土建施工进度;设备基础可以在室内作业,不受气候影响;设备基础施工可以利用厂房内桥式吊车。

封闭式施工方案的缺点是:出现某些重复工作,如部分柱基回填土的重复挖填和运输道路的重新铺设等;设备基础局限在厂房内施工,场地拥挤,且基坑不宜采用机械挖掘。有时为维护柱基稳定还需要采取加固措施;不能为设备安装提供有利条件,工期较长。

敞开式方案的优缺点和封闭式的相反。

一般来说,当厂房的基础埋深大于设备基础埋深时,应采用封闭式方案。反之,采用敞开式方案。设备基础挖土范围与厂房基坑(槽)连成一片时或土质较差时,也应采用敞开式方案。

②预制工程的施工顺序

随着起重、运输设备的大型化,一般构件都应在工厂预制。对于重量较大,运输困难的大型构件,如钢筋混凝土屋架、柱、吊车梁等,可以在现场就地预制。

现场预制钢筋混凝土构件的施工顺序是场地平整夯实,制作底模,绑扎钢筋,安装配件,支侧模,浇筑混凝土,养护,拆模。如为预应力构件还应增加预应力筋张拉、锚固灌浆等。

预制构件制作是在基础全部或部分回填,场地平整夯实后即可开始。

③结构安装工程的施工顺序

结构安装工程是装配式单层工业厂房的主导分部工程。吊装的主要构件及顺序是:柱──→吊车梁──→连系梁──→托架──→屋架──→天窗架──→屋面板等。

吊装前的准备工作包括：构件强度检查、杯底抄平、杯口及构件弹标志线、吊装验算和加固、起重机械准备等。吊装流向应与吊装方法，构件预制的流向一致。如果厂房为多跨，且有高低跨时，安装应从高低跨柱列开始。

吊装顺序取决于安装方法。若采用分件法吊装时，其吊装顺序是：第一次吊装柱并校正、固定，当接头混凝土强度达 70％后，第二次吊装吊车梁、托架与连系梁；第三次吊装屋盖构件。若采用综合吊装时，其吊装顺序是：先吊装一个节间的柱子并迅速校正和固定，再安装吊车梁及屋盖构件。依此逐个节间进行，直至整个厂房吊装完毕。

抗风柱可在吊装柱的同时先安该跨一端，另一端在屋盖安装后进行；或两端均在屋盖安装完后进行。

④其他工程施工顺序

其他工程包括围护工程、屋面工程、装饰工程、水暖电卫通风等工程。

单层工业厂房可在结构吊装工程部分或全部完毕后，采用平行流水、立体交叉作业，组织各项工程全面展开施工。

4. 施工方法和施工机械的选择

施工方法是单位工程施工方案的关键。施工机械的选择必须满足施工方法的需要，施工组织也只能在施工方法的基础上进行。

(1)选择施工方法时应考虑

①该种施工方法是否有实现的可能性；

②该种施工方法对其他工程施工的影响；

③多种可行方案进行经济比较，力求降低施工成本。

(2)选择施工机械时应注意事项

①所选施工机械必须满足施工需要，但不要大机小用，应考虑设备的经济性；

②选择施工机械时，要考虑各种机械的相互配套；

③选择机械时，必须从全局出发，不仅要考虑某分部分项工程施工中使用，也要考虑到其他分部分项工程是否也有可能加以利用；

④同一施工现场，应尽可能一机多用。

3.4　工程量的计算

工程量的计算应根据施工图和工程量的计算规则，针对所划分的每一个工作项目进行。当编制施工进度计划时已有预算文件，且工作项目的划分与施工进度计划一致时，可以直接套用施工预算的工程量，不必重新计算。

3.4.1　计算工程量时应注意的问题

1. 工程量的计量单位应与现行定额手册中所规定的计量单位相一致，以便计算劳动力、材料和机械数量时直接套用定额，而不必进行换算。

2. 要结合具体的施工方法和安全技术要求计算工程量。例如计算柱基土方工程量时，应根据所采用的施工方法（单独基坑开挖、基槽开挖还是大开挖）和边坡稳定要求（放边坡还是加支撑）进行计算。

3. 应结合施工组织的要求,按已划分的施工段分层分段进行计算。

4. 按照分部分项工程来计算工程量时,应使分部分项工程的划分有利于编制施工进度计划。

3.4.2　计算劳动量或机械台班量

计算劳动量和机械台班量时,应首先确定所采用的定额。施工定额有时间定额和产量定额两种,它们互为倒数,可以任选其一。其值可以直接由现行施工定额手册中查出,对有些新技术和特殊的施工方法,定额手册中尚未列出的,可参考类似工程项目的定额或通过实测确定。

人工操作时,计算劳动量;机械操作时,计算机械台班量。

计算公式为:
$$P = QH \tag{3-4-1}$$
$$\text{或 } P = Q/S \tag{3-4-2}$$

式中:P 为工作项目所需要的劳动量,工日,或机械台班数,台班;

S 为工作项目所采用的人工产量定额,m/工日 或 t/工日 …… 或机械台班产量定额,m/台班 或 t/台班;

H 为综合时间定额,工日/m 或工日/t;

Q 为工程量。

当某些工作项目是由若干个分项工程合并而成时,则应分别根据各分项工程的时间定额(或产量定额)及工程量,按式(3)计算出合并后的综合时间定额(或综合产量定额):

$$H = \frac{Q_1 H_1 + Q_2 H_2 + \cdots + Q_i H_i + \cdots + Q_n H_n}{Q_1 + Q_2 + \cdots + Q_i + \cdots + Q_n} \tag{3-4-3}$$

式中:H_i 为工作项目中第 i 个分项工程的时间定额;

Q_i 为工作项目中第 i 个分项工程的工程量。

具体计算时,应注意以下几点:

1. 建筑工程施工定额暂时没有全国统一定额。

2. 新技术、新材料、新工艺或特殊施工方法的项目,可参考类似项目定额确定。

3. 当施工过程项目需要由几个不同的施工工序合并时,因定额不同,不能直接把工程量相加,而是将它们的劳动量或机械台班量(工日/台班)相加。或者也可采用综合定额,计算公式为:

$$S = \frac{\sum Q_i}{\dfrac{Q_1}{S_1} + \dfrac{Q_2}{S_2} + \cdots + \dfrac{Q_n}{S_n}}$$

式中:S 为综合产量定额;

Q_1、$Q_2 \cdots Q_n$ 为参加合并项目的各施工过程的工程量;

S_1、$S_2 \cdots S_n$ 为参加合并项目的各施工过程的产量定额。

3.4.3　计算各分部分项工程的工作持续时间

一般先确定劳动量大的主要项目的持续时间,然后再确定次要项目的持续时间,尽量取整数天,实在有必要时可取 $0.5d$,工作持续时间的计算方法有定额计算法和工期倒排计划法。

1. 定额计算法

定额计算法的计算公式为：

$$T = \frac{P}{R \times N}$$

式中：T 为完成项目所需要的持续时间(d)；

    R 为工作班组人数或机械台数；

    N 为每天采用的工作班制(1～3 班)；

    P 为劳动量或台班量(工日／台班)。

已知劳动量，确定工作班组人数或机械台班数及工作班制 N，则可计算工作持续时间 T，需注意：

(1) 施工班组人数：一是要考虑最小劳动组合；二是必须要满足最小工作面等的影响。同理，确定机械台数时也应考虑满足机械的最小工作面。

(2) 工作班制的确定：为考虑施工安全和降低施工费用，一般情况采用一班制施工，当工期较紧或工艺上要求(如混凝土的连续浇筑)时，可采取二班甚至三班制施工。

2. 工期倒排计划法

工期倒排计划法的计算方法为：

已知劳动量 P，根据工期定额确定各分部分项工程的持续时间 T，则可计算出 $R \times N$，再确定工作班制 N，计算工作班组人数或机械台数 R。但此时为保证安全施工，必须核对其是否满足最小工作面。若不满足，则可通过改变 N 来调整 R，直至满意为止。

3.5　施工进度计划的编制

编制进度计划的前提是工程量计算精确、准确套用定额、工作持续时间计算完毕，只有这三项已经完成，才能够编制进度计划图。

编制施工进度计划可采用横道图或网络图形式。两种形式绘制方法不同，起到的作用也不完全相同。

3.5.1　横道图

横道图是用横道在时间刻度上表示分项工程的起止时间和延续时间，可表达一项工程的全面计划。横道图比较简单，而且非常直观。它用线条形象地表现了各工作项目的持续时间，即开始和完成时间，但不能反映各分项工程之间相互依赖与制约的关系，更不能反映施工过程中的关键分项工程和可以机动灵活使用的时间，因而也就不利于进度控制人员抓住主要矛盾指挥工程施工。

3.5.2　网络图

网络图分单代号和双代号网络图，国外流行单代号，而国内多用双代号网络图。用网络图的形式表达单位工程施工进度计划，能够弥补横道图的不足。它能充分揭示工程项目中各工作项目之间的制约和相互依赖关系，并能明确反映出进度计划中的主要矛盾。由于网络图可以利用电子计算机进行计算、优化和调整，不仅减轻了进度控制人员的工作量，而且使工程进度计划更加科学;同时,由于能够利用电子计算机编制和调整计划,也使得进度计划的编制和调整更能满足进度控制及时、准确的要求。

3.5.3　进度计划编制步骤

1. 划分施工项目

划分合理的施工项目,确定其中的主要分项工程或施工过程的施工段数及持续时间,组织其连续、均衡的流水施工。其他次要的分项工程或施工过程能合并的尽量合并,并力求它们能与主导施工过程的施工段数及持续时间相吻合,然后组织它们与主要分项工程或施工过程穿插、搭接或设置平衡区。

划分施工项目还应注意以下问题:

(1)工程量大、用工多、占工期的工程不能漏项;

(2)影响后续工程施工的项目和穿插配合施工较复杂的项目要分细,不漏项;

(3)划分的施工项目应与施工方法相一致;

(4)屋面工程等与其他工作关系不大的项目可以划分得粗一些;

(5)台阶、散水等次要、零星工程,消耗劳动量不多,可以合并为一项"其他工程";

(6)水、电安装合并为一项工程;

(7)施工项目的划分尽可能与预算书上项目一致;

(8)不占用工作面或不占用时间的某些制备类和运输类项目不用编制在进度计划中。

2. 划分流水施工段与施工层

在组织施工时,通常在平面上把建筑物划分成若干施工段,在高程上把建筑物划分为若干个施工层,供多专业的班组分别在不同的施工场地上作业,从而实现流水施工。

3. 确定劳动量和机械量

利用前面计算的工程量数据,确定劳动量和机械量。

劳动工日数或机械台班数＝某项工程的工程量×相应的时间定额

4. 确定各分部分项工程的工作日数、工人数和机械台班数

确定各分部分项工程的工作日数、工人数和机械台班数可以采用两种方法:一种是可使用的工人和机械量有限额,则可据此限额来确定工程项目的工作日数;另一种是工期是固定的,机械和工人数不限制,则可根据规定工期计算确定需用的机械和劳动量。计算前首先应确定一天工作几班,习惯上建筑施工的大部分项目都采用一班制,在使用大型机械施工的项目如反铲挖土等,为了充分利用机械可采用二班制,只有在要求连续施工的项目(如混凝土浇筑)时,才采用三班制。

(1)根据可能提供的人力、物力计算确定施工的工作日数

完成某项工程的工作日数＝该项工程的用工数/每天安排在该工程的人数

或

完成某项工程的工作日数＝该项工程的机械台班数/每天安排在该工程的机械台数

(2)根据规定的工期计算每天应安排的人力、物力。

5. 编制进度计划

(1)编排进度时应注意的问题

①应首先安排主导工程,其余的分部分项工程都配合主导分项工程进行安排;

②尽可能将各分部分项工程的施工最大限度地搭接起来,以缩短工期;

③力求同工种的专业工人连续作业。

(2)常用编制施工进度计划的方法

①首先根据前面已确定的各分部分项工程的施工顺序和工作时间,直接在横道图画出进度线;然后对初步的进度计划进行检查,包括工期是否满足要求,劳动力是否平衡,机械是否充分利用等。如未达到预期要求,则对计划进行调整,调整后再检查,反复进行,直至所编的进度计划满足要求时为止。

②为了简化编制工作,先把一幢房屋划分成几个分部工程或扩大的分部工程;然后在分部工程中找出起主导作用的分项工程,以此为根据来确定该分部的施工分段,按照施工条件计算主导分项工程的工作日数,其他分项工程采用同样的分段,并按照实际情况分别计算其工作日数;接着在每个分部工程中组织流水作业,并计算各分部的工作总时间;最后分析这些分部工程之间有无可能搭接施工,如不能搭接,把这些分部的工作天数相加就是这幢房屋的施工工期,如可搭接,则减去搭接时间后即为该工程的工期。

③按照合理的施工顺序绘制网络图,通过分析研究和数学计算找出关键工作,并根据不同要求对网络图进行优化。

横道图和网络图在编制进度计划时可任意选择。同学们可以对它们进行比较,体会各自的用途和两者之间的关系。

3.6 资源需求量计划

为保证施工的顺利进行,应按进度计划编制材料、构件供应计划,调配劳动力和机械,并且还要用资源需要量来确定施工现场临时设施的设置。资源需要量计划编制的主要内容有:

(1)劳动力需要量计划;

(2)主要材料需要量计划;

(3)施工机械需要量计划。

3.6.1 劳动力资源需要量计划

劳动力需要量计划的编制方法是将单位工程的施工进度计划表内所列各施工过程中各单位时间(天、月、季)内所需要的人员数量按工种进行叠加并汇总。

劳动力需要量计划表见表3.1所列。

表3.1 劳动力需要量计划表

序号	工 种 名 称	总劳动量	每月需要量(工日)					
			1	2	3	4	…	30

3.6.2　材料及构配件需要量计划

材料及构配件需要量计划的编制方法主要是将施工进度计划表中各施工过程的工程量，按照材料的名称、规格及使用时间并考虑到各种材料的消耗分别汇总而成。主要材料、构配件需要量计划表见表 3.2 所列。

表 3.2　主要材料、构配件需要量计划表

项次	材料及构配件名称	单位	数量	规格	月份				
					1	2	3	4	...

3.6.3　施工机械需要量计划

根据施工方案和施工进度计划确定施工机械的类型、规格、数量、进退场时间，一般是把单位工程施工进度表中每一个施工过程，每天所需的机械类型、数量和施工日期进行汇总，得出机械需要量计划，以供设备部门调配和现场道路布置使用。施工机械需要量计划见表 3.3 所列。

表 3.3　施工机械需要量计划表

序号	机械名称	机械类型（规格）	需要量		来源	使用起讫时间	备注
			单位	数量			

3.7　施工平面布置图

施工平面图是在拟建工程的建筑平面上（包括周围环境），布置为施工服务的各种临时建筑、临时设施以及材料、施工机械等的现场布置图。

施工平面图是单位工程施工组织设计的组成部分，是施工方案在施工现场的空间体现，它反映了已建工程和拟建工程之间，临时建筑、临时设施之间的空间关系。

3.7.1　施工平面图设计依据

1. 施工总平面图；
2. 单位工程平面图和剖面图；
3. 主要分部分项工程的施工方案；
4. 单位工程施工进度计划、资源需要计划。

3.7.2　施工平面图设计的原则

1. 节约施工用地；
2. 减少二次搬运；
3. 在保证工程顺利进行的前提下，使临时设施工程量最小；
4. 尽量布置循环道路；
5. 符合劳动防护，安全，防火的要求。

3.7.3　施工平面图的内容

1. 地上、地下建筑物，构筑物和管线；
2. 测量放线标桩、地形等高线、取土和弃土场地；
3. 各类垂直运输机械停放和开行路线位置；
4. 各种堆场布置，包括材料、构配件、半成品和机具等堆场的位置；
5. 生产和生活用临时设施，施工用水用电管线；
6. 安全、防火设施。

3.7.4　施工平面图的设计步骤

1. 确定垂直运输机械的位置

当使用固定式起重机械时，材料、构件尽量靠近机械位置堆放，以减少二次搬运。如使用塔吊时，材料与构件堆场以及搅拌站的出料口应尽量布置在塔机有效起吊范围内。

2. 确定搅拌站和材料、构件堆场

材料应尽量靠近使用地点堆放，并考虑运输与装卸方便。

布置搅拌站时一般应满足三个要求：一是使混凝土运到各工作地点的总运输量最小；二是有足够的材料堆场面积和车辆回车的场地；三是要与工地上的主要干道连接。

3. 布置临时运输道路

(1)主干道尽可能做成循环线路，直线道路的尽端应有回车调头场地；

(2)施工现场道路的最小宽度、最小转弯半径、最大纵向坡度等应满足表 3.4 的相关要求。

4. 临时设施布置

施工用临时设施包括临时房屋、堆场，临时供水、供电等。临时设施需用量根据工程特点与需要以及各种计算参考指标进行计算。

5. 水电管网布置

施工用电线路布置在满足使用要求下，力求使总线路最短。线路应架设在道路一侧，除不能妨碍交通和起重机安全作业外，与建筑物水平距离应大于 1.5m，垂直距离大于 2m，与树木距离大于 1m。

如果供电线路不能布置在起重机械的安全作业区外,在起重机回转半径内的部分线路必须搭设竹竿或杉树干防护栏,其高度要超过 2m,起重机操作时,还应采取相应措施,以确保安全施工。

表3.4　简易公路技术要求

指 标 名 称	单 位	技 术 标 准
设计车速	km/h	≤20
路基宽度	m	双车道 6～6.5;单车道 4～4.5;困难地段 3.5
路面宽度	m	双车道 5～5.5;单车道 3～3.5;
平面曲线最小半径	m	平原、丘陵地区 20;山区 15;回头弯道 12
最大纵坡	%	平原地区 6;丘陵地区 8;山区 11
纵坡最短长度	m	平原地区 100;山区 50
桥面宽度	m	木桥 4～4.5
桥涵载重等级	t	木桥涵 7.8～10.4(汽—6～汽—8)

施工用变压器应布置在现场边缘高压线接入处,四周用铁丝围住,配电室应靠近变压器。

(1)施工用电布置

建筑工地临时用电,包括施工用电与照明用电两个方面。

①施工用电

$$P_c = (1.05 \sim 1.10)(k_1 \sum P_1 + k_2 \sum P_2)$$

式中:P_c 为施工用电量(kW);

k_1 为设备同时使用时的系数,当用电设备(电动机)在 10 台以下时,$k_1 = 0.75$;10～30 台时,$k_1 = 0.7$;30 台以上时,$k_1 = 0.6$;

P_1 为各种机械设备的用电量(kW),以整个阶段的最大负荷为准;

k_2 为电焊机同时使用系数。当电焊机数量 10 台以下时,$k_2 = 0.6$;10 台以上时,$k_2 = 0.5$;

P_2 为电焊机的用电量(kW)。

② 照明用电

照明用电指施工现场和生活福利区的室内外照明和空调用电。

照明用电按下式计算:

$$P_0 = 1.10(k_2 \sum P_3 + k_3 \sum P_4)$$

式中:P_0 为照明用电量(kW);

k_2 为室内照明设备同时使用时的系数,一般用 0.8;

P_3 为室内照明用电量(kW);

k_3 为室外照明同时使用系数,一般用 1.0;

P_4 为室外照明用电量(kW)。

表 3.5 施工机械用电定额参考资料

机械名称	型号	功率/kW	机械名称	型号	功率/kW
蛙式夯土机	HW—20	1.5	卷扬机	JJ2K—3	28
	HW—60	2.8		JJ2K—5	40
振动夯土机	HZ—380A	4		JJM—0.5	3
振动沉桩机	北京 580 型	45		JJM—3	7.5
	北京 601 型	45		JJM—5	11
	广东 10t	28		JJM—10	22
	CH20	55	自落式混凝土搅拌机	J_1—250(移动式)	5.5
	DZ—4000 型(拔桩)	90		J_2—250(移动式)	5.5
	CZ—8000 型(沉桩)	90		J_1—400(移动式)	7.5
LZ 型长螺旋钻		30		J—400A(移动式)	7.5
BZ—1 短螺旋钻		40		J_1—800(固定式)	17
ZK2250		22	强制式混凝土搅拌机	J_4—375(移动式)	10
螺旋式钻扩孔机	ZK120—1	13		J_4—1500(固定式)	55
冲击式钻机	YKC—20C	20	混凝土搅拌站(楼)	HZ—15	38.5
	YKC—22M	20	混凝土输送泵	HB—15	32.2
	YKC—30M	40	混凝土喷射机(回转式)	HPH_6	7.5
塔式起重机	红旗 Ⅱ—16(整体拖运)	19.5	混凝土喷射机(罐式)	HPG_4	3
	QT40(TQ2—6)	48	插入式振动器	HZ_6X—30(行星式)	1.1
	TQ60/80	55.5		HZ_6X—35(行星式)	1.1
	TQ90(自升式)	58		HZ_6X—50(行星式)	1.1～1.5
	QT1000(自升式)	63.37		HZ_6X—60(行星式)	1.1
	法国 POTAIN 厂产 H5—56B5P(225t·m)	150		HZ_6P—70A(偏心块式)	2.2
	法国 POTAIN 厂产 H5—56B(225t·m)	137	平板式振动器	PZ—50	0.5
	法国 POTAIN 厂产 TO—PKIT FO/25(132t·m)	60		N—7	0.4
	法国 B.P.R 厂产 GTA 91—83(450t·m)	160	附着式振动器	HZ_2—4	0.5
	德国 PEINE 厂产 SK280—055(307,314t·m)	150		HZ_2—5	1.1
				HZ_2—7	1.5
	德国 PEINE 厂产 SK560—05(675t·m)	170		HZ_2—10	1.0
				HZ_2—20	2.2
	德国 PEINER Grane 厂产 TN112(155t·m)	90	混凝土振动台	HZ_9—1×2	7.5
				HZ_9—1.5×6	30
				HZ_9—2.4×6.2	55

(续表)

机械名称	型　号	功率/kW	机械名称	型　号	功率/kW
卷扬机	JJK0.5	3	真空吸水机	HZJ－40	4
	JJK－0.5B	2.8		HZJ－60	4
	JJK－1A	7		改型泵Ⅰ号	5.5
	JJK－5	40		改型泵Ⅱ号	5.5
	JJZ－1	7.5	预应力拉伸机油泵	ZB$_4$/500 型	3
	JJ2K－1	7		58M$_4$型卧式双缸	1.7
预应力拉伸机油泵	LYB－44 型立式	2.2	墙围水磨石机	YM200－1	0.55
	ZB10/500	10	地面磨光机	DM－60	0.4
钢筋调直机	GJ$_4$－14/4(TQ$_4$－14)	2×4.5	套丝切管机	TQ－3	1
	GJ$_6$－8/4(TQ$_4$－8)	5.5	电动液压弯管机	WYQ	1.1
	北京人民机器厂	5.5	电动弹涂机	DT120A	8
	数控钢筋调直切断机	2×2.2	液压升降台	YSF25－50	3
钢筋切断机	GJ$_5$－40(QJ40)	7	泥浆泵	红星－30	30
	GJ$_5$－40－1(QJ40－1)	5.5	泥浆泵	红星－75	60
	GJ$_{5Y}$－32(Q32－1)	3	液压控制台	YKT－36	7.5
钢筋弯曲机	GJ$_7$－45(WJ40－1)	2.8	自动控制自动调平液压控制台	YZKT－56	11
	北京人民机器厂	2.21			
	四头弯筋机	3	静电触探车	ZTYY－2	10
交流电焊机	BX$_3$－120－1	9①	混凝土沥青地割机	BC－D1	5.5
	BX$_3$－300－2	23.4①	小型砌块成型机	C－1	6.7
交流电焊机	BX$_3$－500－2	38.6①	载货电梯	JH$_5$	7.5
	BX$_2$－1000(BC－1000)	76①	建筑施工外用电梯	上海 76－Ⅱ(单)	11
直流电焊机	AX$_1$－165(AB－165)	6	木工电刨	MIB^2－80/1	0.7
	AX$_4$－300－1(AG－300)	10	木压刨板机	MB1043	3
	AX－320(AT－320)	14	木工圆锯	MJ104	3
	AX$_5$－500	26	木工圆锯	MJ106	5.5
	AX$_3$－500(AG－500)	26	木工圆锯	MJ114	3
纸筋麻刀搅拌机	ZMB－10	3	脚踏截锯机	MJ217	7
灰浆泵	UB$_3$	4	单面木工压刨床	MB103	3
挤压式灰浆泵	UBJ^2	2.2	单面木工压刨床	MB103A	4
灰气联合泵	UB－76－1	5.5	单面木工压刨床	MB106	7.5
粉碎淋灰机	FL－16	4	单面木工压刨床	MB104A	4
单盘水磨石机	HM$_4$	2.2	双面木工刨床	MB206A	3
双盘水磨石机	HM$_4$－1	3	木工平刨床	MB503A	3
侧式磨光机	CM$_2$－1	1	木工平刨床	MB504A	3
立面水磨石机	MQ－1	1.65	普通木工车床	MCD616B	3
			单头直榫开榫机	MX2112	9.8
			灰浆搅拌机	UJ325	3
			灰浆搅拌机	UJ100	2.2

① 为各持续工作的额定持续功率(kVA)。

最大电力负荷量,按施工用电量和照明用电量之和计算。当采用单班工作时,可以不考虑照明用电。

③ 变压器功率的计算

建筑工地临时用电电源一般是将附近的高压电通过设在工地的变压器引入工地,这是最经济的方案。受供电半径限制,在大型工地上需设若干个变电站。当一处发生故障,不至于影响其他地方施工。当采用 380/220V 的低压线路时,变电站供电半径为 $300 \sim 700m$。

变压器功率可以按下式计算

$$P = \frac{K \sum P_{max}}{\cos\phi}$$

式中:P 为变压器的功率(kVA);

K 为功率损失系数,可取 1.05;

$\sum P_{max}$ 为变压器服务范围内的最大计算负荷(kW);

$\cos\phi$ 为功率因数,一般采用 0.75。

通常要求变压器的额定容量 $P_{额} \geq P$,具体可参考表 3.6 选用。

表 3.6　常用变压器性能表

序号	型号	额定容量(kVA)	额定电压		总重量(kg)
			高压(kV)	低压(V)	
1	SL₁－20/10	20	10,6.3,6	400	225
2	SL₁－50/10	50	10,6.3,6	400	390
3	SL₁－100/10	100	10,6.3,6	400	500
4	SL₁－200/10	200	10,6.3,6	400	965
5	SL₁－500/10	500	10,6.3,6	400	1 880
6	SL₁－1000/10	1000	10,6.3,6	400	3 440
7	SL₁－100/35	100	35	400	955
8	SL₁－500/35	100	35	400	2 550
9	SL₁－1000/35	1000	35,38.5	10 500,6 300,600	4 140
10	SJL₁－20/10	20	10,6.3,6	400	200
11	SJL₁－50/10	50	10,6.3,6	400	340
12	SJL₁－100/10	100	10,6.3,6	400	570
13	SJL₁－200/10	200	10,6.3,6	400	940
14	SJL₁－500/10	500	10,6.3,6	400	1 820
15	SJL₁－1000/10	1000	10,6.3,6	400	3 440
16	SJL－20/10	20	10	400	290

（续表）

序号	型号	额定容量(kVA)	额定电压		总重量(kg)
			高压(kV)	低压(V)	
17	SJL－50/10	50	10	400	460
18	SJL－100/10	100	10	400	690
19	SJL－500/10	500	10	400	1 180
20	SJL－30/6	30	6	400	315

④ 导线截面选择

导线截面的选择应该满足下列要求：

◆ 先根据电流强度进行选择。保证导线能持续通过的最大的负荷电流而其温度不超过规定值；

◆ 再根据容许电压损失选择；

◆ 最后对导线的机械强度进行校核。

a. 电流强度计算

三相四线制线路上的电流可按下式计算

$$I = \frac{P}{\sqrt{3}V\cos\phi}$$

二线制线路可按下式计算

$$I = \frac{P}{V\cos\phi}$$

式中：I 为电流值（A）；

　　P 为功率（W）；

　　V 为电压（V）；

　　$\cos\phi$ 为功率因数，临时网路可采用 0.7～0.75。

根据计算的电流值，然后根据厂商提供的导线持续允许电流值，选择导线的截面面积。

b. 按容许电压损失选择

导线上引起的电压降必须限制在一定限值（即容许电压损失）内。容许电压损失见表 3.7 所列。

表 3.7　供电线路容许电压降低的百分数

序号	线路	容许电压降(ε)
1	输电线路	5%～10%
2	动力线路(不包括工厂内部线路)	5%～6%
3	照明线路(不包括工厂和住宅内部线路)	3%～5%
4	动力照明合用线路(不包括工厂和住宅内部线路)	4%～6%
5	户内动力线路	4%～6%
6	户内照明线路	1%～3%

按容许电压损失,导线截面按下式计算:

$$S = \frac{\sum PL}{C\varepsilon}$$

式中:S 为导线截面面积(mm^2);

P 为负载的电功率或线路输送和电功率(kW);

L 为送电线路的距离(m);

ε 为容许的电压降;

C 为导电系数,与导线材料、电压、配电方式有关。在三相四线制时,铜线为 77,铝线为 46.3;在二相三线制时,铜线为 34,铝线为 20.5。

c. 按机械强度选择

最后根据机械强度进行校核。各种不同敷设方式下,导线按机械强度要求所需要的最小截面见表 3.8 所列。

表 3.8 导线机械强度所允许的最小截面

导线用途		导线最小截面(mm^2)	
		铜线	铝线
照明装置用导线	户内用	0.5	2.5
	户外用	1.0	2.5
双芯软电线	用于吊灯	0.35	
	用于移动式生活用电装置	0.5	
多芯软电线以及软电缆	用于移动式生产用电设备	1.0	
绝缘导线(固定架设在户内绝缘支持件上)	间距为 2m 以及以下	1.0	2.5
	间距为 6m 以及以下	2.5	4
	间距为 25m 以及以下	4	10
绝缘导线	穿在管内	1.0	2.5
	在槽板内	1.0	2.5
	户外沿墙敷设	2.5	4
	户外其他方式敷设	4	10

(2) 施工用水布置

施工用水布置应设法使管道总长最短。供水管网宜从环形干线上引出枝形供水支线。施工现场用水主要分为三大部分,即施工用水、施工人员生活用水和消防用水。

建筑工地供水组织一般包括计算用水量,选择供水水源,选择临时供水系统的配置方案,设计临时供水管网,设计供水构筑物和机械设备。本书主要讲述供水量的计算。

① 施工用水

施工用水包括一般生产用水和施工机械用水。

一般生产用水指施工生产过程中的用水,如搅拌混凝土、混凝土养护、砌砖、楼地面等工程的用水。可由下式计算:

$$q_1 = \frac{k_1 \sum Q_1 N_1 k_2}{T_1 b \times 8 \times 3600}$$

式中:q_1 为生产用水量(升／秒);

　　　Q_1 为最大年度工程量;

　　　N_1 为施工用水定额;

　　　k_1 为未预见的施工用水系数(1.05～1.1);

　　　T_1 为年度有效工作日;

　　　k_2 为用水不均衡系数(施工工程用水取 1.5,生产企业用水取 1.25);

　　　b 为每日工作班数。

施工机械用水包括挖土机、起重机、打桩机、压路机、汽车、各种焊机等在施工生产的用水。可由下式计算

$$q_2 = \frac{k_1 \sum Q_2 N_2 k_3}{8 \times 3600}$$

式中:q_2 为施工机械用水量(升／秒);

　　　Q_2 为同一种机械台数;

　　　N_2 为该种机械台班用水定额;

　　　k_3 为施工机械用水不均匀系数(施工机械、运输机械取 2.00,动力设备取 1.05～1.1)。

② 施工人员生活用水

施工人员生活用水包括施工现场生活用水和生活区生活用水。

施工现场生活用水,水量按下式计算:

$$q_3 = \frac{P_1 N_3 k_4}{8 \times 3600 b}$$

式中:q_3 为施工现场生活用水量(升／秒);

　　　P_1 为施工现场高峰人数;

　　　N_3 为施工现场生活用水定额(与当地气候、工种有关,工地全部生活用水取 100～120L/人日);

　　　k_4 为施工现场生活用水不均匀系数(取 1.3～1.5);

　　　b 为每日用水班数。

生活区生活用水按照下式计算:

$$q_4 = \frac{P_2 N_4 k_5}{24 \times 3600}$$

式中：q_4 为生活区生活用水量（升／秒）；

　　P_2 为生活区居民人数；

　　N_4 为生活区每人每日生活用水定额；

　　K_5 为生活区每日用水不均匀系数（取 $2.0 \sim 2.5$）。

③ 消防用水

消防用水量 q_5 与建筑工地的大小以及居住人数有关。消防用水量 q_5 由居民区消防用水和施工现场消防用水确定。

④ 总用水量

总用水量 Q 由下列三种情况分别确定：

◆ 当$(q_1 + q_2 + q_3 + q_4) \leqslant q_5$ 时

$$Q = q_5 + \frac{1}{2}(q_1 + q_2 + q_3 + q_4)$$

◆ 当$(q_1 + q_2 + q_3 + q_4) > q_5$ 时

$$Q = q_1 + q_2 + q_3 + q_4$$

◆ 当工地面积小于 5 公顷，且$(q_1 + q_2 + q_3 + q_4) < q_5$ 时

$$Q = q_5$$

最后计算出的总用水量，还应该增加 10%，以补偿损失。

⑤ 供水管径计算

计算公式为：$D = \sqrt{\dfrac{4Q \cdot 1000}{\pi V}}$

式中：D 为配水管直径（mm）；Q 为用水量（L/s）；v 为管网中水流速度（m/s）

计算了供水量之后，就可以进行水源的选择和供水系统的配置。一般利用永久性管网是最经济的选择，当无条件利用永久性管网时，可设计临时供水管网。临时供水管网有环状、枝状和混合管网三种可供选择。其中，环状布置能保障连续供水，枝状布置管道总长度最小。混合布置的总管采用环状，而支管采用枝状布置。

表 3.9　临时水管经济流速

序号	管道名称	流速（m/s）	
		正常时间	消防时间
1	支管 $D < 100\text{mm}$	2	
2	生产消防管道 $D = 100 \sim 200\text{mm}$	1.3	> 3.0
3	生产消防管道 $D > 300\text{mm}$	$1.5 \sim 1.7$	2.5
4	生产用水管道 $D > 300\text{mm}$	$1.5 \sim 2.5$	3.0

3.7.5 常用施工平面图图例

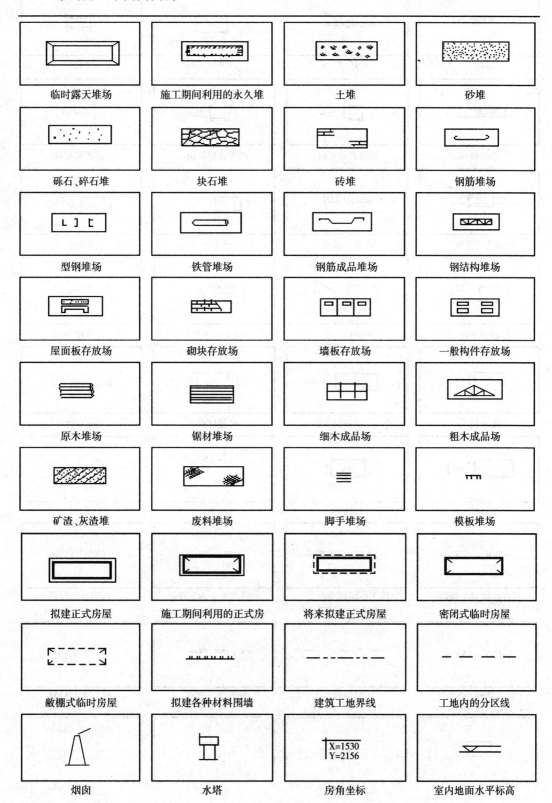

临时露天堆场	施工期间利用的永久堆	土堆	砂堆
砾石、碎石堆	块石堆	砖堆	钢筋堆场
型钢堆场	铁管堆场	钢筋成品堆场	钢结构堆场
屋面板存放场	砌块存放场	墙板存放场	一般构件存放场
原木堆场	锯材堆场	细木成品场	粗木成品场
矿渣、灰渣堆	废料堆场	脚手堆场	模板堆场
拟建正式房屋	施工期间利用的正式房	将来拟建正式房屋	密闭式临时房屋
敞棚式临时房屋	拟建各种材料围墙	建筑工地界线	工地内的分区线
烟囱	水塔	房角坐标	室内地面水平标高

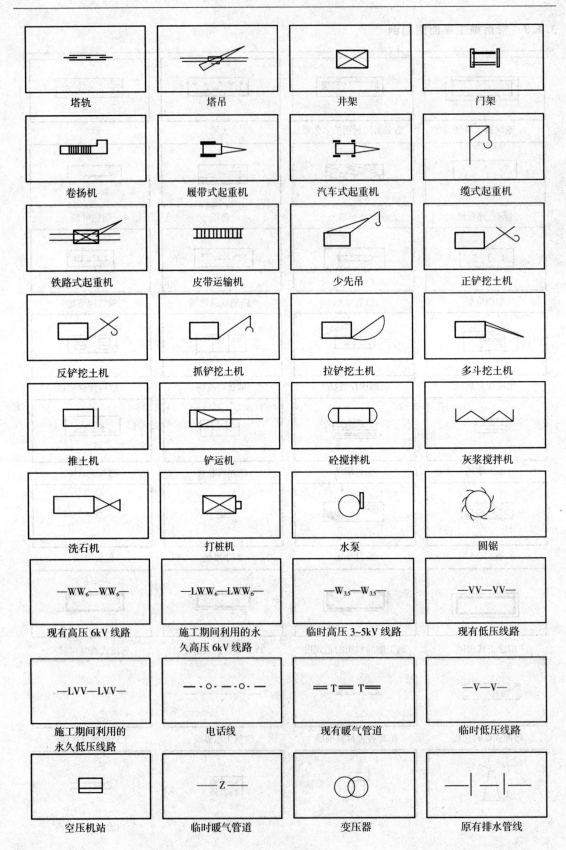

塔轨	塔吊	井架	门架
卷扬机	履带式起重机	汽车式起重机	缆式起重机
铁路式起重机	皮带运输机	少先吊	正铲挖土机
反铲挖土机	抓铲挖土机	拉铲挖土机	多斗挖土机
推土机	铲运机	砼搅拌机	灰浆搅拌机
洗石机	打桩机	水泵	圆锯
现有高压 6kV 线路	施工期间利用的永久高压 6kV 线路	临时高压 3~5kV 线路	现有低压线路
施工期间利用的永久低压线路	电话线	现有暖气管道	临时低压线路
空压机站	临时暖气管道	变压器	原有排水管线

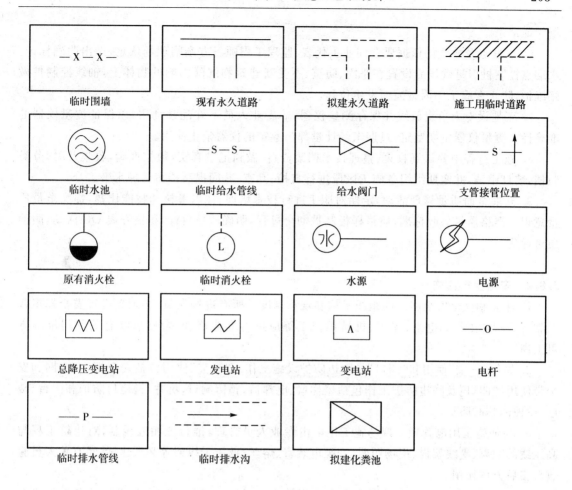

3.8　质量、安全保证措施以及主要经济技术指标

3.8.1　质量保证措施

1. 建立质量管理体系,以项目经理为核心,组成横向从土建到安装到各项分包项目,纵向从项目经理到生产班组的质量管理网络。

2. 对于采用新材料、新技术、新工艺、新结构或施工难度较大的分部分项工程,须制定有针对性的技术措施来保证工程质量。

3. 严格实施从施工准备到主体、装修、安装直至竣工等施工全过程的质量控制,每一个分项工程中,工长、质检员均做到操作规程交底到位,施工过程当中检查到位,上下工序交接验收到位,节假日施工值班到位。

4. 坚持"质量第一,预防为主"的指导思想,针对各个具体分部分项工程的施工特点,编写专项施工方案,经公司审批后实施。施工前做好技术交底工作,施工中及时进行检查、验收、技术复核和隐蔽记录。

5. 加强原材料的进场验收工作,及时收集好产品合格证和出厂证明书,按有关规定进行随机抽样检验、化验。凡是不合格的材料,一律清仓退货,不得使用,并要做好不合格材料的退场签证记录。

6. 水准点及放线的依据要会同业主代表、监理工程师三方亲临现场认定,做出明确标记。水准点控制桩引进现场后设置在坚固、防震、不受新建筑物沉降影响的物体上,轴线控制桩做好维护,防止在施工中因碰撞而发生位移。

7. 工地设专人负责放线并保存测量仪器,非专业人员不许乱拿乱用,以保证测量仪器的准确性。测量仪器定期鉴定,过期未经计量部门鉴定的仪器禁止使用。

8. 施工过程中要认真收集、整理技术档案资料,做到记录真实,数据准确,收集及时,分类归档,装订整洁,并定期组织各施工区段进行自检、互查,共同提高档案管理水平。

9. 开展全面质量管理活动,定期对职工进行技术培训、技术考核和技能比赛,提高全员质量意识。严格质量验收标准,质量样板制贯彻全过程,明确质量目标,积极开展 QC 活动,防治质量通病。

3.8.2 安全生产措施

1. 建立和健全安全施工的组织机构和规章制度。所有进场人员,必须先进行安全知识普及教育。特殊工种如电工、焊工、机械操作工等应进行专业培训,合格后经有关部门批准方可上岗。

2. 做好"三宝"使用和"四口"及临边防护设施工作。"三宝"使用包括安全帽、安全网和安全带使用,"四口"及临边防护工作包括楼梯口、电梯口、预留洞口、坑井、通道口防护和阳台、楼层、屋面的临时防护。

3. 加强施工用电管理。现场施工用电由专业人员管理,推行三相五线制,对建筑工程与高压线的距离、支线架设、现场照明、变配电装置、熔丝、低压干线架等必须达标,经有关人员验收合格后方可使用。

4. 加强施工机械的安全检查和安全使用工作。对于井字架、龙门架、塔吊及各类吊机等大型机械应验收合格挂牌后方可使用,塔吊的三保险、五限位齐全、灵活可靠,中小型机械性能稳定,机械操作人员应持有效上岗证。

5. 地下室等潮湿环境,通道口及主要出入口的黑暗处,应设置低压照明灯具。机械设备使用做到定人、定机、定岗位,明确责任。配电箱应有门锁及防雨措施。

3.8.3 文明施工措施

1. 严格按施工现场的总平面规划,布置各种临时设施、机械设备和材料堆场。施工前,应修好现场内的临时道路,并砌筑砖砌排水沟。生活污水、施工废水应先引入沉淀池,经处理后,才能排到市政污水井内。

2. 工地进出路口应设置冲洗车辆的临时场地和高压水枪,防止施工运输车辆带泥上路,影响市政道路的清洁和环境卫生。

3. 施工期间各工种、各专业班组,应各自做到工完料尽,及时清理,保证场内道路畅通,无积余污水。交接班时做到无钉头、无扎丝、无钢筋头、无残渣、无残浆等杂物。各专业间应相互爱护成品、半成品,避免交叉污染。

4. 组织场容清洁队,专门负责生产区、生活区的清洁卫生工作。生活、生产的垃圾应及时运出场外,保持良好的现场环境。生活区的工人宿舍、伙房等场所还要经常打扫,定期消毒,栽花种草,美化生活环境。

3.8.4　主要经济性指标

1. 投资额
2. 单方造价

　　单方造价＝投资额/建筑面积

3. 劳动力不均衡系数

　　劳动力不均衡系数＝高峰时劳动力人数/平均人数

4. 工期

工期是从施工准备工作开始到产品交付用户所经历的时间。

5. 每平方米用钢量

　　每平方米用钢量＝总用钢量/建筑面积

3.9　某框架结构施工组织设计实例

3.9.1　建设概况

1. 工程概况

本工程为某大厦主楼工程。工程由办公楼、综合训练馆组成,框架结构。

2. 建筑设计

该工程总建筑面积9864平方米。主楼5层框架结构,局部6层,地下一层。主楼顶标高为22.60米。

3. 结构设计

工程为二类建筑场地,工程抗震设防烈度为7度,抗震等级为框架三级,屋面防水等级为二级。基础采用锤击沉管夯扩灌注桩基础,本工程基础垫层为C10,桩身、承台为C25,承台顶至4.17m标高的框架柱为C30,框架梁及楼板及其他部分均为C25,地下室侧壁为C30,抗渗标号S6。

墙体:内外填充墙采用MU5.0机制粘土空心砖,M5混合砂浆砌筑。

外墙做法:水泥砂浆糙底。

楼地面做法:只做到找平层,面层不做。

内墙及顶棚做法:麻刀灰内墙面粉糙,涂料不计。

屋面做法:不上人屋面由下而上为20mm厚1∶3水泥砂浆找平层,冷底子油隔气层一遍,1∶10水泥蛭石保温层屋面最薄处为60mm厚,20mm厚1∶3水泥砂浆找平层,PVC卷材防水层,推铺粘结3~6mm粒径小石子保护层。

4. 施工条件

该工程“三通一平”已完成,现场道路畅通,交通运输方便。基础施工在冬、春季,主体结构施工将在春、夏季,装饰工程将在秋、冬季施工。

3.9.2　主要分部分项工程施工技术方案

1. 测量工程方案

本工程结构分布规整,主楼为 6 层,平面测量控制采用通常的"外控法"进行。

（1）各区平面控制主轴线放测

按照建筑物的轴线方向分别在拟建工程的主楼及综合训练馆放测两条相互垂直的主控制轴线。

（2）土方开挖线及基础结构施工放测

土方开挖前,根据主控轴线将各轴线上墙柱中心轴线测出,用木桩将各中心点标于地上,根据测出的中心轴线及基础宽度,用石灰粉撒出基坑基槽开挖线。为便于土方开挖后放测基础结构线,顺沿轴线方向在基坑基槽开挖线以外 2～4 米处设置龙门桩,基础承台完成后,经对龙门桩再次复核后,即可直接将龙门桩上点反测于基础承台上用墨线弹出。同时将标高线测设于引桩上,则基槽开挖时按引桩上标高线可直接控制挖掘深度。

（3）地上结构施工放测

第一步:用经纬仪按"外控法"将主控制轴线投到施工层;

第二步:根据主控制轴线和设计图规定的尺寸,确定各轴线及其各柱上位置;

第三步:以轴线为据,按柱、墙、梁板截面尺寸定模板边线弹出墨线。

（4）高程和垂直度控制

将水准点引测到主楼及综合训练馆的四角柱上,利用钢尺直接沿墙角自±0.000 起向上丈量,把各层标高传递上去。主要通过控制角柱支模垂直度来控制整体垂直度。柱模板垂直度控制采用经纬仪复测,并逐层复核向上传递。

（5）沉降观测

如设计要求做沉降观测,根据设计规定位置设置沉降观察标志,并作防锈防扰保护,沉降观测采用 S1 精密水准仪水准测量的方法测定。沉降观测频率按施工规范及设计要求进行,在底层结构完成后开始。在结构施工阶段,每施工一层测一次。装饰阶段及竣工以前,每一个月测一次,直至竣工。

2. 基础工程

基础为锤击夯扩灌注桩基础及钢筋混凝土地下室结构。

（1）施工顺序

根据本工程特点施工流程为:定位放线──→锤击灌注桩施工──→挖土方──→基础承台──→地梁──→地下室墙板柱──→地下室顶板──→回填土。

（2）施工方法

①锤击灌注桩施工

该工程采用桩基,混凝土采用导管水下浇筑。

施工顺序:平整场地──→放线定位──→钻机安装就位──→沉套管──→开始浇筑混凝土──→钢筋笼分段绑扎成型──→验筋──→下钢筋笼──→继续浇筑混凝土──→拔管成型。

②基础模板施工

承台及地梁的模板均采用在垫层上砌 120 砖模,在独立基础钢筋绑扎过程中,即着手基础梁侧模施工。本工程地下室墙板模板采用九层胶合板,基础柱侧模用钢管支撑的支模方式。

3. 地上结构工程施工方案

(1) 钢筋工程

① 钢筋加工

本工程在结构施工时,现场配备钢筋切断机一台,弯曲机一台,对焊机一台,冷拉卷扬机一台。从二层结构开始,钢筋加工半成品将由龙门架运至施工层面上。

② 钢筋连接

本工程地上结构部分所使用的钢筋为直径 Φ20 以上的钢筋,水平筋采用闪光焊,竖向钢筋采用电渣压力焊。结构竖向钢筋的连接,接头位置按 50％错开。

(2) 模板工程施工方案

① 模板选用

半地下室底板采用多层胶合板;柱模板采用定型钢模板拼成;平台板梁底模采用多层胶合板;楼板、楼梯等选用多层胶合板。

模板进行专项设计,并编号使用,弧形、圆形模板事先放大样,从而达到专模专用,使混凝土表面光滑、尺寸精确。

② 模板支撑系统选用

本工程施工面积较大,为加快模板支撑利用的周转速度,在本工程的楼盖模板的支撑系统中,采用碗扣脚手架快拆支撑体系。其支撑杆顶部安装有可调式早拆支撑头和养护支撑头两种,当楼板的混凝土达到一定强度后,拆除早拆支撑头、木方搁栅及部分支撑,由养护支撑头支撑楼板重量;等混凝土达到拆模强度后,再拆除养护支撑头及其余支撑杆。另外,对楼梯底模、基础侧模、零星细小梁板结构模板等支撑,采用脚手架钢管搭设。

③ 柱梁模板施工

当柱钢筋绑扎完毕,隐蔽验收通过后,即进行竖向模板施工。首先在墙柱底部进行标高测量和找平,然后进行模板定位卡的设置和保护层垫块的设置。设置预留洞,安装竖管,经查验后支柱模板。

柱模板就位后,采用轻型槽钢柱箍进行加固,且当截面大于 500 时,采取穿对拉螺栓的方式进一步加固。

梁、平台板的模板施工时先测定标高,铺设梁底板,根据楼层上弹出的梁线进行平面位置校正和固定。较浅的梁(一般为 450 以内)可先支好侧模,再绑扎钢筋,而对于较深的梁,则先绑扎梁钢筋,再支侧模,然后再支平台模板和柱、梁、板交接处的节点模。

④ 楼梯模板施工

楼梯底板采取胶合板,踏步侧板及挡板采用 50 厚木板。踏步面采用木板封闭以使混凝土浇捣后踏步尺寸准确,棱角分明。由于浇混凝土时将产生顶部模板的升力,因此,在施工时须附加对拉螺栓,将踏步顶板与底板拉结,使其变形得到控制。

⑤ 模板拆除

对竖向结构,在其混凝土浇筑 48h 后,待其自身强度能保证构件不变形、不缺棱掉角时,方可拆除底模。梁、板等水平结构早拆模部位的拆模时间,应通过同一条件养护的混凝土试件强度实验结果结合结构尺寸和支撑间距进行验算来确定。当楼板的混凝土达到一定强度后,拆除早拆支撑强度后,再拆除及其余支撑杆。模板拆除后应随即进行修整及清理,然后集中堆放,以便周转使用。

侧模：在砼强度能保证其表面及棱角不会被损坏时,方可拆除。

底模：在砼强度符合表 3.10 的规定后方可拆除。

表 3.10　底模拆除时的砼强度要求

结构类型	结构跨度	按设计砼强度值的百分率(%)
板	≤2	50
	>2,≤8	75
	>8	100
梁、拱	≤8	75
	>2	100
悬臂构件	≤2	75
	>2	100

（3）混凝土工程施工方案

①材料及施工机械准备

本工程地上主楼结构混凝土量较大。根据此工程特点选 2 台 JZ350 混凝土搅拌机,这样能够满足砼浇筑要求,确保工程进度和施工质量。混凝土计划由两台龙门架共同负责砼的运输。

②混凝土浇捣

在竖向混凝土浇捣一个小时以后,柱混凝土基本沉降稳定后进行不同等级的楼板混凝土浇捣。砼振捣采取插入式振动器。

③混凝土养护

混凝土在浇注 12h 后即进行浇水养护。对柱混凝土,拆模后用麻袋进行外包浇水养护;对水平结构的混凝土,在上表面进行定时洒水养护。

（4）外脚手架

本工程结构外围护脚手架采用落地双排钢管脚手架,脚手架均采用 Φ48×3.5 焊接钢管、十字扣件和旋转扣件搭设。

（5）屋面工程

首先施工找平层,然后进行防水卷材的施工。

防水卷材施工流程为：清理基层──→涂布底胶──→复杂部位增强处理卷材表面涂胶──→基层表面涂胶──→粘结──→排气──→压实──→卷材接头粘结──→压实──→卷材末端由头及封边处理──→保护层施工。

（6）砌体工程

砌体工程施工流程为：基层处理、原材料检验──→放线抄平──→砖墙撂底──→砖墙砌筑──→墙体钢筋埋设──→预制构件安装──→自检、交互检──→墙体保护。

（7）季节性施工措施

①雨天施工措施

◆对施工现场及构件生产基地应根据地形对场地排水系统进行疏通以保证水流畅通，不积水。

◆道路：现场内主要运输道路两旁要做好排水沟，保证雨后通行不陷。

◆机电设备的电闸箱采取防雨、防潮等措施，并安装接地保护装置。

◆龙门架的接地装置进行全面检查，其接地装置、接地体的深度、距离、棒径、地线截面应符合规程要求，并进行遥测。

◆原材料及半成品的保护：对木门、窗、口、石膏板等以及怕雨淋的材料要采取防雨措施，可放入棚内或屋内，要垫高码并要通风良好。

◆大小设施要进行检修及停工围护。

◆攀高设施要注意增设防滑机构。

◆脚手架要注意与结构的连接，并防止脚手架因基础失陷而失稳。

②冬期施工措施

◆在负温条件下使用钢筋施工时应加强检验。冬期在负温条件下施焊，尽量安排在室内进行。如在室外焊接时，必须有防雪挡风措施。焊后的接头实行保温措施，严禁立即碰到冰雪或迅速降温。钢筋低温闪光对焊应采用预热闪光焊或闪光—预热—闪光焊工艺。

◆冬季施工浇灌混凝土施工稠度不宜过大。严格按实验室提供的混凝土配合比计量拌制混凝土，不准任意加水。混凝土搅拌时间应比常温延长 5 分钟。冬季施工拌制混凝土的砂、石、水的温度，均需保持正温。为此，应优先考虑采用加热水的方法。混凝土浇捣后，立即取覆盖草垫保温（如遇下雨、下雪需加盖塑料布，并有排水措施）和适当延长养护龄期。冬期浇筑的混凝土在受冻前的抗压强度不低于：硅酸盐水泥或普通硅酸盐水泥配制的混凝土为设计标号的 30%；矿渣硅酸盐水泥配制混凝土为设计标号的 40%，当施工需要提高混凝土强度等级时，应按提高后的强度等级确定。

◆模板和混凝土外表应覆盖保温层，不应采用潮湿状态的材料，也不应将保温材料直接铺盖在潮湿的混凝土表面，新浇混凝土表面应先铺一层塑料薄膜。

◆冬季施工混凝土质量除应符合国家现行标准《混凝土结构工程施工及验收规范》（GB50204）及其他国家有关标准规定外，尚应符合下列要求：第一，检查外加剂质量及掺量。商品外加剂进入施工现场后应进行抽样检验，合格后方准使用。第二，检查水、骨料、外加剂溶液和混凝土出罐及浇筑时温度。第三，检查混凝土从入模到拆除保温层或保温模板期间的温度。

◆模板和保温层在混凝土达到要求强度，并冷却到 50℃后方可拆除。拆模时混凝土温度与环境温度差大于 20℃时，拆模后的混凝土表面应及时覆盖，使其缓慢冷却。

3.9.3　施工总进度网络计划

施工总进度计划在工程量计算的基础上进行，由于篇幅所限，工程量计算略。

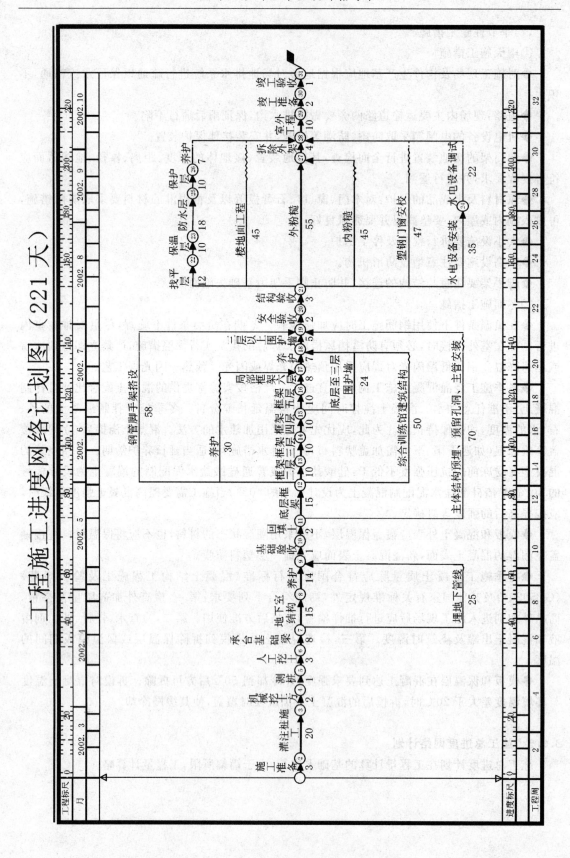

工程施工进度网络计划图（221天）

3.9.4 劳动力、机械材料供应计划

1. 劳动力计划表

表 3.11 劳动力计划表

序　号	工种名称	数　量	备　注
1	木　工	55	
2	钢筋工	35	
3	砼　工	45	
4	瓦　工	30	
5	普　工	50	
6	电焊工	2	
7	机操工	8	
8	机修工	3	
9	测量工	2	
10	电工	15	
11	试验工	1	
12	油漆工	40	
13	水工	15	
14	警卫	2	

2. 主要施工机械计划表

表 3.12 拟投入本工程的主要施工机械表

机械名称	规格型号	额定功率(kW) 容量(m³)吨位(t)	数量
砼搅拌机	J_4-350	10kW	2
卷扬机	JJK0.5	3kW	2
龙门架		10kW	2
振动棒	HZ_6P-70A	2.2kw	8
平板振动器	N-7	0.4kW	4
电焊机	$BX_3-500-2$	38.6kW	2
木工机具		25kW	3
水泵	改进泵Ⅰ号	5.5kW	2
钢筋加工机械		20kW	4
塔吊	QT40	48kW	1

3. 工程主要材料进场计划

表 3.13　工程主要材料进场计划表

材料名称	单　位	数　　量	采购方式
钢材	t	400 220	自购
水泥	t	1200 1100	自购
砖	千块	50 340	自购
木材	立方	80 100	自购
黄砂	t	2000 3000	自购
石子	t	2000 2700	自购

3.9.5　施工总平面布置

1. 临时水、电设施

(1)施工用电布置

本工程用电设备较多,用电计算公式中,系数 K_1 取 0.6, K_2 取 0.6, $\cos\varphi$ 取 0.75。

根据设备需用计划表,施工用电负荷为:电动机 $\sum P_1 = 279.2\text{kW}$,电焊机 $\sum P_2 = 77.2\text{kW}$,照明用电按 5% 的施工用电负荷计。则:

$$p_{动} = K_1 \times \sum P_1 + K_2 \times \sum P_2 = 0.6 \times 279.2 + 0.6 \times 77.2 = 213.84\text{kW}$$

总用电负荷为:$P = 1.05 \times p_{动} = 224.53\text{kW}$

整个施工现场的用电线路布置主要分为四大部分,分别为:大型设备的用电线路,如卷扬机、搅拌机等;加工车间的用电线路,如木工车间、钢筋加工车间等;楼层施工用电线路;照明线路。主线路先沿围墙内侧走,然后通过地下电缆将各用电部分拉通。

楼层施工用电部分可在周围四角布置供电主干线;结构施工时,随施工层布置配电箱;装饰阶段,每两个楼层设置 1 台 60kV·A 配电箱,以解决楼层装饰、安装阶段的施工用电。

(2)施工用水布置

施工现场用水主要分为两大部分,即施工用水、施工人员生活用水和消防用水。施工用水主要考虑砼浇注用水,包括浇注砼时模板浇水湿润和浇水养护用水等方面。

①现场施工用水

砼浇注用水计算公式:$q_1 = k_1 \times (L_1 \times N_1 \times K_2) / (8 \times 3600)$

取浇筑砼的全部用水定额 $N_1 = 1000(\text{L/m}^3)$,每班浇注砼用水量为 $L_1 = 250 \text{ m}^3$,另取 $K_1 = 1.15, K_2 = 1.5$,则:

$$q_1 = 1.15 \times (250 \times 1000 \times 1.5)/(8 \times 3600) = 14.97(\text{L/S})$$

②现场施工人员用水

施工现场生活用水,水量按下列计算:

$q_2 = p_1 \times N_2 \times K_3 / (b \times 8 \times 3600)$ (L/S)

现场高峰期人数为 $p_1 = 260$ 人,按定额,不均衡系数 $K_3 = 1.5$,每人用水量为 $N_2 = 50$(L/人),每天工作班数为 $b = 2$,则:

$q_2 = 260 \times 50 \times 1.5 / (2 \times 8 \times 3600) = 0.34$(L/S)

③现场消防用水:取 $q_4 = 10$(L/S)

④现场总用水量:

因 $q_1 + q_2 = 14.97 + 0.34 = 15.3 > q_4$,故

现场用水总量为:

$Q = (q_1 + q_2) \times 1.1 = 16.84$(L/S)

⑤供水管径计算:

计算公式为:$D = \sqrt{\dfrac{4Q \cdot \times 1000}{\pi V}}$

对施工用水管,管内流速 $V = 1.5$m/s,则取总水管管径 $D = 120$mm。

2. 施工总平面布置图

3.9.6 工程质量保证措施

在本工程中,将对以下的技术保证措施进行重点控制:

1. 施工前各种翻样图、翻样单;

2. 原材料的材质证明、合格证、复试报告;

3. 各种试验分析报告;

4. 基准线、控制轴线、高程标高的控制;

5. 沉降观测;

6. 混凝土、砂浆配合比的试配及强度报告。

施工材料的质量,尤其是用于结构施工的材料质量,将会直接影响到整个工程结构安全,故在各种材料进场时,一定要求供应商随货提供产品的合格证或质保书,同时对钢材、水泥等及时做复试和分析报告,只有当复试报告、分析报告等全部合格后方能允许用于施工。

对砼,由于大部分为现场自拌砼,在浇筑时做符合要求的试块,并在同等条件下养护,并及时试压以确保砼的施工质量。

对采购的原材料构(配)件半成品等,均要建立完善的验收及送检制度,杜绝不合格材料进入现场,更不允许不合格材料用于施工。

在材料供应和使用过程中,必须做到"四验"、"三把关"。即"验规格、验品种、验数量、验质量"、"材料验收人员把关、技术质量试验人员把关、操作人员把关",以保证用于本工程上的各种材料均是合格优质的材料。

3.9.7 安全生产措施

1. 建立及完善结构层的外防护;

2. 做好结构内洞口、临边的防护;

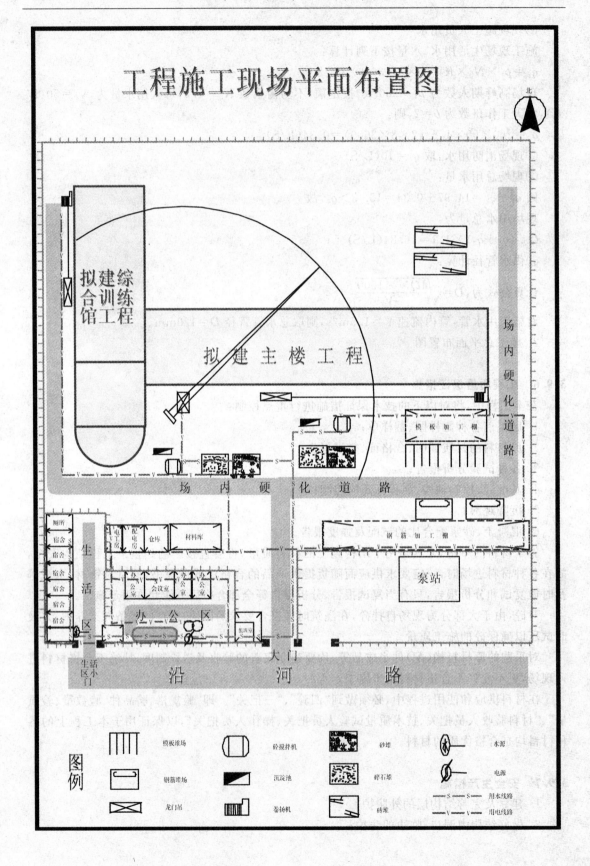

工程施工现场平面布置图

图例

	模板堆场		砼搅拌机		砂堆		水源
	钢筋堆场		沉淀池		碎石堆		电源
	龙门吊		卷扬机		砖堆	—S—S—	用水线路
						—V—V—	用电线路

3. 施工龙门架安装完后,均须技术部门、质检部门、动力部门检验合格后方可挂牌运行;

4. 做好底层安全防护,在建筑底层的主要出入口将搭设双层防护棚及安全通道;

5. 做好基坑开挖安全措施,以免边坡崩塌;

6. 做好冬、雨季施工防护措施;

7. 做好其他施工机具的安全防护工作。

3.9.8　文明施工措施

现场排水系统应保证畅通,以设置有坡度的明沟为主,用钢筋制作的盖板在明沟上。排水以排入市政管网为主,对有些不能排入的将利用集水井,用水泵抽入市政管网。

在施工过程中,要求各作业班组做到工完场清,以保证施工楼层面没有多余的材料、垃圾。作为项目经理部应派专人对各楼层进行清扫、检查,以使每个已施工完的结构清洁。而对运入各楼层的材料要求堆放整齐,以使整个楼面整齐划一。

厕所内要求整洁,墙面铺贴白瓷砖,地面铺贴防滑地砖,并安排专人打扫,以保持厕所卫生清洁。

建筑垃圾及生活垃圾分开堆放,建筑垃圾要求集中堆放,生活垃圾应放入生活垃圾容器。对所有垃圾应定期及时地进行清运。

附录一　某医院建筑结构施工图

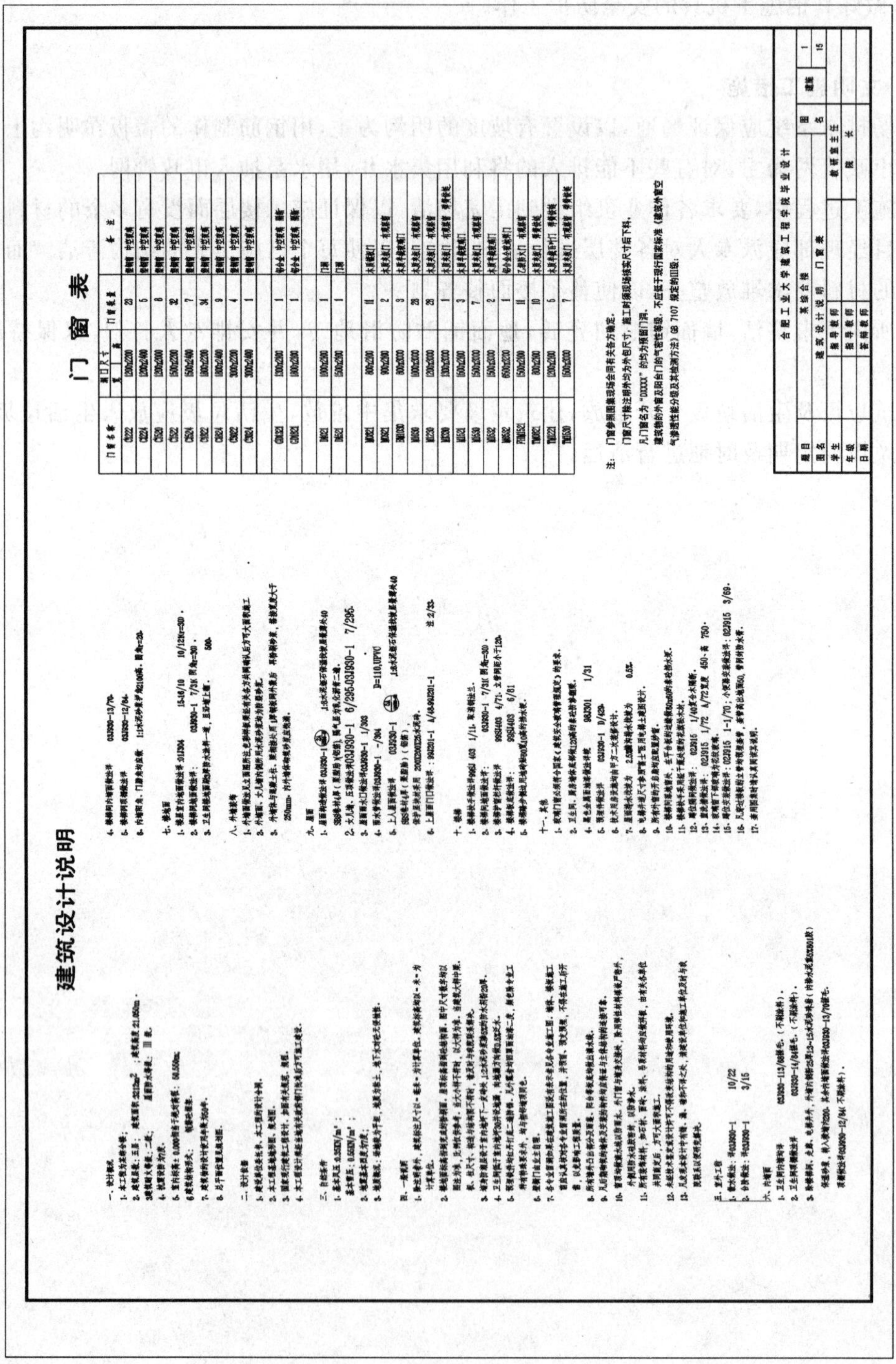

附图 1

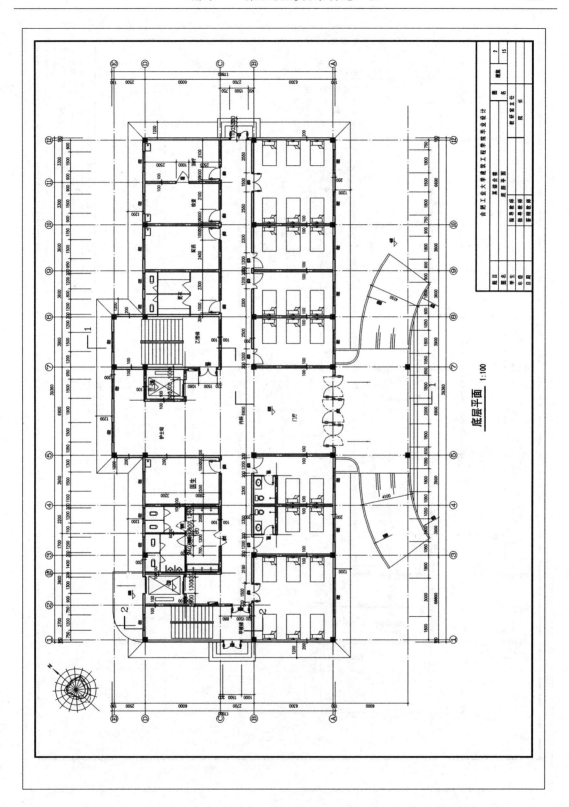

底层平面 1:100

附图 2

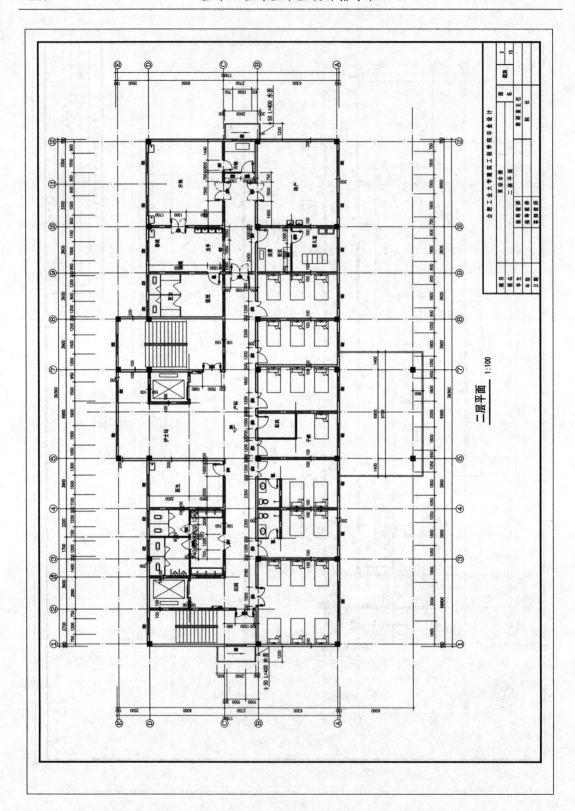

二层平面　1:100

附图 3

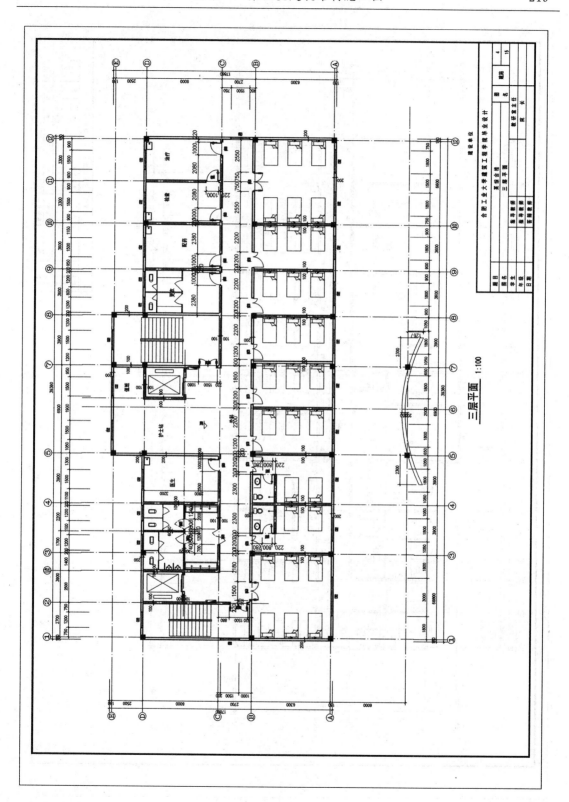

三层平面 1:100

附图 4

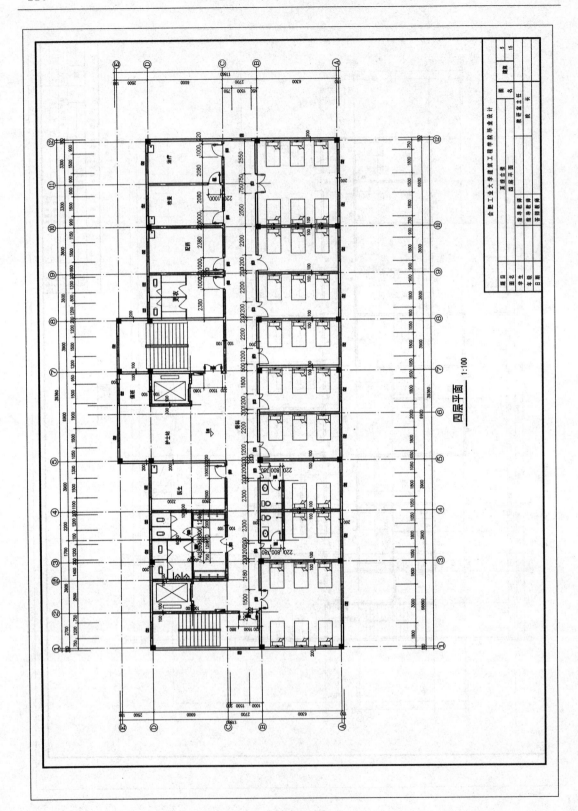

四层平面　1:100

附图 5

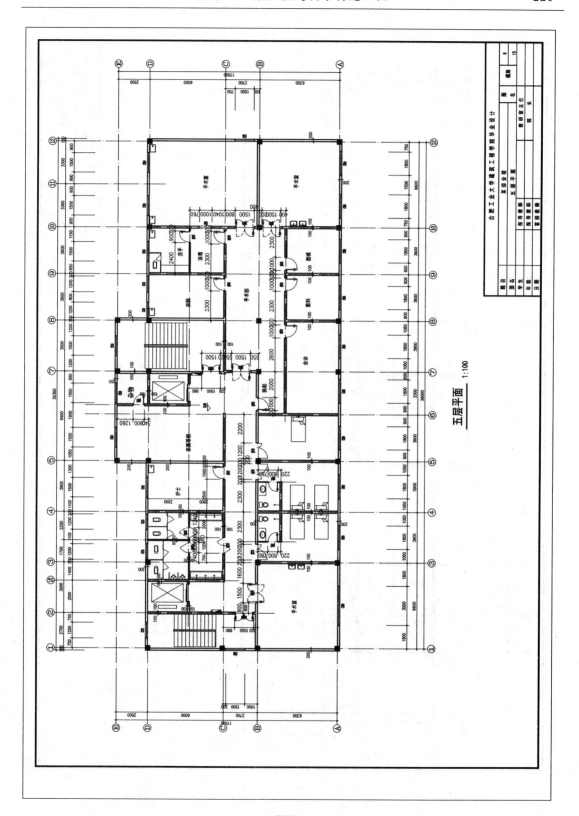

五层平面 1:100

附图 6

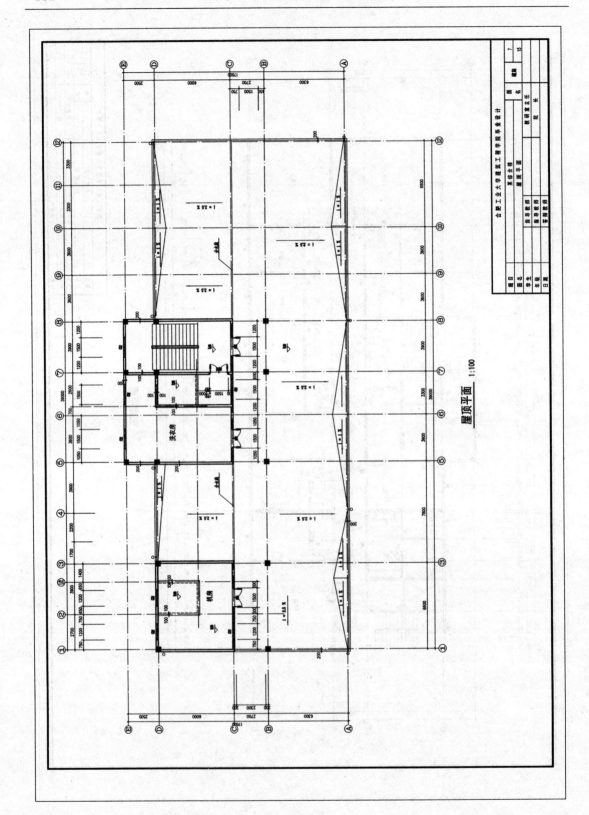

附图7

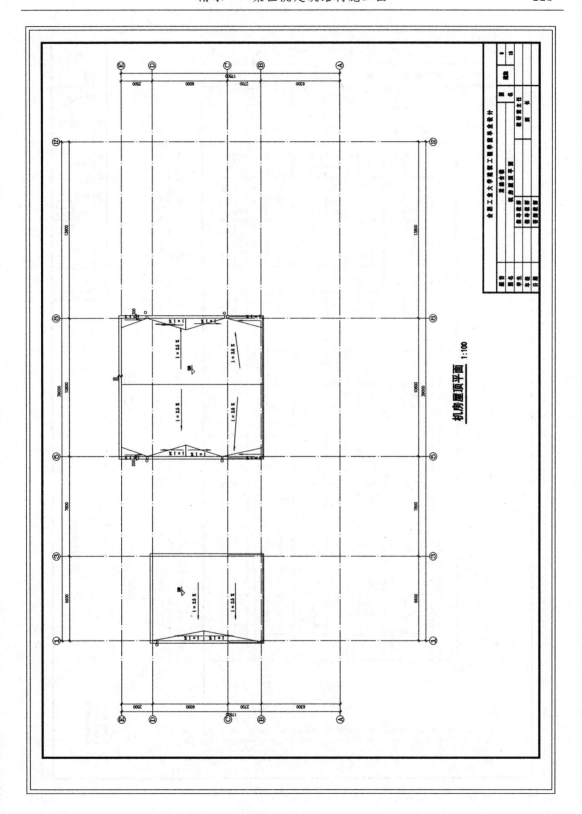

机房屋顶平面 1:100

附图 8

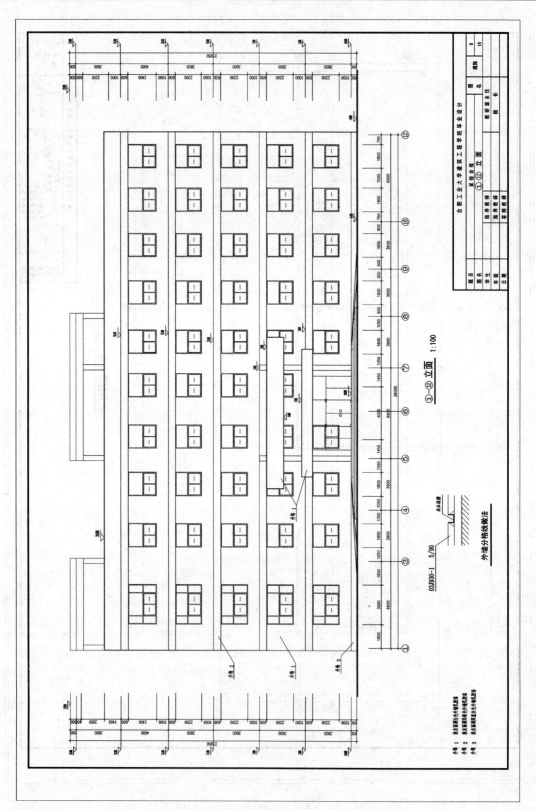

附图 9

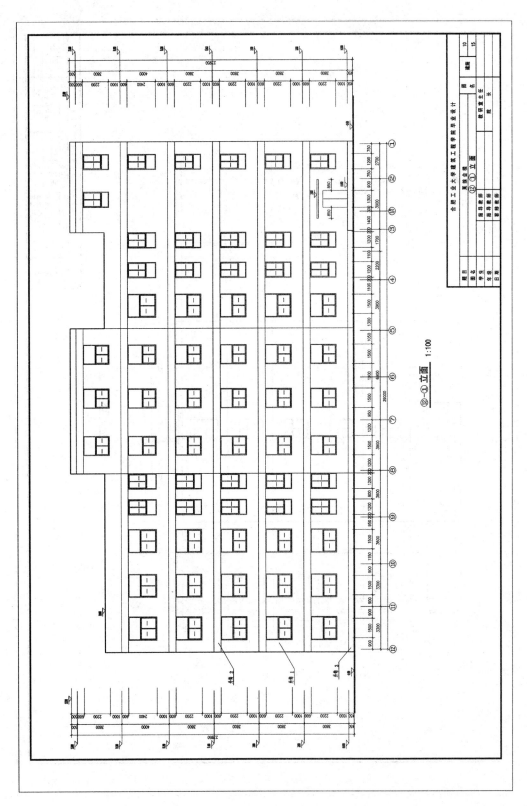

附图 10

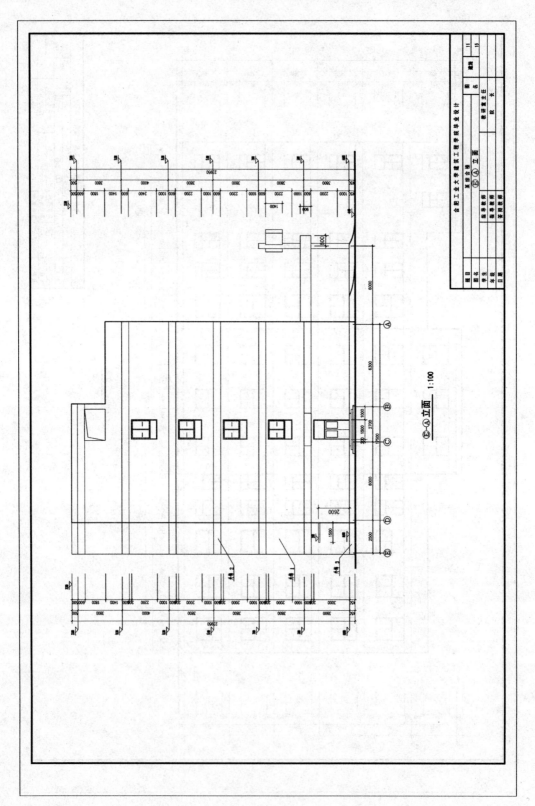

附图 11

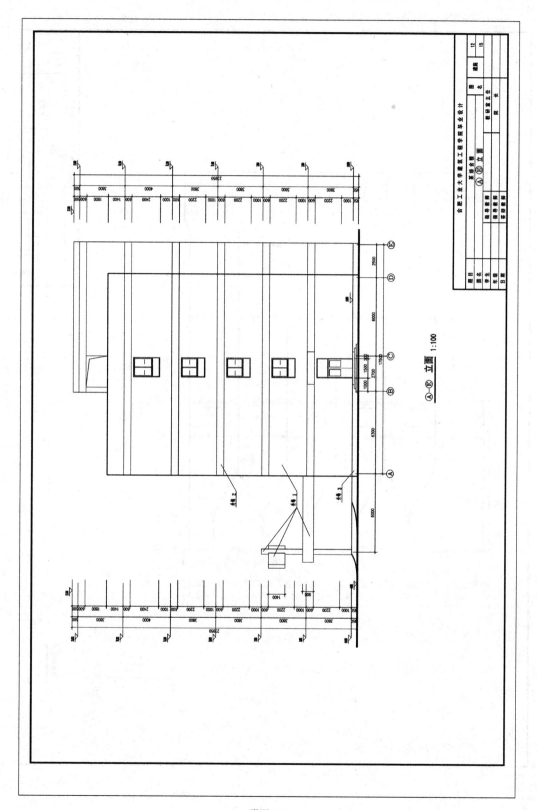

附图 12

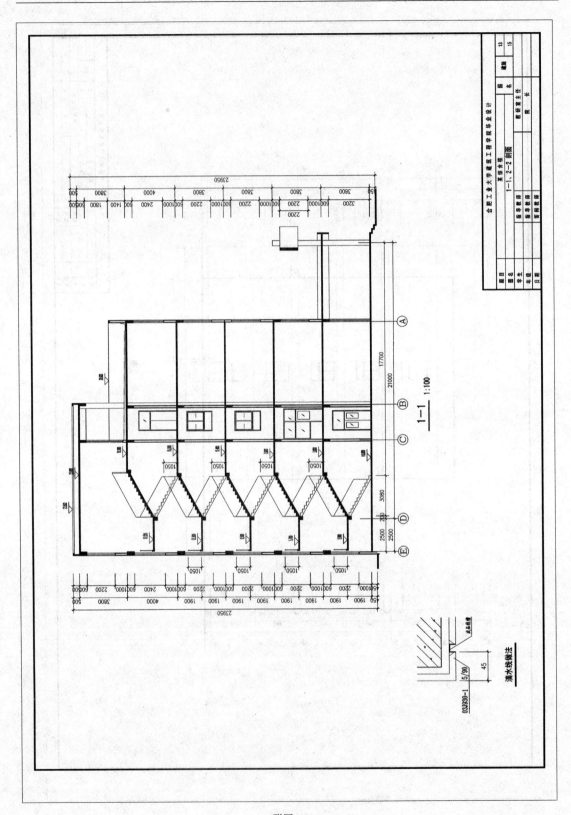

附图 13

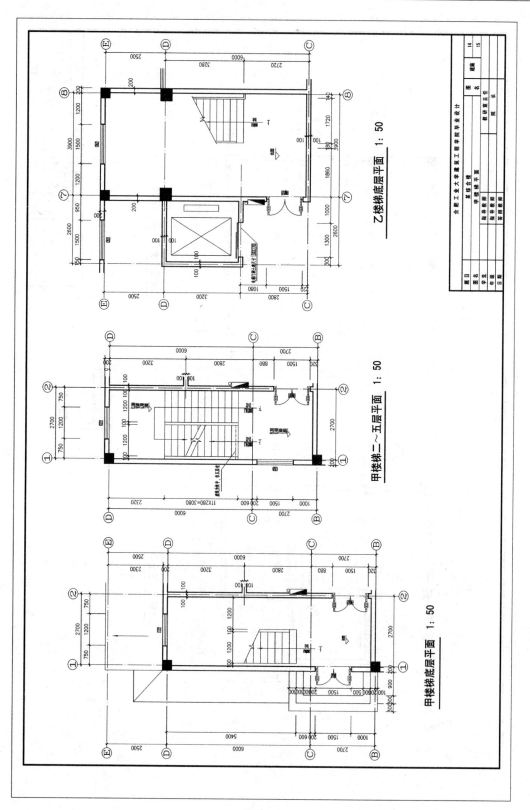

附图 14

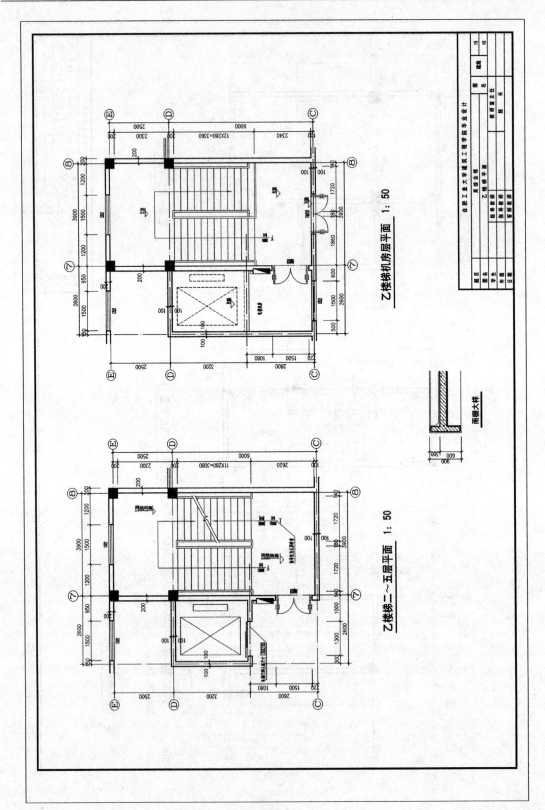

附图 15

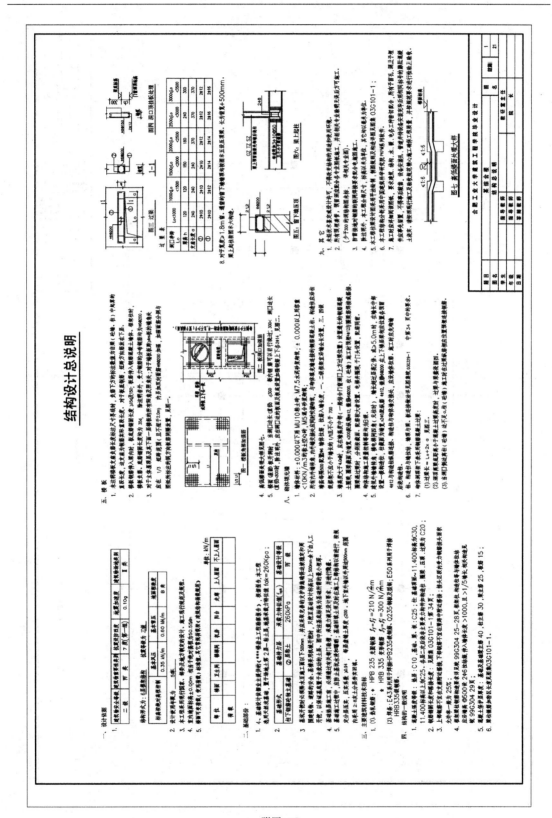

附图 16

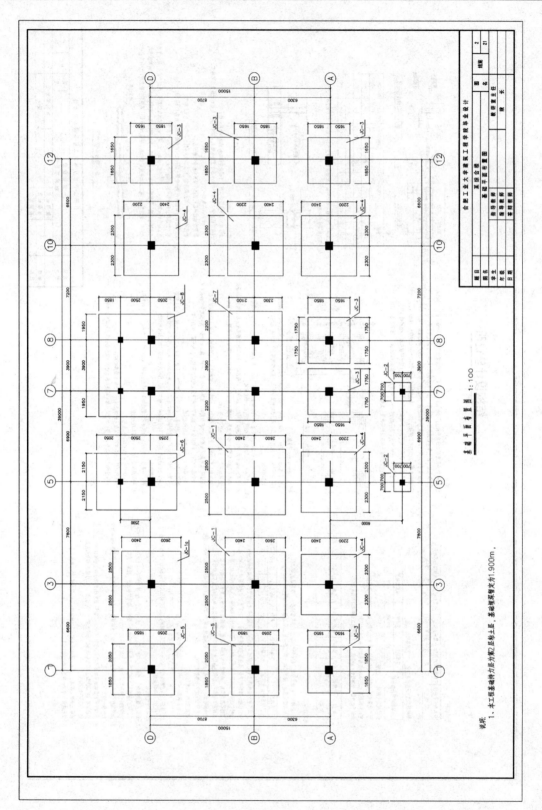

基础平面布置图 1:100

说明：
1. 本工程基础持力层为第②层粘土层，基础埋深暂定为1.900m，

附图 17

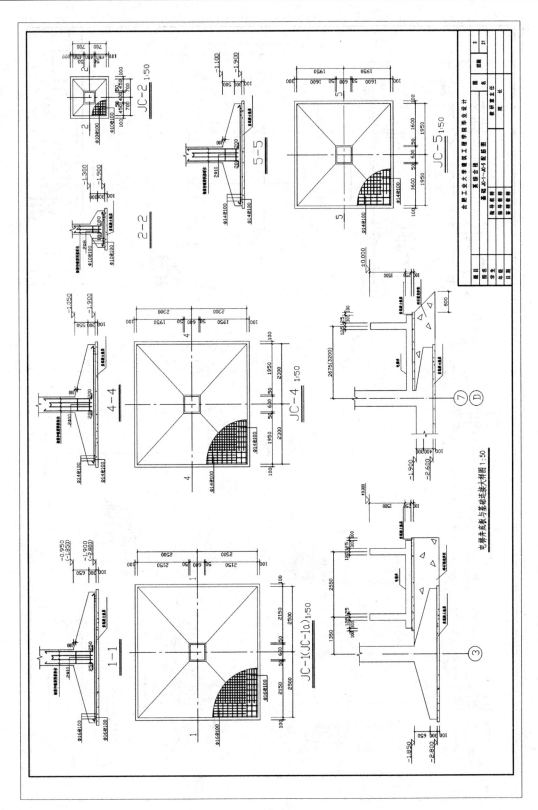

附图 18

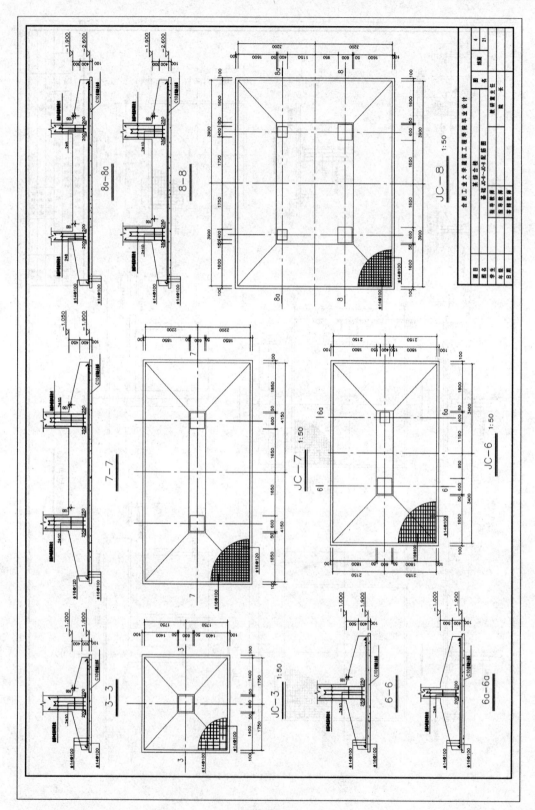

附图 19

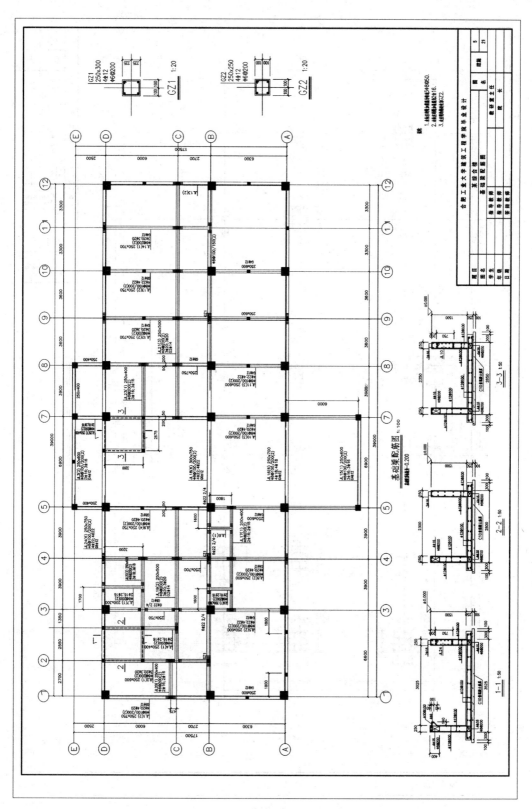

附图 20

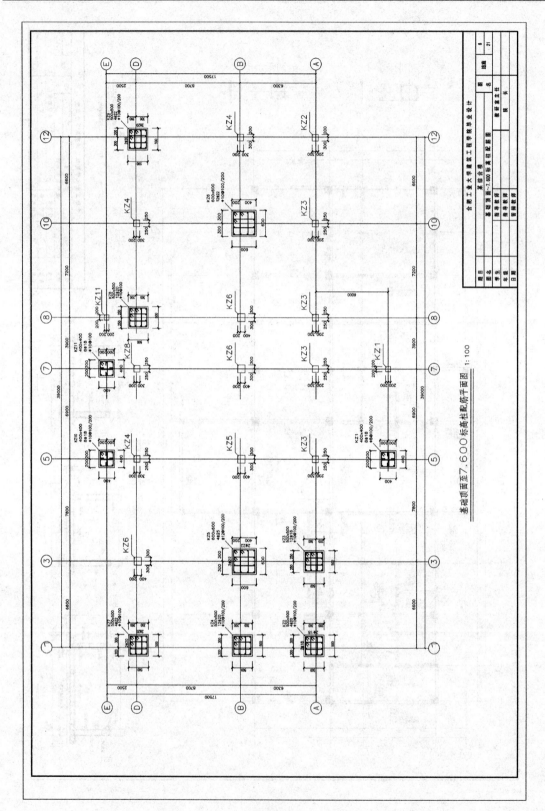

基础顶面至7.600标高柱配筋平面图 1:100

附图 21

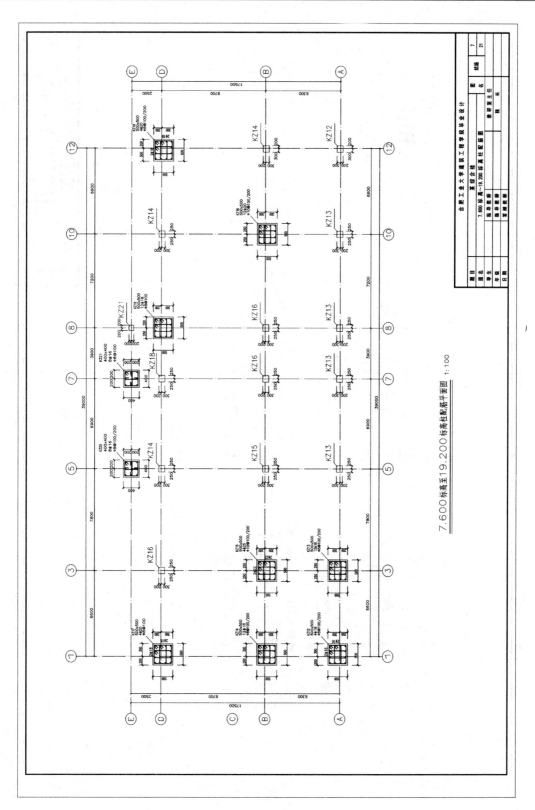

7.600标高至19.200标高柱配筋平面图　1:100

附图 22

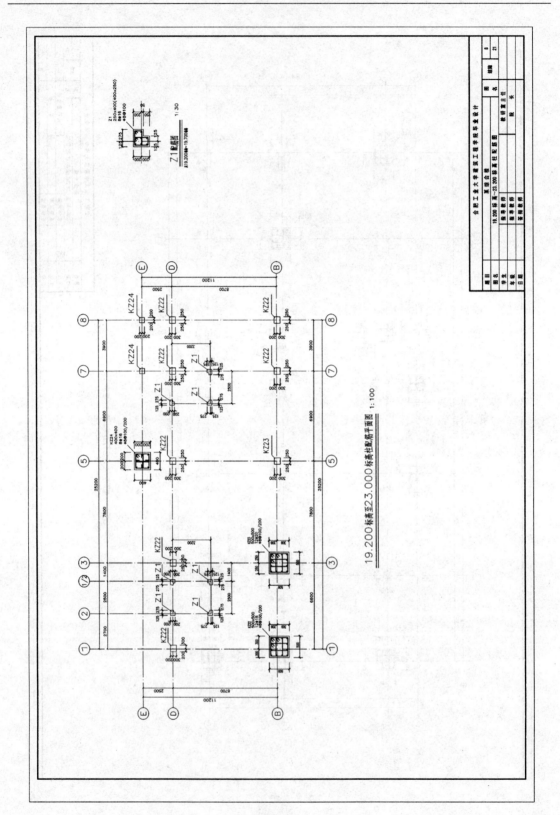

附图 23

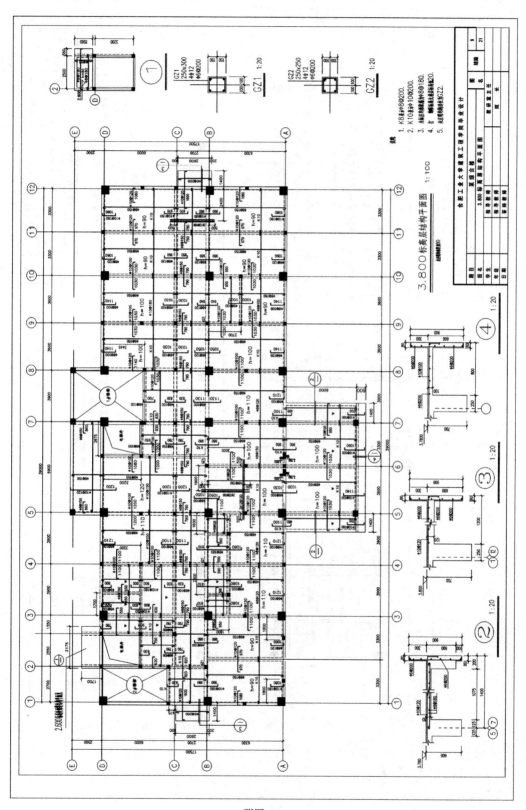

附图 24

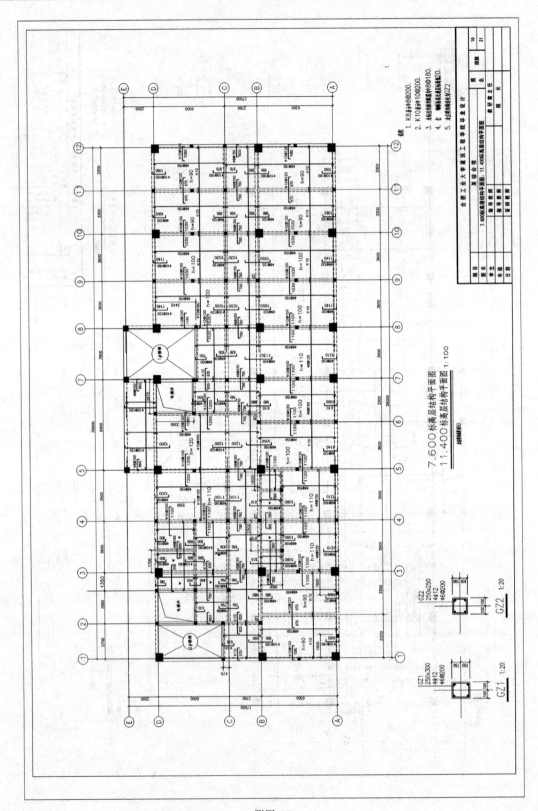

附图 25

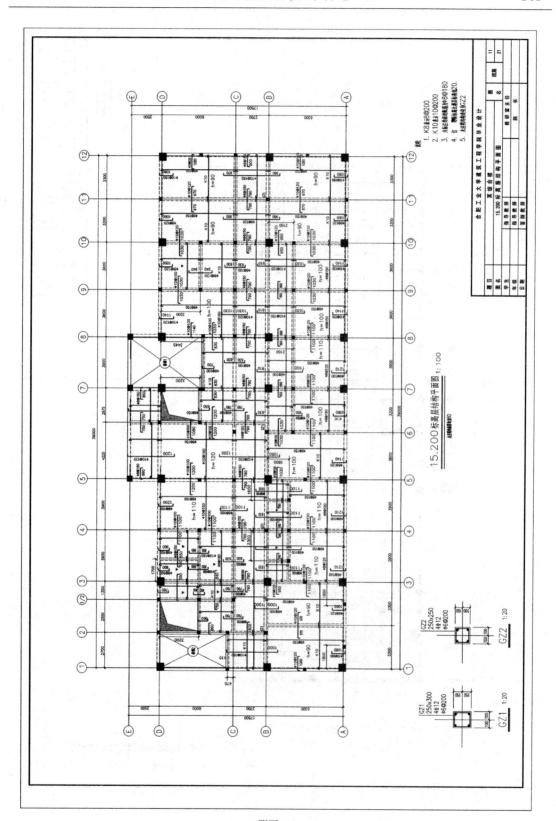

15.200标高层结构平面图 1:100

附图 26

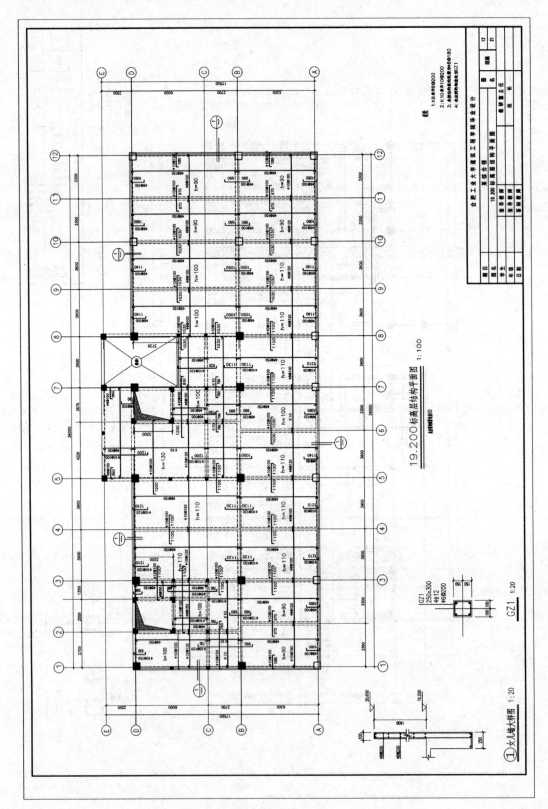

附图 27

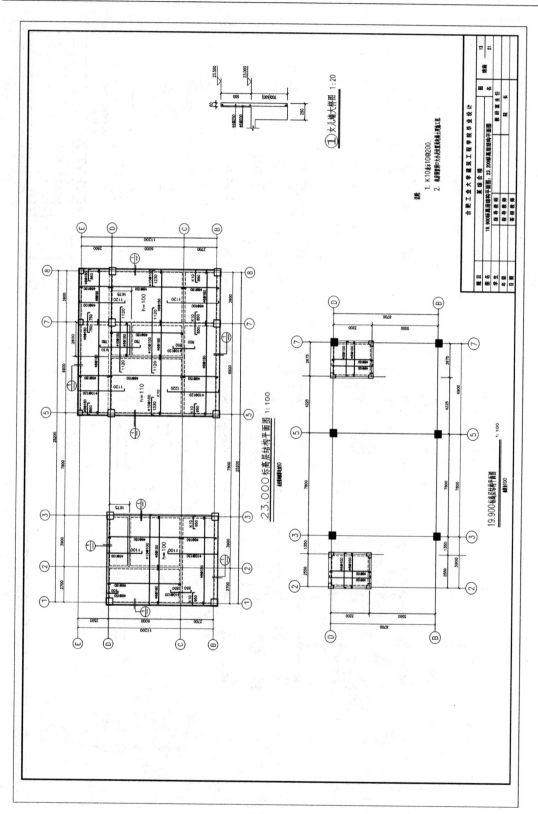

附图 28

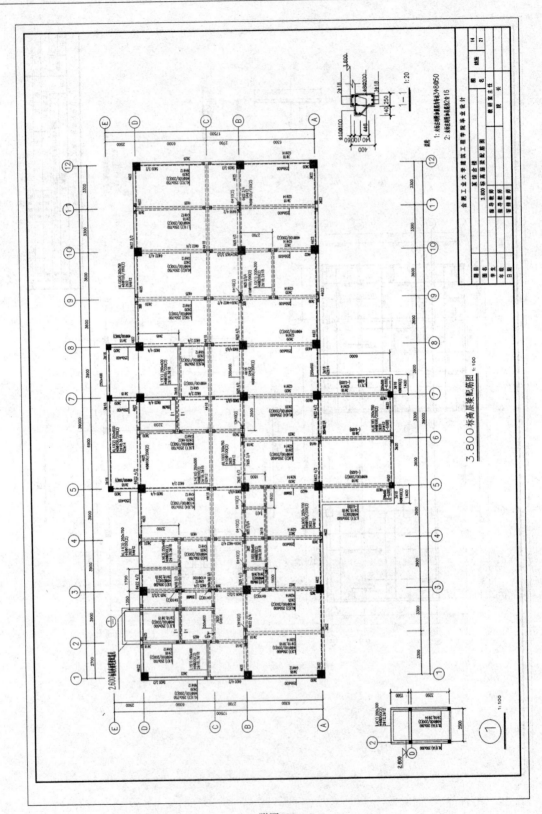

3.800 标高层梁配筋图 1:100

附图 29

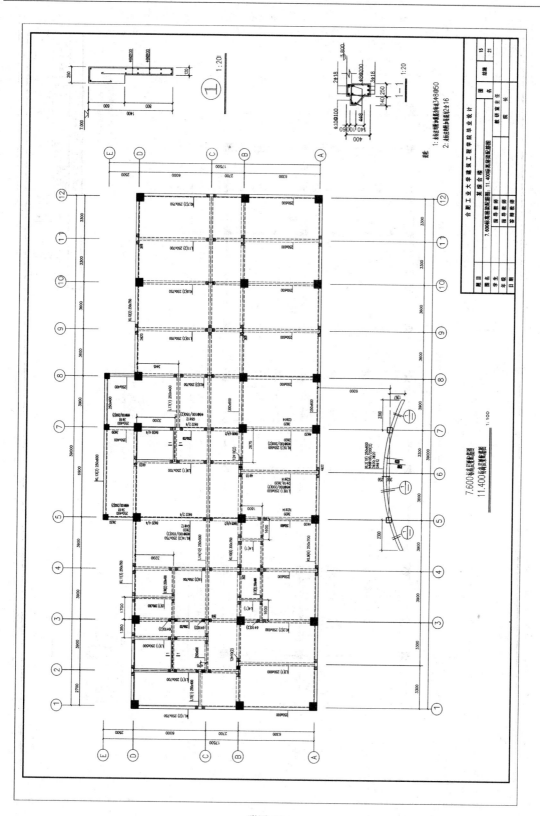

附图 30

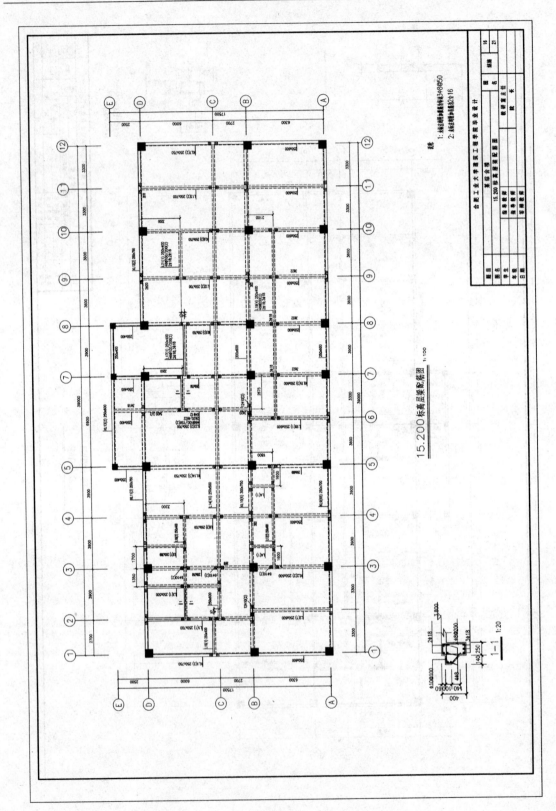

附图 31

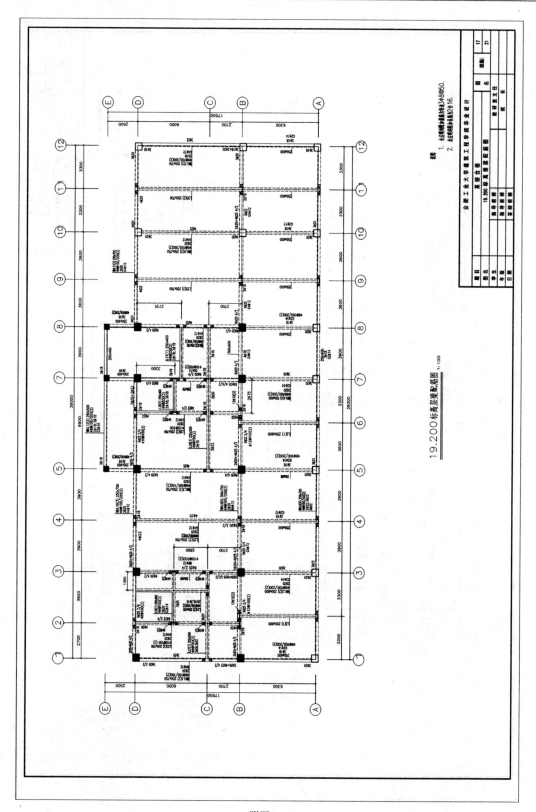

19.200标高层梁配筋图 1:100

附图 32

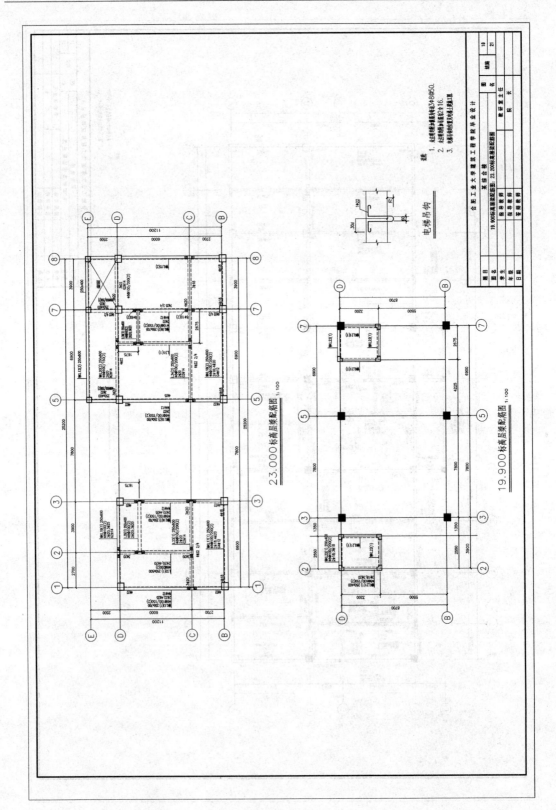

附图 33

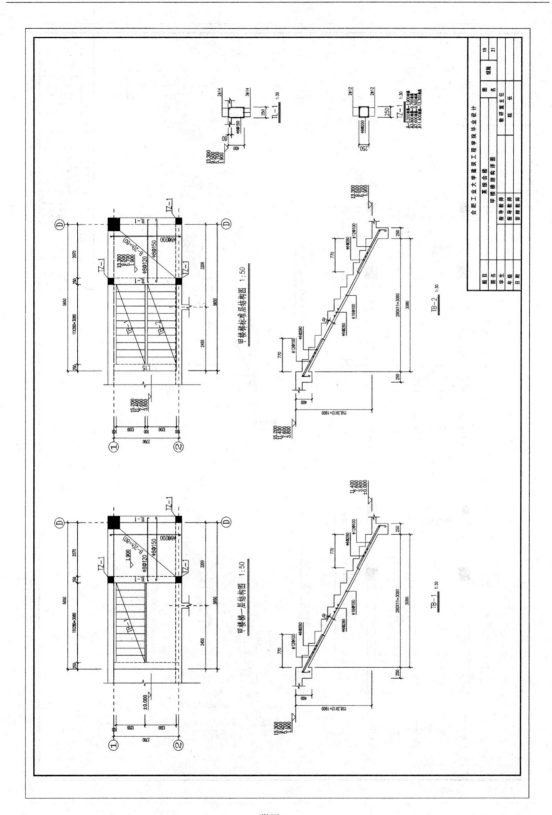

附图 34

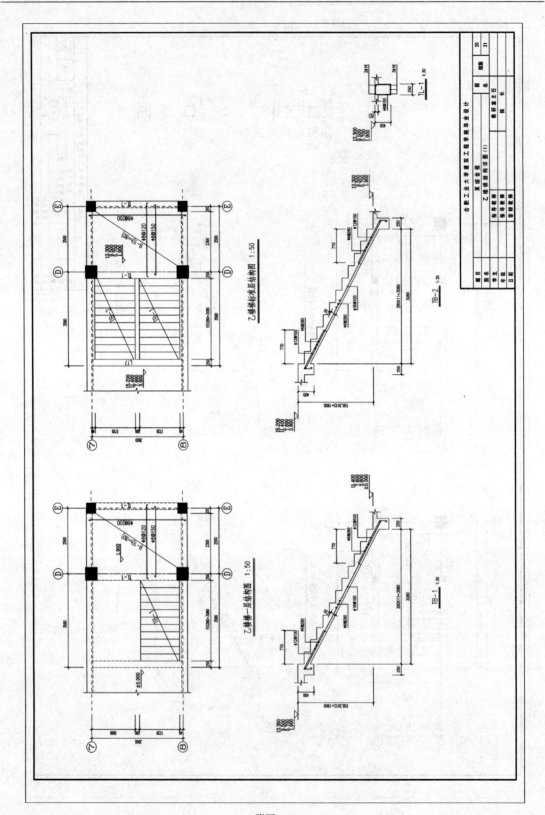

附图 35

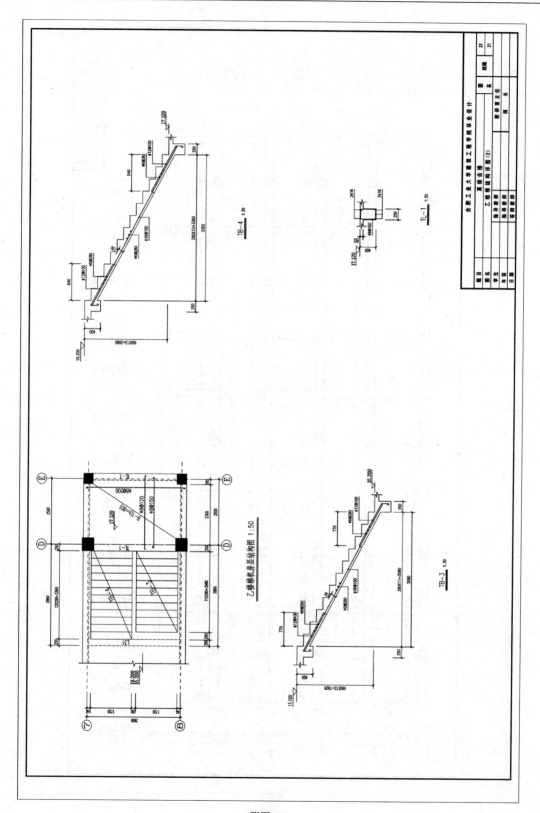

附图 36

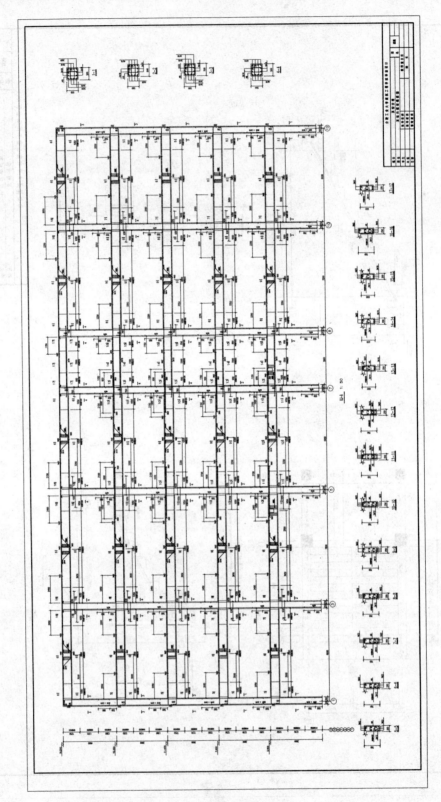

附图 37

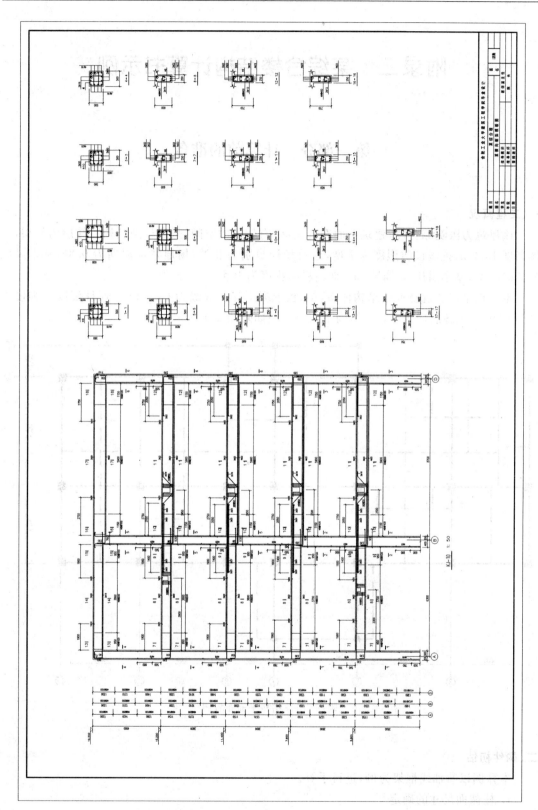

附图 38

附录二　某综合楼结构计算书示例

第一部分　计算前的准备

一、工程概况

　　该建筑为医院综合楼,建筑平面布置灵活,有较大的空间,采用框架结构。楼层为 5 层,主体高度 19.2m,抗震设防烈度为 7 度,建筑场地类别为 Ⅱ 类,场地特征周期为 0.3s,基本风压 0.35kN/m²,基本雪压 0.6kN/m²,地面粗糙程度为 B 类。

　　本工程采用全现浇框架结构体系,梁、板混凝土强度等级为 C25,1～3 层柱混凝土强度等级为 C30,以上各层均为 C25。结构平面布置图如附图 2.1 所示。

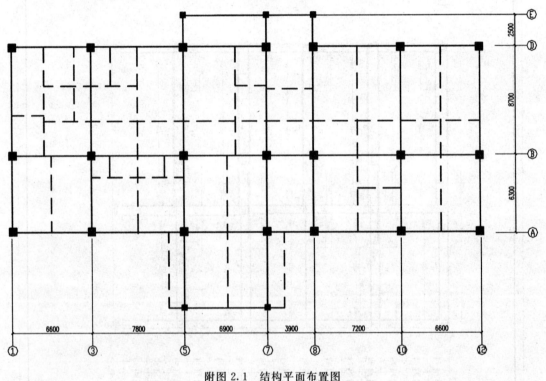

附图 2.1　结构平面布置图

二、构件初估

　　本算例以⑩轴线框架为例,进行手算。

　　1. 柱截面尺寸的确定

　　由于框架结构综合楼内隔墙较多,单位面积的重量(恒荷载与活荷载)按 14kN/m² 考虑;

负荷面积按 $F=\dfrac{(8.7+6.3)}{2}\times(3.3+3.6)=51.75\text{m}^2$ 考虑，φ 可取 1.1。设防烈度 7 度、小于 30m 高的框架结构抗震等级为二级，因此柱子的最人轴压比 μ 取 0.9。

1 层中柱（n 取 5；C30 混凝土，$f_c=14.3\text{MPa}$）：

$$A=a^2=\frac{14\times nF}{f_c(\mu-0.1)\times10^3}\times\varphi=0.348\text{m}^2,a=0.59\text{m}$$

4 层中柱（n 取 2；C25 混凝土，$f_c=11.9\text{MPa}$，考虑柱子 4 层后可以变小，节约材料）：

$$A=0.167\text{m}^2,a=0.41\text{m}$$

初步选定一～三层中柱截面 600mm×600mm，四～五层中柱截面 500mm×500mm，同理可选一～五层边柱截面 500mm×500mm（边柱截面不变化）。

2. 梁截面尺寸确定

框架梁宽取与墙等宽 250mm。高取为 $\dfrac{l}{8}\sim\dfrac{l}{12}$ 跨长。该工程框架为纵横向承重，根据梁跨度可初步确定横向框架梁：Ⓐ、Ⓑ 轴之间为 250mm×600mm，Ⓑ、Ⓓ 轴之间为 250mm×750mm，纵向框架梁 250mm×700mm，250mm×750mm 和 300mm×750mm。

3. 楼板厚度

楼板为现浇双向板和单向板，根据单向板厚与跨度的最小比值 1/40，双向板厚与跨度最小比值 1/50。结合构造，可确定板厚为 110mm，90mm，130mm 等。

三、基本假定与计算简图

1. 基本假定

(1) 平面结构基本假定：该工程平面为正交布置，可认为每一方向的水平力只由该方向的抗侧力结构承担，垂直于该方向的抗侧力结构不受力。

(2) 楼板在自身平面内刚性假定：在水平荷载作用下，框架柱顶之间不产生相对位移。

(3) 由于结构体型规整，结构在水平荷载作用下不计扭转的影响。

基于以上基本假定的前提下，将空间框架结构分解成纵向和横向两种平面体系：在计算横向框架受力分析时，不考虑纵向框架对它们的作用；而在计算纵向框架时，不考虑横向框架对它们的作用，这就是简化计算。

2. 计算简图

在横向水平力作用下，横向框架之间由纵向框架梁连接，为计算方便，不考虑纵向框架对横向框架产生的约束；反之，计算纵向框架梁的时候，也不考虑横向框架梁对其产生的约束。

四、荷载计算

建筑物所受的水平力包括地震作用和风力。本建筑高度仅 19.2m，且风荷载不大，故可不算风荷载。地震作用计算方法按《建筑抗震设计规范》进行，对高度不超过 40m 以剪切变形为主且质量和刚度沿高度分布比较均匀的结构，可采用底部剪力法。

竖向荷载主要是结构自重（恒载）和使用荷载（活载）。结构自重可由构件截面尺寸直接计算，建筑材料单位体积重量按荷载规范取值。使用荷载（活载）按荷载规范取值，楼面活荷载折减系数按荷载规范取用。

五、侧移计算及控制

当用砌体作填充墙时,框架结构在地震作用下层间位移与层高之比、顶点位移与总高之比分别为 1：450、1：550。计算见后面地震作用计算。

六、内力计算及组合

1. 竖向荷载下的内力计算

竖向荷载下内力计算首先根据楼盖的结构平面布置,将竖向荷载传递给每榀框架。框架结构在竖向荷载作用下的内力用弯矩分配法。

2. 水平荷载下的内力计算

框架结构的水平力是按各榀框架的剪切刚度进行分配的。

3. 内力组合

(1)荷载组合。由于不考虑风荷载影响,荷载组合简化如下:

① $1.2 \times$ 恒 $+1.4 \times$ 活;

② $1.2 \times$ 重力荷载代表值 $+1.3 \times$ 水平地震作用。

(2)控制截面及不利内力。框架梁柱应进行组合的层一般为顶上二层,底层,混凝土强度、截面尺寸有改变的层及体系反弯点所在层。

框架梁控制截面及不利内力为:支座截面,$-M_{max}$,V_{max};跨中截面,M_{max}。

框架柱控制截面为每层上、下截面,每截面应组合 $|M_{max}|$ 及相应 N、V,N_{max} 及相应 M、V,N_{Min} 及相应 M、V。计算见本附录第二部分。

七、构件及节点设计

构件设计包括框架梁柱的配筋计算(详见本附录第二部分)。

八、基础设计

对多层建筑宜根据上部结构、工程地质、施工等因素优先选用独立基础和条形基础。

根据地质资料并结合建筑物埋深,取独立柱基的埋深为 1.9m,根据 GB50007—2002《建筑地基基础设计规范》,基础埋置深度不宜小于建筑物高度的 1/15;并不宜小于 0.5m,经验算均满足要求。

第二部分　结构计算

一、框架梁柱的刚度计算

1. 横梁线刚度计算

附表 2.1　梁线刚度 i_b 计算表

类别	层号	E_c $\times 10^4$	$b \times h$	I_0 $\times 10^9$	l	$E_c I_0 / l$ $\times 10^{10}$	$1.5 E_c I_0 / l$ $\times 10^{10}$	$2 E_c I_0 / l$ $\times 10^{10}$
KL1	1—5	2.8	250×600	4.5	6300	2.0	3.0	4.0
KL2	1—5	2.8	250×750	8.8	8700	2.8	4.2	5.7

注：长度单位为 mm，E_c 单位为 N/mm²，I_0 单位为 mm²。

2. 柱线刚度计算

附表 2.2　柱线刚度计算表

层号	类别 (mm× mm)	层高 h (m)	$E_c(\text{N/mm}^2)$	$I_C(\text{mm}^4)$	$E_c I_c / h(\text{N} \cdot \text{mm})$
1	边柱 (500×500)	4.000	3.0×10⁴	1/12× 500⁴	3.906×10¹⁰
	中柱 (600×600)			1/12× 600⁴	8.100×10¹⁰
2	边柱 (500×500)	3.800	3.0× 10⁴	1/12× 500⁴	4.112×10¹⁰
	中柱 (600×600)			1/12× 600⁴	8.526×10¹⁰
3	边柱 (500×500)	3.800	2.8× 10⁴	1/12× 500⁴	4.112×10¹⁰
	中柱 (500×500)			1/12× 500⁴	4.112×10¹⁰
4	边柱 (500×500)	3.800	2.8× 10⁴	1/12× 500⁴	3.837×10¹⁰
	中柱 (500×500)			1/12× 500⁴	3.837×10¹⁰
5	边柱 (500×500)	4.000	2.8× 10⁴	1/12× 500⁴	3.646×10¹⁰
	中柱 (500×500)			1/12× 500⁴	3.646×10¹⁰

3. 横向框架侧移刚度计算

柱的侧移刚度：

$$D_{ij} = \alpha \frac{12i_c}{h^2}$$

式中的 α 为柱刚度修正系数，由表 2.19 确定。根据梁柱线刚度比 K 的不同，柱分为中框架柱、边框架柱和楼电梯间框架柱。

附表 2.3　中框架柱抗侧刚度 D 值(N/mm)

层号	A 轴边柱（五根）			B 轴中柱（五根）			D 轴边柱（三根）		
	K	α	D_{i1}	K	α	D_{i2}	K	α	D_{i3}
1	1.024	0.504	14765	1.192	0.530	32198	1.449	0.565	16552
2	0.973	0.327	11174	1.133	0.362	25650	1.376	0.408	13941
3	0.973	0.327	11174	2.349	0.540	18452	1.376	0.408	13941
4	1.042	0.343	10938	2.517	0.557	17761	1.475	0.424	13520
5	1.097	0.354	9680	2.649	0.570	15587	1.552	0.437	11950

附表 2.4　边框架柱侧移刚度 D 值(N/mm)

层号	A−1　A−12			B−1　B−12			D−1　D−12		
	K	α	D_{i1}	K	α	D_{i2}	K	α	D_{i3}
1	0.768	0.458	13417	0.894	0.482	29282	1.087	0.514	15060
2	0.730	0.267	9123	0.850	0.300	21257	1.032	0.340	11618
3	0.730	0.267	9123	1.761	0.468	15992	1.031	0.340	11618
4	0.782	0.281	8960	1.887	0.485	15465	1.105	0.356	11352
5	0.823	0.292	7985	1.986	0.498	13618	1.163	0.368	10063

附表 2.5 楼、电梯间框架柱侧移刚度 *D* 值(N/mm)

层 号	D-4		D-5
	K	α	D_i
1	0.521	0.403	11806
2	0.486	0.195	6663
3	0.486	0.195	6663
4	0.521	0.207	6602
5	0.823	0.215	5879

将上述不同情况下同层框架柱侧移刚度相加,即得框架各层层间侧移刚度,见附表 2.6 所列。

附表 2.6 横向框架层间侧移刚度 (N/mm)

层号	1	2	3	4	5
侧移刚度	423601	323265	276745	268813	237275

二、水平地震作用效应分析

1. 水平地震荷载计算

对高度不超过 40m 以剪切变形为主且质量和刚度沿高度分布比较均匀的结构,可采用底部剪力法。

(1)结构基本自振周期

荷载计算:

$$G_E = \sum G_i = 8112 + 7733 + 7652 + 7748 + 6342 = 37587\text{kN}$$

$$G_{eq} = 0.85 G_E = 0.85 \times 37587 = 31949\text{kN}$$

结构顶点的假想侧移见附表 2.7 所列。

结构自振周期按顶点位移法,考虑填充墙刚度对于框架结构的影响,取折减系数 $\alpha_0 = 0.6$,所以结构的基本自振周期为

$$T_1 = 1.7 \times \alpha_0 \times \sqrt{\Delta u} = 1.7 \times 0.6 \times \sqrt{0.3376} = 0.59\text{s}$$

附表 2.7　结构顶点的假想侧移计算

层号	G_i(kN)	$\sum G_i$	D_i(kN/m)	$\Delta u_i - \Delta u_{i-1} = \sum G_i/D_i$	u_i/m
5	6342	6342	237275	0.0267	0.3376
4	7748	14090	268813	0.0524	0.3109
3	7652	21742	276745	0.0786	0.2585
2	7733	29475	323265	0.0912	0.1799
0.9	8112	37587	423601	0.0887	0.0887

（2）总水平地震作用

该场地土为 Ⅱ 类，场地特征周期 $T_g = 0.3\text{s}$，$\alpha_{\max} = 0.08$，由于 $T_g < T < 3\text{s}$，则

$$\alpha = \left(\frac{Tg}{T}\right)^{0.9} \times \alpha_{\max} = \left(\frac{0.3}{0.59}\right)^{0.9} \times 0.08 = 0.044 > 0.2\alpha_{\max} = 0.016$$

主体结构底部剪力标准值为

$$F_{EK} = \alpha G_{eq} = 0.044 \times 31949 = 1406\text{kN}$$

（3）各楼层质点的水平地震作用

由于 $T_g = 0.3s$，$T_1 = 0.59s > 1.4T_g = 0.42\text{s}$

所以顶部附加地震作用系数：

$$\delta_n = 0.08T_1 + 0.07 = 0.08 \times 0.59 + 0.07 = 0.1172$$

附加顶端集中荷载：$\Delta F_n = \delta_n F_{EK} = 0.1172 \times 1406 = 164.8\text{kN}$

所以，$F_i = \dfrac{G_i H_i}{\sum G_j H_j} F_{EK}(1 - \delta_n) = (1 - 0.1172) \times 1406 \dfrac{G_i H_i}{\sum G_j H_j} = 1241.2 \dfrac{G_i H_i}{\sum G_j H_j}$

F_i 计算结果见附表 2.8 所列。注意：顶部附加水平地震作用 ΔF_n 只加入主体结构顶层。

附表 2.8 各楼层质点的水平地震作用

层号	层高 h_i (m)	高度 H_i (m)	G_i (kN)	G_iH_i	$\dfrac{G_iH_i}{\sum_{j=1}^{n}G_jH_j}$	$F_{EK}(1-\delta_n)$	F_i	V_i
6	3.8	22.2	280	6216	0.0145	1241.2	18.00	54.00
5	4.0	19.4	6342	123034.8	0.2861	1241.2	519.91	537.91
4	3.8	15.4	7748	119319.2	0.2774	1241.2	344.31	882.22
3	3.8	11.6	7652	88763.2	0.2064	1241.2	256.18	1138.40
2	3.8	7.8	7733	60317.4	0.1402	1241.2	174.02	1312.42
1	4.0	4.0	8112	32448	0.0754	1241.2	93.59	1406.01

抗震验算时,结构各楼层的最小水平地震剪力标准值,应符合下式要求:

$$V_i > \lambda \sum_{j=i}^{n} G_j$$

由于 $T_1=0.59\text{s}<3.5\text{s}$,剪力系数 λ 应不小于 $0.2\alpha_{\max}=0.2\times0.08=0.016$。经验算,各楼层的地震剪力标准值均满足上式要求,见附表 2.9 所列。

附表 2.9 楼层的最小水平地震剪力标准值验算

层号	G_i (kN)	$\sum_{j=i}^{n}G_i$	λ	最小水平地震剪力标准值限值 $V_i > \lambda \sum_{n} G_j$	计算的水平地震剪力标准值 V_i
6	280	280	0.016	4.48	54.00
5	6342	6622	0.016	105.95	537.91
4	7748	14370	0.016	229.92	882.22
3	7652	22022	0.016	352.35	1138.40
2	7733	29755	0.016	476.08	1312.42
1	8112	37867	0.016	605.87	1406.01

（4）水平地震作用下的位移计算（见附表 2.10 所列）

附表 2.10　位移计算

层号	层高 h_i（m）	层间剪力 V_i（kN）	层间刚度 D_i（kN/m）	层间位移 $u_i - u_{i-1} = V_i/D_i$	层间弹性位移角 $\theta_i = \dfrac{u_i - u_{i-1}}{h_i}$
5	4.0	537.91	237275	0.0023	1/1739
4	3.8	882.22	268813	0.0033	1/1152
3	3.8	1138.40	276745	0.0041	1/927
2	3.8	1312.42	323265	0.0041	1/927
1	4.0	1406.01	423601	0.0033	1/1212
$\sum$	19.4			0.0171	1/1135

计算结果表明：各层间弹性位移角均满足规范限值要求 1/550。

2. 水平地震作用下框架内力计算

（1）框架地震剪力在各框架柱间的分配

取 ⑩ 轴一榀横向框架

① 第 j 层第 i 柱所分配剪力：

$$V_{ij} = V\frac{D_{ij}}{\sum D_{ij}}V_i$$

② 框架梁柱节点弯矩分配

$$M_{c\text{上}} = V_{ij}(1-y)h$$

$$M_{c\text{下}} = V_{ij}yh$$

边柱（A 轴）：　　　　$$M_A = M_{c\text{上}} + M_{c\text{下}}$$

中柱（B 轴）：　　$$M_{B\text{左}} = \frac{i_{b\text{左}}}{i_{b\text{左}} + i_{b\text{右}}}(M_{c\text{上}} + M_{c\text{下}})$$

$$M_{B\text{右}} = \frac{i_{b\text{右}}}{i_{b\text{左}} + i_{b\text{右}}}(M_{c\text{上}} + M_{c\text{下}})$$

计算结果见附表 2.11 所列。

（2）框架柱轴力与框架梁剪力计算

① 框架梁剪力：

$$梁\ AB：V_b = \frac{M_A + M_{B\text{左}}}{l}\quad ;梁\ BD：V_b = \frac{M_{B\text{右}} + M_D}{l'}$$

其中：$l = 6.3\text{m}$，$l' = 8.7\text{m}$。

② 框架柱轴力：

$$N_{Aj} = V_{Aj}; N_{Bj} = V_{Aj} - V_{Dj} \quad ; N_{Dj} = V_{Dj}$$

计算结果见附表 2.11 所列。

附表 2.11　各层柱端弯矩及剪力计算

	层号	5	4	3	2	1
	层高 h_i（m）	4.0	3.8	3.8	3.8	4.0
	V_i（kN）	537.91	882.22	1138.40	1312.42	1406.01
	D_i（kN/m）	237275	268813	276745	323265	423601
⑩轴 A柱	D_{im}（kN/m）	9680	10938	11174	11174	14765
	V_{im}（kN）	21.94	35.90	45.96	45.37	49.01
	k	1.097	1.042	0.973	0.973	1.024
	y	0.355	0.402	0.45	0.50	0.64
	$M_{c上}$	56.61	81.58	96.06	86.20	70.57
	$M_{c下}$	31.15	54.84	78.59	86.20	125.47
⑩轴 B柱	D_{im}（kN/m）	15587	17761	18452	25650	32198
	V_{im}（kN）	35.34	58.29	75.90	104.14	106.87
	k	2.649	2.517	2.349	1.133	1.192
	y	0.43	0.45	0.5	0.5	0.63
	$M_{c上}$	80.58	121.83	144.21	197.87	158.17
	$M_{c下}$	60.78	99.68	144.21	197.87	269.31
⑩轴 D柱	D_{im}（kN/m）	11950	13520	13941	13941	16552
	V_{im}（kN）	27.09	44.37	57.35	56.60	54.94
	k	1.552	1.475	1.376	1.376	1.449
	y	0.376	0.424	0.42	0.50	0.60
	$M_{c上}$	67.62	97.12	126.40	107.54	87.90
	$M_{c下}$	40.74	71.49	91.53	107.54	131.86

附表 2.12　梁端弯矩、剪力及柱轴力计算

层号		5	4	3	2	1
AB 梁	M_A	56.61	112.73	150.90	164.79	156.77
	$M_{B左}$	33.37	75.62	119.43	114.48	147.44
	l	6.3	6.3	6.3	6.3	6.3
	V_b	14.28	29.90	42.91	44.33	48.29
BD 梁	$M_{B右}$	47.21	106.99	168.99	161.98	208.60
	M_D	67.62	137.86	197.89	199.07	195.44
	l	8.7	8.7	8.7	8.7	8.7
	V_b	13.20	28.14	42.17	41.50	46.44
柱轴力	A	−14.28	−44.18	−87.09	−131.42	−179.71
	B	1.08	2.84	3.58	6.41	8.26
	D	13.2	41.34	83.51	125.01	171.45

水平地震作用下框架的弯矩图,梁端剪力及柱轴力图如附图 2.2、附图 2.3 所示。

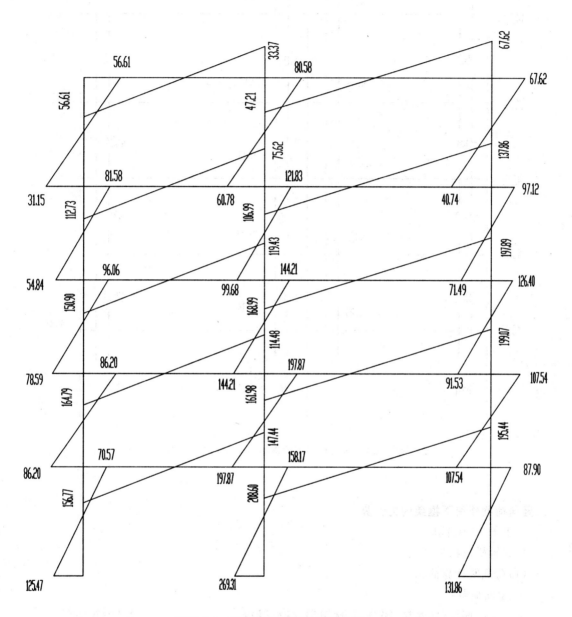

附图 2.2　地震作用下框架弯矩图(kN·m)

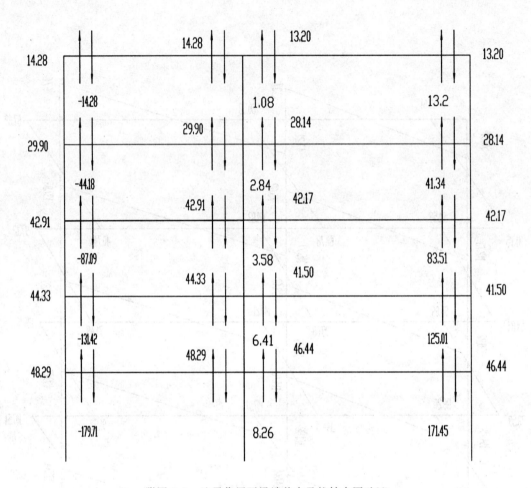

附图 2.3　地震作用下梁端剪力及柱轴力图(kN)

三、竖向荷载作用下框架内力计算

1. 框架内力计算

以⑩轴横向框架为例。

(1)荷载及计算简图

① 屋面荷载：

面层(防水层、隔热层、保温层、找平层)：	1.50kN/m²
110mm 厚钢筋混凝土板：	2.75kN/m²
15mm 厚天棚水泥砂浆抹灰：	0.30kN/m²
吊顶棚：	0.50kN/m²
活载：	0.70kN/m²
合计	5.75kN/m²

② 楼面荷载:

面层:	0.65kN/m^2
110mm 厚钢筋混凝土板:	2.75kN/m^2
15mm 厚天棚水泥砂浆抹灰:	0.30kN/m^2
吊顶棚:	0.50kN/m^2
活载:一般房间	1.50kN/m^2
（走廊、卫生间:	2.00kN/m^2）

合计　　　　　　　　　　　　　　　　　　　　　5.70kN/m^2

　　　　　　　　　　　　　　　　　　　　　　（6.20kN/m^2）

③ 楼面荷载分配为等效均布荷载(如附图 2.4 所示):

短向分配荷载: $\dfrac{5}{8}aq$　　　　长向分配荷载: $\left[1-2\left(\dfrac{a}{2b}\right)^2+\left(\dfrac{a}{2b}\right)^3\right]aq$

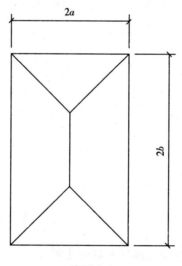

附图 2.4

④ 横向框架梁上线荷载:

◆ AB 跨

5 层:　　梁自重(考虑抹灰):　　　　　　　　　$0.25\times0.6\times25\times1.1=4.13\text{kN/m}$

　　　　　屋面板传给梁:

$5.75\times\left[1-2\left(\dfrac{1.8}{6.3}\right)^2+\left(\dfrac{1.8}{6.3}\right)^3\right]\times1.8+5.75\times\left[1-2\left(\dfrac{1.65}{6.3}\right)^2+\left(\dfrac{1.65}{6.3}\right)^3\right]\times1.65=16.97\text{kN/m}$

合计　　　　　　　　　　　　　　　　　　　　　21.10kN/m

4 层:　　梁自重(考虑抹灰):　　　　　　　　　4.13kN/m

　　　　　楼面板传给梁:

$$5.70 \times \left[1 - 2\left(\frac{1.8}{4.2}\right)^2 + \left(\frac{1.8}{4.2}\right)^3\right] \times \frac{4.2}{6.3} + 5.70 \times \frac{5}{8} \times 1.05 \times \frac{2.1}{6.3} +$$

$$5.70 \times \left[1 - 2\left(\frac{1.65}{6.3}\right)^2 + \left(\frac{1.65}{6.3}\right)^3\right] \times 1.65 = 13.59 \text{kN/m}$$

横隔墙(200mm 厚加气混凝土双面抹灰):$2.2 \times (4.0 - 0.6) = 7.48 \text{kN/m}$

合计   25.20kN/m

2~3 层: 梁自重(考虑抹灰):   4.13kN/m

楼面板传给梁:

$$5.70 \times \left[1 - 2\left(\frac{1.8}{6.3}\right)^2 + \left(\frac{1.8}{6.3}\right)^3\right] \times 1.8 + 5.70 \times \left[1 - 2\left(\frac{1.65}{6.3}\right)^2 + \left(\frac{1.65}{6.3}\right)^3\right] \times 1.65 = 16.82 \text{kN/m}$$

横隔墙(200mm 厚加气混凝土双面抹灰):$2.2 \times (3.8 - 0.6) = 7.04 \text{kN/m}$

合计   27.99kN/m

1 层: 梁自重(考虑抹灰):   4.13kN/m

楼面板传给梁:

$$5.70 \times \frac{5}{8} \times 1.35 \times \frac{2.7}{6.3} + 5.70 \times \frac{5}{8} \times 1.8 \times \frac{3.6}{6.3} +$$

$$5.70 \times \left[1 - 2\left(\frac{1.65}{6.3}\right)^2 + \left(\frac{1.65}{6.3}\right)^3\right] \times 1.65 = 14.01 \text{kN/m}$$

横隔墙(200mm 厚加气混凝土双面抹灰):   7.04kN/m

合计   25.18kN/m

◆BD 跨:

5 层: 梁自重(考虑抹灰): $0.25 \times 0.75 \times 25 \times 1.1 = 5.16 \text{kN/m}$

屋面板传给梁:

$$5.75 \times \left[1 - 2\left(\frac{1.8}{8.7}\right)^2 + \left(\frac{1.8}{8.7}\right)^3\right] \times 1.8 + 5.75 \times \left[1 - 2\left(\frac{1.65}{8.7}\right)^2 + \left(\frac{1.65}{8.7}\right)^3\right] \times 1.65 = 18.43 \text{kN/m}$$

合计   23.59kN/m

4 层：　　梁自重（考虑抹灰）；　　　　　　　　　　　　　　　　5.16kN/m

楼面板传给梁：

$$5.70 \times \frac{5}{8} \times 1.60 \times \frac{3.2}{8.7} + 5.70 \times \frac{5}{8} \times 1.4 \times \frac{2.8}{8.7} + 5.70 \times \frac{5}{8} \times 1.35 \times \frac{2.7}{8.7} \times 2 +$$

$$5.70 \times \left[1 - 2\left(\frac{1.65}{6.0}\right)^2 + \left(\frac{1.65}{6.0}\right)^3\right] \times 1.65 \times \frac{6.0}{8.7} = 12.32\text{kN/m}$$

横隔墙（200mm 厚加气混凝土双面抹灰）：　　　$2.2 \times (4.0 - 0.6) = 7.48\text{kN/m}$

　　　　　　　　合计　　　　　　　　　　　　　　　　　　　　　24.96kN/m

1～3 层：　　梁自重（考虑抹灰）：　　　　　　　　　　　　　　5.16kN/m

楼面板传给梁：

$$5.70 \times \left[1 - 2\left(\frac{1.8}{6.0}\right)^2 + \left(\frac{1.8}{6.0}\right)^3\right] \times 1.8 \times \frac{6.0}{8.7} + 5.70 \times \frac{5}{8} \times 1.35 \times \frac{2.7}{8.7} \times 2 +$$

$$5.70 \times \left[1 - 2\left(\frac{1.65}{6.0}\right)^2 + \left(\frac{1.65}{6.0}\right)^3\right] \times 1.65 \times \frac{6.0}{8.7} = 14.62\text{kN/m}$$

横隔墙（200mm 厚加气混凝土双面抹灰）：　　　$2.2 \times (3.8 - 0.6) = 7.04\text{kN/m}$

　　　　　　　　合计　　　　　　　　　　　　　　　　　　　　　26.42kN/m

⑤横向框架柱上集中荷载的计算：

◆⑨轴上 AB 跨次梁线荷载：

5 层：　　梁自重（考虑抹灰）：　　　　　　　　　　　　　　　4.13kN/m

　　　　　屋面板传给梁：　　　$5.75 \times \left[1 - 2\left(\frac{1.8}{6.3}\right)^2 + \left(\frac{1.8}{6.3}\right)^3\right] \times 1.8 \times 2 = 21.15\text{kN/m}$

　　　　　　　　合计　　　　　　　　　　　　　　　　　　　　　25.28kN/m

4 层：　　梁自重（考虑抹灰）：　　　　　　　　　　　　　　　　　　　　　　　4.13kN/m

　　　　　楼面板传给梁：

$$5.70 \times \left[1 - 2\left(\frac{1.8}{4.2}\right)^2 + \left(\frac{1.8}{4.2}\right)^3\right] \times \frac{4.2}{6.3} \times 2 + 5.70 \times \frac{5}{8} \times 1.05 \times \frac{2.1}{6.3} \times 2 = 7.90 \text{kN/m}$$

　　　　　横隔墙（200mm 厚加气混凝土双面抹灰）：　　　$2.2 \times (4.0 - 0.6) = 7.48$kN/m

　　　　合计　　　　　　　　　　　　　　　　　　　　　　　　　　　　　　　19.51kN/m

2～3 层：　梁自重（考虑抹灰）：　　　　　　　　　　　　　　　　　　　　　　4.13kN/m

　　　　　楼面板传给梁：　　　　$5.70 \times \left[1 - 2\left(\frac{1.8}{6.3}\right)^2 + \left(\frac{1.8}{6.3}\right)^3\right] \times 1.8 \times 2 = 20.97$kN/m

　　　　　横隔墙（200mm 厚加气混凝土双面抹灰）：　　　$2.2 \times (3.8 - 0.6) = 7.04$kN/m

　　　　合计　　　　　　　　　　　　　　　　　　　　　　　　　　　　　　　32.14kN/m

1 层：　　梁自重（考虑抹灰）：　　　　　　　　　　　　　　　　　　　　　　　4.13kN/m

　　　　　楼面板传给梁：

$$5.70 \times \left[1 - 2\left(\frac{1.8}{6.3}\right)^2 + \left(\frac{1.8}{6.3}\right)^3\right] \times 1.8 + 5.70 \times \frac{5}{8} \times \left(1.35 \times \frac{2.7}{6.3} + 1.8 \times \frac{3.6}{6.3}\right) = 14.36 \text{kN/m}$$

　　　　　横隔墙（200mm 厚加气混凝土双面抹灰）：　　　$2.2 \times (3.8 - 0.6) = 7.04$kN/m

　　　　合计　　　　　　　　　　　　　　　　　　　　　　　　　　　　　　　25.53kN/m

⑨轴 AB 跨梁端剪力：5 层：　　　　　　　　　　　　$0.5 \times 25.28 \times 6.3 = 79.63$kN

　　　　　　　　　　4 层：　　　　　　　　　　　　$0.5 \times 19.51 \times 6.3 = 61.46$kN

　　　　　　　　　　2～3 层：　　　　　　　　　　$0.5 \times 32.14 \times 6.3 = 101.24$kN

　　　　　　　　　　1 层：　　　　　　　　　　　　$0.5 \times 25.23 \times 6.3 = 79.47$kN

◆⑪轴上 AB 跨次梁线荷载：

5 层：　　梁自重（考虑抹灰）：　　　　　　　　　　　　　　　　　　　　　　　4.13kN/m

屋面板传给梁： $5.75 \times \left[1 - 2 \left(\dfrac{1.65}{6.3} \right)^2 + \left(\dfrac{1.65}{6.3} \right)^3 \right] \times 1.65 \times 2 = 12.79 \text{kN/m}$

合计   16.92kN/m

1～4层： 梁自重（考虑抹灰）：   4.13kN/m

楼面板传给梁： $5.70 \times \left[1 - 2 \left(\dfrac{1.65}{6.3} \right)^2 + \left(\dfrac{1.65}{6.3} \right)^3 \right] \times 1.65 \times 2 = 12.68 \text{kN/m}$

合计   16.81kN/m

⑪轴 AB 跨梁端剪力：5层： $0.5 \times 16.92 \times 6.3 = 53.30 \text{kN}$

1～4层： $0.5 \times 16.81 \times 6.3 = 52.95 \text{kN}$

◆⑨轴上 BD 跨次梁线荷载：

5层： 梁自重（考虑抹灰）： $0.25 \times 0.7 \times 25 \times 1.1 = 4.81 \text{kN/m}$

屋面板传给梁： $5.75 \times \left[1 - 2 \left(\dfrac{1.8}{8.7} \right)^2 + \left(\dfrac{1.8}{8.7} \right)^3 \right] \times 1.8 \times 2 = 20.53 \text{kN/m}$

合计   25.34kN/m

4层： 梁自重（考虑抹灰）：   4.81kN/m

楼面传传给梁： $5.70 \times \left[1 - 2 \left(\dfrac{1.8}{6.0} \right)^2 + \left(\dfrac{1.8}{6.0} \right)^3 \right] \times \dfrac{6.0}{8.7} + 5.70 \times 1.35 \times \dfrac{2.7}{8.7} +$

$5.70 \times \dfrac{5}{8} \times (1.6 \times \dfrac{3.2}{8.7} + 1.4 \times \dfrac{2.8}{8.7} + 1.35 \times \dfrac{2.7}{8.7}) = 10.91 \text{kN/m}$

横隔墙（200mm 厚加气混凝土双面抹灰）： $2.2 \times (4.0 - 0.6) = 7.48 \text{kN/m}$

合计   23.20kN/m

1～3 层：　　梁自重（考虑抹灰）：　　　　　　　　　　　　　　　　　　　　4.13kN/m

　　　　　　楼面板传给梁：

$$5.70 \times \left[1 - 2 \left(\frac{1.8}{6.0} \right)^2 + \left(\frac{1.8}{6.0} \right)^3 \right] \times \frac{6.0}{8.7} \times 2 + 5.70 \times 1.35 \times \frac{2.7}{8.7} \times 2 = 11.44 \text{kN/m}$$

　　　　　　横隔墙（200mm 厚加气混凝土双面抹灰）：　　　$2.2 \times (3.8 - 0.6) = 7.04 \text{kN/m}$

　　　　合计　　　　　　　　　　　　　　　　　　　　　　　　　　　　　22.61kN/m

⑨轴 BD 跨梁端剪力：5 层：　　　　　　　　　　　$0.5 \times 25.34 \times 8.7 = 110.23 \text{kN}$

　　　　　　　　　4 层：　　　　　　　　　　　$0.5 \times 23.20 \times 8.7 = 100.92 \text{kN}$

　　　　　　　　　1～3 层：　　　　　　　　　$0.5 \times 22.61 \times 8.7 = 98.35 \text{kN}$

◆⑪轴上 BD 跨次梁线荷载：

5 层：　　梁自重（考虑抹灰）：　　　　　　　　　　　　　　　　　　　　4.81kN/m

　　　　　屋面板传给梁：　　　$5.75 \times \left[1 - 2 \left(\frac{1.65}{8.7} \right)^2 + \left(\frac{1.65}{8.7} \right)^3 \right] \times 1.65 \times 2 = 17.74 \text{kN/m}$

　　　　合计　　　　　　　　　　　　　　　　　　　　　　　　　　　　　22.55kN/m

4 层：　　梁自重（考虑抹灰）：　　　　　　　　　　　　　　　　　　　　4.81kN/m

　　　　　楼面板传给梁：

$$5.70 \times \left[1 - 2 \left(\frac{1.65}{6.0} \right)^2 + \left(\frac{1.65}{6.0} \right)^3 \right] \times \frac{6.0}{8.7} \times 2 + 5.70 \times 1.35 \times \frac{2.7}{8.7} \times 2 = 11.61 \text{kN/m}$$

　　　　合计　　　　　　　　　　　　　　　　　　　　　　　　　　　　　16.42kN/m

2～3 层：　　梁自重（考虑抹灰）：　　　　　　　　　　　　　　　　　　　4.81kN/m

　　　　　　楼面板传给梁：　　　　　　　　　　　　　　　　　　　　　　11.61kN/m

　　　　　　横隔墙（200mm 厚加气混凝土双面抹灰）：　　　$2.2 \times (3.8 - 0.6) = 7.04 \text{kN/m}$

　　　　合计　　　　　　　　　　　　　　　　　　　　　　　　　　　　　23.46kN/m

1层：　　梁自重（考虑抹灰）：　　　　　　　　　　　　　　4.81kN/m

　　　　楼面板传给梁：　　　　　　　　　　　　　　　　　11.61kN/m

　　　　　　合计　　　　　　　　　　　　　　　　　　　　16.42kN/m

⑪轴 BD 跨梁端剪力：5层：　　　　　　　$0.5\times22.55\times8.7=98.09kN$

　　　　　　　　　　　4层：　　　　　　　$0.5\times16.42\times8.7=71.43kN$

　　　　　　　　　　2～3层：　　　　　　　$0.5\times23.46\times8.7=102.05kN$

　　　　　　　　　　　1层：　　　　　　　$0.5\times16.42\times8.7=71.43kN$

◆Ⓐ轴梁（8、⑩轴之间）荷载：

5层：　　均布线荷载 梁自重（考虑抹灰）：　　　$0.25\times0.7\times25\times1.1=4.81kN/m$

　　　　屋面板传给梁：　　　　　　　　　　　$5.75\times\dfrac{5}{8}\times1.8=6.47kN/m$

　　　　　　合计　　　　　　　　　　　　　　　　　　　　11.28kN/m

　　　　跨中集中荷载（⑨轴传来）：　　　　　　　　　　　79.63kN

4层：　　均布线荷载 梁自重（考虑抹灰）：　　　$0.25\times0.7\times25\times1.1=4.81kN/m$

　　　　楼面板传给梁：　　　　　　　　　　　$5.70\times\dfrac{5}{8}\times1.8=6.41kN/m$

　　　　250mm 厚纵隔墙自重（考虑窗洞）：　　$2.43\times(3.8-0.7)\times0.85=6.40kN/m$

　　　　　　合计　　　　　　　　　　　　　　　　　　　　17.62kN/m

　　跨中集中荷载（⑨轴传来）：　　　　　　　　　　　　61.46kN

2～3层：　　均布线荷载 梁自重（考虑抹灰）：　　　$0.25\times0.7\times25\times1.1=4.81kN/m$

　　　　楼面板传给梁：　　　　　　　　　　　$5.70\times\dfrac{5}{8}\times1.8=6.41kN/m$

　　　　250mm 厚纵隔墙自重（考虑窗洞）：　　$2.43\times(3.8-0.7)\times0.85=6.40kN/m$

　　　　　　合计　　　　　　　　　　　　　　　　　　　　17.62kN/m

　　跨中集中荷载（⑨轴传来）：　　　　　　　　　　　　101.24kN

1层:均布线荷载 梁自重(考虑抹灰): $0.25 \times 0.7 \times 25 \times 1.1 = 4.81 \text{kN/m}$

楼面板传给梁: $5.70 \times \dfrac{5}{8} \times 1.8 = 6.41 \text{kN/m}$

250mm 厚纵隔墙自重(考虑窗洞): $2.43 \times (3.8 - 0.7) \times 0.85 = 6.40 \text{kN/m}$

合计 17.62kN/m

跨中集中荷载(⑨轴传来): 79.47kN

◆Ⓐ轴梁(⑩、⑫轴之间)荷载:

5层:均布线荷载 梁自重(考虑抹灰): $0.25 \times 0.7 \times 25 \times 1.1 = 4.81 \text{kN/m}$

屋面板传给梁: $5.75 \times \dfrac{5}{8} \times 1.65 = 5.93 \text{kN/m}$

合计 10.74kN/m

跨中集中荷载(⑪轴传来): 53.30kN

1~4层:均布线荷载 梁自重(考虑抹灰): $0.25 \times 0.7 \times 25 \times 1.1 = 4.81 \text{kN/m}$

楼面板传给梁: $5.75 \times \dfrac{5}{8} \times 1.65 = 5.93 \text{kN/m}$

250mm 厚纵隔墙自重(考虑窗洞): $2.43 \times (3.8 - 0.7) \times 0.85 = 6.40 \text{kN/m}$

合计 17.14kN/m

跨中集中荷载(⑪轴传来): 52.95kN

◆Ⓓ轴梁(8、⑩轴之间)荷载:

5层:均布线荷载 梁自重(考虑抹灰): $0.25 \times 0.7 \times 25 \times 1.1 = 4.81 \text{kN/m}$

屋面板传给梁: $5.75 \times \dfrac{5}{8} \times 1.8 = 6.47 \text{kN/m}$

合计 11.28kN/m

跨中集中荷载(⑨轴传来): 110.23kN

4 层:均布线荷载 梁自重(考虑抹灰):　　　　　　　　$0.25 \times 0.7 \times 25 \times 1.1 = 4.81 kN/m$

　　　楼面板传给梁:　　　　　　　　　　　　　　$5.70 \times \dfrac{5}{8} \times 1.8 = 6.41 kN/m$

　　　250mm 厚纵隔墙自重(考虑窗洞):　　　$2.43 \times (3.8 - 0.7) \times 0.85 = 6.40 kN/m$

　　　　合计　　　　　　　　　　　　　　　　　　　　17.62kN/m

　　　跨中集中荷载(⑨轴传来):　　　　　　　　　　100.92kN

1～3 层:均布线荷载 梁自重(考虑抹灰):　　　　　$0.25 \times 0.7 \times 25 \times 1.1 = 4.81 kN/m$

　　　楼面板传给梁:　　　　　　　　　　　　　　$5.70 \times \dfrac{5}{8} \times 1.8 = 6.41 kN/m$

　　　250mm 厚纵隔墙自重(考虑窗洞):　　　$2.43 \times (3.8 - 0.7) \times 0.85 = 6.40 kN/m$

　　　　合计　　　　　　　　　　　　　　　　　　　　17.62kN/m

　　　跨中集中荷载(⑨轴传来):　　　　　　　　　　98.35kN

◆⑪轴梁(10、12 轴之间)荷载:

5 层:均布线荷载 梁自重(考虑抹灰):　　　　　　　　$0.25 \times 0.7 \times 25 \times 1.1 = 4.81 kN/m$

　　　屋面板传给梁:　　　　　　　　　　　　　　$5.75 \times \dfrac{5}{8} \times 1.65 = 5.93 kN/m$

　　　　合计　　　　　　　　　　　　　　　　　　　　10.74kN/m

　　　跨中集中荷载(⑪轴传来):　　　　　　　　　　98.09kN

4 层:均布线荷载 梁自重(考虑抹灰):　　　　　　　　$0.25 \times 0.7 \times 25 \times 1.1 = 4.81 kN/m$

　　　楼面板传给梁:　　　　　　　　　　　　　　$5.75 \times \dfrac{5}{8} \times 1.65 = 5.93 kN/m$

　　　250mm 厚纵隔墙自重(考虑窗洞):　　　$2.43 \times (3.8 - 0.7) \times 0.85 = 6.40 kN/m$

　　　　合计　　　　　　　　　　　　　　　　　　　　17.14kN/m

　　　跨中集中荷载(⑪轴传来):　　　　　　　　　　71.43kN

2~3 层:均布线荷载 梁自重(考虑抹灰):　　　　　$0.25×0.7×25×1.1=4.81kN/m$

　　　　　　楼面板传给梁:　　　　　　　　　　　$5.75×\dfrac{5}{8}×1.65=5.93kN/m$

　　　　　　250mm 厚纵隔墙自重(考虑窗洞):　　$2.43×(3.8-0.7)×0.85=6.40kN/m$

　　　　合计　　　　　　　　　　　　　　　　　　　　17.14kN/m

　　　　跨中集中荷载(⑪轴传来):　　　　　　　　　102.05kN

　　1 层:均布线荷载 梁自重(考虑抹灰):　　　　　$0.25×0.7×25×1.1=4.81kN/m$

　　　　　　楼面板传给梁:　　　　　　　　　　　$5.75×\dfrac{5}{8}×1.65=5.93kN/m$

　　　　　　250mm 厚纵隔墙自重(考虑窗洞):　　$2.43×(3.8-0.7)×0.85=6.40kN/m$

　　　　合计　　　　　　　　　　　　　　　　　　　　17.14kN/m

　　　　跨中集中荷载(⑪轴传来):　　　　　　　　　71.43kN

◆Ⓑ轴梁(⑧、⑩轴之间)荷载:

5 层:均布线荷载　　　　　　　　　　　　　　$11.28kN/m×2=22.56kN/m$

　　　跨中集中荷载(⑨轴传来):　　　　　$79.63kN+110.23kN=189.86kN$

4 层:均布线荷载　　　　　　　　　　　　　　$17.62kN/m×2=35.24kN/m$

　　　跨中集中荷载(⑨轴传来):　　　　　$61.46kN+100.92kN=162.38kN$

2~3 层:均布线荷载　　　　　　　　　　　　$7.62kN/m×2=35.24kN/m$

　　　跨中集中荷载(⑨轴传来):　　　　$101.24kN+98.35kN=199.59kN$

1 层:均布线荷载　　　　　　　　　　　　　　$17.62kN/m×2=35.24kN/m$

　　　跨中集中荷载(⑨轴传来):　　　　　$79.47kN+98.35kN=177.82kN$

◆Ⓑ轴梁（10、12轴之间）荷载：

5层：均布线荷载　　　　　　　　　　　　　　10.74kN/m×2＝21.48kN/m

　　　跨中集中荷载（⑪轴传来）：　　　　　　53.30kN＋98.09kN＝151.39kN

4层：均布线荷载　　　　　　　　　　　　　　17.14kN/m×2＝34.28kN/m

　　　跨中集中荷载（⑪轴传来）：　　　　　　52.95kN＋71.43kN＝124.38kN

2～3层：均布线荷载　　　　　　　　　　　　17.14kN/m×2＝34.28kN/m

　　　跨中集中荷载（⑪轴传来）：　　　　　　52.95kN＋102.05kN＝155.00kN

1层：均布线荷载　　　　　　　　　　　　　　17.14kN/m×2＝34.28kN/m

　　　跨中集中荷载（⑪轴传来）：　　　　　　52.95kN＋71.43kN＝124.38kN

◆⑩轴—A轴柱集中荷载：

5层：$P=\left(\dfrac{1}{2}\times11.28\times7.2+\dfrac{1}{2}\times79.36\right)+\left(\dfrac{1}{2}\times10.74\times6.6+\dfrac{1}{2}\times53.30\right)=142.38kN$

4层：

500mm×500mm柱自重（考虑粉刷）：　　　　0.5×0.5×25×4.0×1.15＝28.75kN

$P=\left(\dfrac{1}{2}\times17.62\times7.2+\dfrac{1}{2}\times61.46\right)+\left(\dfrac{1}{2}\times17.14\times6.6+\dfrac{1}{2}\times52.95\right)+28.75=205.95kN$

2～3层：

500mm×500mm柱自重（考虑粉刷）：　　　　0.5×0.5×25×3.8×1.15＝27.31kN

$P=\left(\dfrac{1}{2}\times17.62\times7.2+\dfrac{1}{2}\times101.24\right)+\left(\dfrac{1}{2}\times17.14\times6.6+\dfrac{1}{2}\times52.95\right)+27.31=224.40kN$

1层：

500mm×500mm柱自重（考虑粉刷）：　　　　0.5×0.5×25×3.8×1.15＝27.31kN

$P=\left(\dfrac{1}{2}\times17.62\times7.2+\dfrac{1}{2}\times79.47\right)+\left(\dfrac{1}{2}\times17.14\times6.6+\dfrac{1}{2}\times52.95\right)+27.31=213.51kN$

◆⑩轴—D 轴柱集中荷载：

5 层：$P=\left(\dfrac{1}{2}\times11.28\times7.2+\dfrac{1}{2}\times110.23\right)+\left(\dfrac{1}{2}\times10.74\times6.6+\dfrac{1}{2}\times98.09\right)=180.21\text{kN}$

4 层：

500mm×500mm 柱自重（考虑粉刷）： $0.5\times0.5\times25\times4.0\times1.15=28.75\text{kN}$

$P=\left(\dfrac{1}{2}\times17.62\times7.2+\dfrac{1}{2}\times100.92\right)+\left(\dfrac{1}{2}\times17.14\times6.6+\dfrac{1}{2}\times71.43\right)+28.75=234.92\text{kN}$

2～3 层：

500mm×500mm 柱自重（考虑粉刷）： $0.5\times0.5\times25\times3.8\times1.15=27.31\text{kN}$

$P=\left(\dfrac{1}{2}\times17.62\times7.2+\dfrac{1}{2}\times98.35\right)+\left(\dfrac{1}{2}\times17.14\times6.6+\dfrac{1}{2}\times102.05\right)+27.31=247.50\text{kN}$

1 层：

500mm×500mm 柱自重（考虑粉刷）： $0.5\times0.5\times25\times3.8\times1.15=27.31\text{kN}$

$P=\left(\dfrac{1}{2}\times17.62\times7.2+\dfrac{1}{2}\times98.35\right)+\left(\dfrac{1}{2}\times17.14\times6.6+\dfrac{1}{2}\times71.43\right)+27.31=232.19\text{kN}$

◆⑩轴—B 轴柱集中荷载：

5 层：

$P=\left(\dfrac{1}{2}\times22.56\times7.2+\dfrac{1}{2}\times189.86\right)+\left(\dfrac{1}{2}\times21.48\times6.6+\dfrac{1}{2}\times151.39\right)=322.59\text{kN}$

4 层：

500mm×500mm 柱自重（考虑粉刷）： $0.5\times0.5\times25\times4.0\times1.15=28.75\text{kN}$

$P=\left(\dfrac{1}{2}\times35.24\times7.2+\dfrac{1}{2}\times162.38\right)+\left(\dfrac{1}{2}\times34.28\times6.6+\dfrac{1}{2}\times124.38\right)+28.75=412.12\text{kN}$

2～3 层：

500mm×500mm 柱自重（考虑粉刷）： $0.5\times0.5\times25\times3.8\times1.15=27.31\text{kN}$

$P=\left(\dfrac{1}{2}\times35.24\times7.2+\dfrac{1}{2}\times199.59\right)+\left(\dfrac{1}{2}\times34.28\times6.6+\dfrac{1}{2}\times155.00\right)+27.31=444.59\text{kN}$

1 层：

600mm×600mm 柱自重（考虑粉刷）： $0.6\times0.6\times25\times3.8\times1.15=39.33\text{kN}$

$P=\left(\dfrac{1}{2}\times35.24\times7.2+\dfrac{1}{2}\times177.82\right)+\left(\dfrac{1}{2}\times34.28\times6.6+\dfrac{1}{2}\times124.38\right)+39.33=430.41\text{kN}$

4.0m 高柱自重（考虑粉刷）： $0.6\times0.6\times25\times4.0\times1.15=41.40\text{kN}$

框架竖向荷载如附图 2.5 所示。

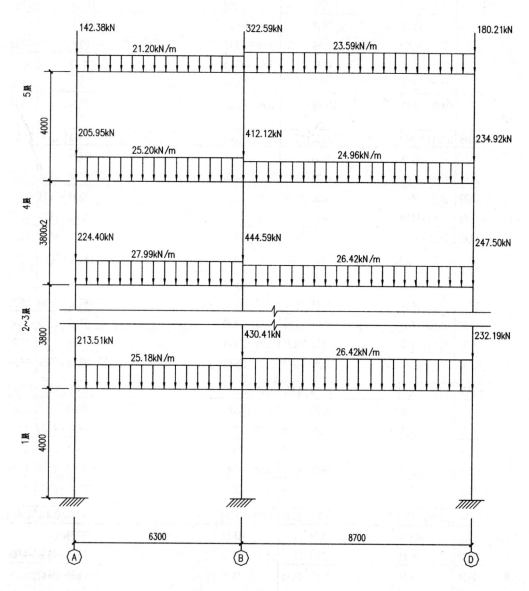

附图 2.5　⑩轴框架竖向荷载

（2）框架内力计算

在竖向荷载作用下框架内力采用弯矩二次分配法进行简化计算。⑩轴框架竖向荷载弯矩分配图如附图 2.5 所示，所得弯矩图如附图 2.6 所示。梁端剪力可根据梁上竖向荷载引起的剪力与梁端弯矩引起的剪力相叠加而得。柱轴力可由梁端剪力和节点集中力叠加得到。计算柱底轴力还需考虑柱的自重，见附表 2.13、附表 2.14 所列。

附图 2.6　横向框架弯矩二次分配法

	上柱	下柱	右梁	左梁	上柱	下柱	右梁	左梁	上柱	下柱
		0.477	0.523	0.301		0.274	0.425	0.608		0.392
5层			-70.12	70.12			-148.79	148.79		
		33.45	36.67	23.68	21.56		33.43	-90.46		-58.33
		13.26	11.84	18.34		7.89	-45.23	16.72		-21.81
		-11.97	-13.13	5.72	5.21		8.08	3.09		2.00
		34.74	-34.74	117.86		34.66	-152.52	78.14		-78.14
	0.318	0.334	0.348	0.233	0.213	0.224	0.330	0.413	0.277	0.292
4层			-83.35	83.35			-157.44	157.44		
	26.51	27.84	29.00	17.26	15.78	16.60	24.45	-67.86	-43.61	-45.97
	16.73	14.86	8.63	14.50	10.78	8.08	-33.93	12.23	-29.17	-23.50
	-12.79	-13.43	-14.00	0.13	0.12	0.13	0.19	17.43	11.20	11.81
	30.45	29.27	-59.72	115.24	26.68	24.81	-166.73	119.24	-61.58	-57.66
	0.321	0.344	0.335	0.227	0.218	0.234	0.321	0.416	0.282	0.302
3层			-92.58	92.58			-166.64	166.64		
	29.72	31.85	31.01	16.81	16.15	17.33	23.77	-69.32	-46.99	-50.33
	13.92	15.56	8.42	15.01	8.30	6.85	-34.66	11.89	-22.99	-24.67
	-12.17	-13.04	-12.70	1.02	0.98	1.05	1.44	14.88	10.09	10.80
	31.47	34.47	-65.84	125.42	25.43	25.23	-176.08	124.09	-59.89	-64.20
	0.336	0.336	0.328	0.179	0.185	0.382	0.254	0.408	0.296	0.296
2层			-92.58	92.58			-166.64	166.64		
	31.11	31.11	30.36	13.26	13.70	28.29	18.81	-67.98	-49.33	-49.33
	15.93	14.24	6.63	15.18	8.67	13.55	-33.99	9.41	-25.17	-25.00
	-12.36	-12.36	-12.07	-0.61	-0.63	1.30	-0.87	16.63	12.06	12.06
	34.68	32.99	-67.67	120.41	21.74	43.14	-185.29	124.71	-62.44	-62.27
	0.342	0.325	0.333	0.152	0.325	0.308	0.215	0.414	0.300	0.286
1层			-83.28	83.28			-166.64	166.64		
	28.48	27.07	27.73	12.68	27.09	25.67	17.92	-68.99	-49.99	-47.66
	15.56		6.34	13.87	14.15		-34.50	8.96	-24.67	
	-7.49	-7.12	-7.29	0.98	2.11	2.00	1.39	6.50	4.71	4.49
	36.55	19.95	-56.50	110.81	43.35	27.67	-181.83	113.12	-69.95	-43.17
		9.98			13.84					-21.59

6300　　　　　8700

Ⓐ　　　　Ⓑ　　　　Ⓓ

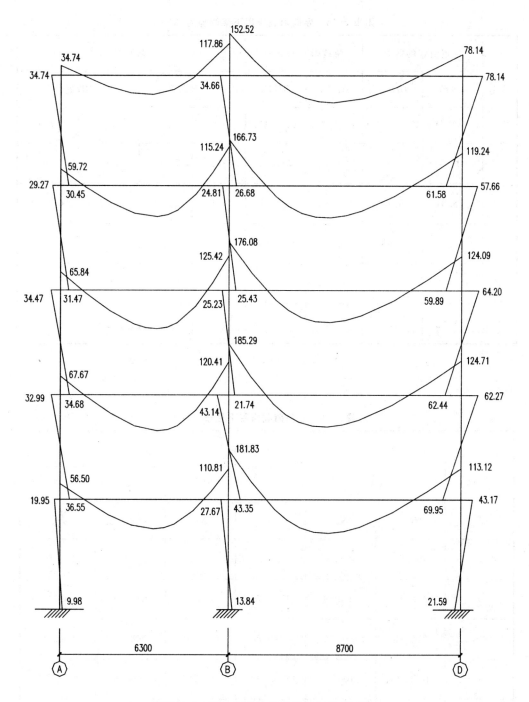

附图 2.7 竖向荷载作用下横向框架弯矩图

附表 2.13　竖向荷载作用下梁端剪力(kN)

层 号	弯矩引起的剪力		荷载引起的剪力		总剪力			
	AB 跨	BD 跨	AB 跨	BD 跨	AB 跨		BD 跨	
	$V_A = -V_B$	$V_B = -V_D$	$V_A = V_B$	$V_B = V_D$	V_A	V_B	V_B	V_D
5	−13.19	8.55	21.37	102.62	53.27	79.66	111.17	94.07
4	−8.81	5.46	10.92	108.58	70.57	88.19	114.03	103.12
3	−9.46	5.98	8.96	114.93	78.71	97.63	120.90	108.95
2	−8.37	6.96	6.96	114.93	79.80	96.54	121.89	107.96
1	−8.62	7.90	3.95	114.93	70.70	87.94	122.82	107.03

附表 2.14　竖向荷载作用下柱轴力(kN)

层 号	柱轴力					
	A 柱		B 柱		D 柱	
	$N_顶$	$N_底$	$N_顶$	N_{di}	$N_顶$	$N_底$
5	195.65	224.4	513.42	542.17	274.28	303.03
4	472.17	499.48	1127.76	1155.07	612.32	639.63
3	775.28	802.59	1790.88	1818.19	968.77	996.08
2	1079.48	1106.79	2453.90	2493.23	1324.23	1351.54
1	1363.69	1392.44	3095.07	3136.47	1663.45	1692.20

注:柱轴力以受压为正。

（3）荷载效应组合

本节内容仅列出⑩轴梁柱的内力组合过程。

在只考虑竖向荷载情况下，按规定应分别计算出在恒载和活载组合时的内力，在本例中，考虑了活载占全部竖向荷载的实际比例，当取竖向荷载的综合分项系数 $\gamma_{CQ}=1.25$ 时，本计算结果十分相似，即 $1.2C_GG_K+1.4C_QQ_K\approx 1.25(C_GG_K+C_QQ_K)=1.25(C_{CQ}G_{CQ})$

为计算方便，本例仅计算出全部竖向荷载（恒载＋活载）作用下结构的内力，当乘以综合分项系数 $\gamma_{CQ}=1.25$ 时，即为只考虑竖向荷载的组合结果。

在竖向荷载作用下，先考虑梁端负弯矩的调幅，然后再计算剪力和跨中弯矩，进行内力组合。

考虑竖向荷载代表值取恒载 100%、活载 50%，故本例竖向荷载代表值约占总重力荷载的 93%，当与地震作用组合时，取 $\gamma_G C_G G_E \approx 1.2\gamma_G \times 0.93C_{CQ}G_{CQ}=1.12C_{CQ}G_{CQ}$。

钢筋混凝土高层建筑结构构件的承载能力按下列公式验算：

非抗震设计：
$$\gamma_0 S \leqslant R$$

抗震设计：
$$S \leqslant R/\gamma_{RE}$$

为了计算比较，本例在内力组合以获得荷载效应组合设计值 S 的同时，乘上结构重要性系数和承载力抗震调整系数，即对抗震设计采用下列表达式：

$$\gamma_{RE} S \leqslant R$$

① 梁的支座弯矩和剪力

考虑到水平地震作用可自左向右和自右向左作用，分别引起大小相等而方向相反的支座弯矩和剪力。当竖向荷载效应与水平地震作用效应组合时，支座弯矩和剪力按下列各式组合：

支座负弯矩：
$$\left.\begin{array}{l} -M=-(\gamma_G M_{CQ}+\gamma_{Eh}M_{Eh})\gamma_{RE} \\ -M=-\gamma_0\gamma_{CQ}M_{CQ} \end{array}\right\} \text{（取其中之大者）}$$

支座正弯矩：$+M=(\gamma_{Eh}M_{Eh}-\gamma_G M_{CQ})\gamma_{RE}$

梁端剪力：$V=(\gamma_{Eh}V_{Eh}+\gamma_G V_{CQ})\gamma_{RE}$

$$V=\gamma_0\gamma_{CQ}V_{CQ}$$

② 梁的跨中最大弯矩

$$跨中正弯矩：\left.\begin{array}{l} +M=\gamma_{RE}M_{max} \\ +M=\gamma_0\gamma_{QQ}M_{QQ,max} \end{array}\right\}（取其中之大者）$$

式中：M_{max} 为梁跨范围内 $\gamma_G M_{GQ}+\gamma_{Eh}M_{Eh}$ 的最大正值；$M_{QQ,max}$ 为竖向荷载（恒载和楼面活载）标准值引起的梁跨范围内最大正弯矩。

现以解析法导出求解最大正弯矩 M_{max} 计算公式。

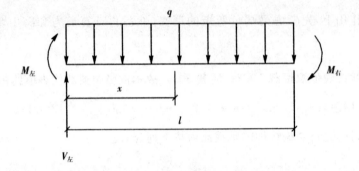

附图 2.8　求解最大正弯矩计算图形

如附图 2.8 所示，$M_左$ 代表梁左端组合弯矩值，$M_右$ 代表梁右端组合弯矩值，q 为梁上荷载设计值；l 为梁的跨度；$V_左$ 代表梁左端支反力，x 代表最大正弯矩 M_{max} 距左端的距离。

对右端取矩，得 $V_左=\dfrac{1}{2}ql-\dfrac{M_左+M_右}{l}$

则 $M_{max}=M_左+V_左\cdot x-\dfrac{1}{2}qx^2$

由 $\dfrac{\mathrm{d}M_{max}}{\mathrm{d}x}=V_左-qx$ 解得　$x=\dfrac{V_左}{q}$

则 $M_{max}=M_左+\dfrac{V_左{}^2}{q}$

下面以第五层 AB 跨梁为例，说明计算过程，其余计算结果见附表 2.15 所列。

◆ 竖向荷载单独作用下：

$$M_{左} = -36.91\text{kN} \cdot \text{m}, \qquad\qquad M_{ti} = 125.23\text{kN} \cdot \text{m},$$

$$q = 1.25 \times 21.10 = 26.38\text{kN/m}, \qquad l = 6.3\text{m}$$

则 $V_{左} = 69.06\text{kN}$

$$M_{max} = 36.91 + \frac{69.09^2}{2 \times 26.38} = 53.51\text{kN} \cdot \text{m}$$

◆ 竖向荷载与水平地震作用下：

左震时：

$$M_{左} = \frac{30.39}{0.75} = 40.52\text{kN} \cdot \text{m}, M_{ti} = \frac{116.69}{0.75} = 155.59\text{kN} \cdot \text{m},$$

$$q = 1.12 \times 21.10 = 23.63\text{kN/m}, \qquad l = 6.3\text{m}$$

则 $V_{左} = 43.31\text{kN}$

$$M_{max} = \left(40.52 + \frac{43.31^2}{2 \times 23.63}\right) \times 0.75 = 80.20\text{kN} \cdot \text{m}$$

右震时：

$$M_{左} = \frac{-80.00}{0.75} = -106.67\text{kN} \cdot \text{m}, M_{ti} = \frac{51.62}{0.75} = 68.69\text{kN} \cdot \text{m},$$

$$q = 1.12 \times 21.10 = 23.63\text{kN} \cdot \text{m}, \qquad l = 6.3\text{m},$$

则 $V_{左} = 80.46\text{kN}$

$$M_{max} = \left(-106.67 + \frac{80.46^2}{2 \times 23.63}\right) \times 0.75 = 30.32\text{kN} \cdot \text{m}$$

附表 2.15　　框架梁弯矩组合表

层号	截面位置	M_{GQ} (kN·m)	支　座　弯　矩		$1.25M_{GQ}$ (kN·m)	$(1.12M_{GQ}+1.3M_{Eh})$ ×0.75(kN·m)	
			M_{Eh}(kN·m)				
			左震	右震		左震	右震
5	A	−29.53	56.61	−56.61	−36.91	30.39	−80.00
	B左	100.18	33.37	−33.37	125.23	116.69	51.62
	B右	−129.64	47.21	−47.21	−162.05	−62.87	−154.93
	D	66.42	67.62	−67.62	83.02	121.72	−10.14
	AB 跨				53.51	80.20	
	BD 跨				132.67	191.60	
4	A	−50.76	112.73	−112.73	−63.45	67.27	−152.55
	B左	97.95	75.62	−75.62	122.44	156.01	8.55
	B右	−141.72	106.99	−106.99	−177.15	−14.73	−223.36
	D	101.35	137.86	−137.86	126.69	219.55	−49.28
	AB 跨				55.32	87.10	
	BD 跨				265.76	311.60	
3	A	−55.96	150.90	−150.90	−69.96	100.12	−194.14
	B左	106.61	119.43	−119.43	133.26	205.99	−26.89
	B右	−149.67	168.99	−168.99	−187.09	39.04	−290.49
	D	105.48	197.89	−197.89	131.85	281.54	−104.34
	AB 跨				57.94	86.10	
	BD 跨				258.45	335.20	
2	A	−57.52	164.79	−164.79	−71.90	112.35	−208.99
	B左	102.35	114.48	−114.48	127.94	197.59	−25.65
	B右	−157.50	161.98	−161.98	−196.87	25.63	−290.23
	D	106.00	199.07	−199.07	132.50	283.14	−105.05
	AB 跨				53.19	86.10	
	BD 跨				276.36	339.30	
1	A	−48.03	156.77	−156.77	−60.03	112.51	−193.19
	B左	94.19	147.44	−147.44	117.74	222.87	−64.64
	B右	−154.56	208.60	−208.60	−193.19	73.56	−333.21
	D	96.15	195.44	−195.44	120.19	271.32	−109.79
	AB 跨				81.35	102.30	
	BD 跨				249.28	305.70	

注：AB 跨，BD 跨即指 AB 跨中和 BD 跨中的最大正弯矩截面。梁端弯矩以顺时针为正。

附表 2.16 框架梁剪力组合表

层号	剪力名称	V_{GQ} (kN)	V_{Eh}(kN)		1.25V_{GQ} (kN)	$(1.12V_{GQ}+1.3V_{Eh})\times 0.85$(kN)	
			左震	右震		左震	右震
5	V_{AB}	53.27	−14.28	14.28	66.59	34.93	66.49
	V_{BA}	79.66	14.28	−14.28	99.57	91.61	60.06
	V_{BD}	111.17	−13.20	13.20	138.96	91.24	120.42
	V_{DB}	94.07	13.20	−13.20	117.58	104.14	74.97
4	V_{AB}	70.57	−29.90	29.90	88.21	34.14	100.22
	V_{BA}	88.19	29.90	−29.90	110.24	117.00	50.92
	V_{BD}	114.03	−28.14	28.14	142.54	77.46	139.65
	V_{DB}	103.12	28.14	−28.14	128.90	129.26	67.08
3	V_{AB}	78.71	−42.91	42.91	98.39	27.52	122.35
	V_{BA}	97.63	42.91	−42.91	122.04	140.36	45.53
	V_{BD}	120.90	−42.17	42.17	151.13	68.50	161.69
	V_{DB}	108.95	42.17	−42.17	136.19	150.32	57.12
2	V_{AB}	79.80	−44.33	44.33	99.75	26.98	124.95
	V_{BA}	96.54	44.33	−44.33	120.68	140.89	42.92
	V_{BD}	121.89	−41.50	41.50	152.36	70.18	161.90
	V_{DB}	107.96	41.50	−41.50	134.95	148.64	56.92
1	V_{AB}	70.70	−48.29	48.29	88.38	13.95	120.67
	V_{BA}	87.94	48.29	−48.29	109.93	137.08	30.36
	V_{BD}	122.82	−46.44	46.44	153.53	65.61	168.24
	V_{DB}	107.03	46.44	−46.44	133.79	153.21	50.58

注:梁端剪力以向上为正。

③ 柱的内力组合

柱的内力组合如下:

$$考虑内力组合\begin{cases} M=\gamma_{RE}(\gamma_{GQ}M_{GQ}\pm\gamma_{Eh}M_{Eh}) \\ N=\gamma_{RE}(\gamma_{GQ}N_{GQ}\pm\gamma_{Eh}N_{Eh}) \\ V=\gamma_{RE}(\gamma_{GQ}V_{GQ}+\gamma_{Eh}V_{Eh}) \end{cases} 及 \begin{cases} M=\gamma_0\gamma_{GQ}M_{GQ} \\ N=\gamma_0\gamma_{GQ}N_{GQ} \\ V=\gamma_0\gamma_{GQ}V_{GQ} \end{cases}$$

对柱 $\begin{cases} \text{正截面抗弯承载能力} \begin{cases} \text{轴压比} < 0.15 \text{时}, \gamma_{RE} \text{取} 0.75(12 \text{层}) \\ \text{轴压比} \geqslant 0.15 \text{时}, \gamma_{RE} \text{取} 0.8(1 \text{至} 11 \text{层}) \end{cases} \\ \text{斜截面抗弯承载能力} \gamma_{RE} \text{取} 0.85 \end{cases}$

式中，水平地震作用产生的剪力 V_{Eh}（即各柱的 $V_{\min}$ 值）已算出，竖向荷载产生的剪力 V_{GQ} 可根据各柱端弯矩算出。

如 5 层边柱：柱顶：$\qquad M_{GQ} = 34.74 \text{kN} \cdot \text{m}$

柱底：$\qquad M_{GQ} = 30.45 \text{kN} \cdot \text{m}$

$$\therefore \qquad V_{GQ} = -\frac{34.74 + 30.48}{4.0} = -16.30 \text{kN}$$

同理，算出 ⑩ 轴各层各柱剪力。框架柱选取每层柱顶和柱底两个控制截面，并从内力组合中选取一组配筋最大者作为截面控制值。各柱剪力见附表 2.17 所示。

附表 2.17　框架柱剪力表

柱号	层号	$M_顶$(kN·m)	$M_底$(kN·m)	h(m)	V(kN·m)
A柱	5	34.74	30.45	4.00	−16.30
	4	29.27	31.47	3.80	−15.98
	3	34.47	34.68	3.80	−18.20
	2	32.99	36.55	3.80	−18.30
	1	19.95	9.98	4.00	−7.48
B柱	5	34.66	26.68	4.00	−15.34
	4	24.81	25.43	3.80	−13.22
	3	25.23	21.74	3.80	−12.36
	2	43.14	43.35	3.80	−22.76
	1	27.67	13.84	4.00	−10.38
D柱	5	−78.14	−61.58	4.00	34.93
	4	−57.66	−59.89	3.80	30.93
	3	−64.20	−62.44	3.80	33.33
	2	−62.27	−69.95	3.80	34.79
	1	−43.17	−21.59	4.00	16.19

注：柱端弯矩以顺时针为正，柱端剪力以绕柱端顺时针转为正。

⑩轴各层柱的组合计算见附表 2.18、附表 2.19、附表 2.20 所列。

附表 2.18　框架 A 柱弯矩组合表

柱号	层号	位置	内力	作用类别			竖向荷载组合	竖向荷载与地震作用组合	
				①(恒载＋活载)	② 左震	③ 右震	$1.25 \times$ ①	$\gamma_{RE}(1.12 \times ① + 1.3 \times ②)$	$\gamma_{RE}(1.12 \times ① + 1.3 \times ③)$
A 柱	5	柱顶	M	34.74	56.61	−56.61	43.43	−8.66	−29.48
			N	195.60	−14.28	14.28	244.50	2.18	201.99
		柱底	V	−16.30	21.94	−21.94	−20.38	−3.36	−39.76
			M	30.45	31.15	−31.15	38.06	−4.77	−5.43
			N	224.40	−14.28	14.28	280.50	2.18	229.41
	4	柱顶	M	29.27	81.58	−81.58	36.59	−12.48	−62.28
			N	472.17	−44.18	44.18	590.21	6.76	498.32
		柱底	V	−15.98	35.90	−35.90	−19.98	−5.49	−54.88
			M	31.47	54.84	−54.84	39.34	−8.39	−30.64
			N	499.28	−44.18	44.18	624.10	6.76	524.13
	3	柱顶	M	34.47	96.06	−96.06	43.09	−14.70	−73.33
			N	775.28	−87.09	87.09	969.10	13.32	834.30
		柱底	V	−18.20	45.96	−45.96	−22.75	−7.03	−68.11
			M	34.68	78.59	−78.59	43.35	−12.02	−53.83
			N	802.59	−87.09	87.09	1003.24	13.32	860.30
	2	柱顶	M	32.99	86.20	−86.20	41.24	−13.19	−63.84
			N	1079.48	−131.42	131.42	1349.35	20.11	1172.88
		柱底	V	−18.30	45.37	−45.37	−22.88	−6.94	−67.56
			M	36.55	86.20	−86.20	45.69	−13.19	−60.46
			N	1106.79	−131.42	131.42	1383.49	20.11	1198.88
	1	柱顶	M	19.95	70.57	−70.57	24.94	−10.80	−58.99
			N	1363.69	−179.71	179.71	1704.61	27.50	1496.81
		柱底	V	−7.48	49.01	−49.01	−9.35	−7.50	−61.28
			M	9.98	125.47	−125.47	12.48	−19.20	−129.14
			N	1392.44	−179.71	179.71	1740.55	27.50	1524.18

附表 2.19　框架 B 柱弯矩组合表

柱号	层号	位置	内力	作用类别			竖向荷载组合	竖向荷载与地震作用组合	
				①(恒载＋活载)	② 左震	③ 右震	1.25×①	$\gamma_{RE}(1.12\times①+1.3\times②)$	$\gamma_{RE}(1.12\times①+1.3\times③)$
B柱	5	柱顶	M	34.66	80.58	−80.58	43.33	−12.33	−56.04
			N	513.42	1.08	−1.08	641.78	−0.17	487.58
			V	−15.34	35.34	−35.34	−19.18	−5.41	−53.65
		柱底	M	26.68	60.78	−60.78	33.35	−9.30	−41.76
			N	542.17	1.08	−1.08	677.71	−0.17	514.95
	4	柱顶	M	24.81	121.83	−121.83	31.01	−18.64	−111.00
			N	1127.76	2.84	−2.84	1409.70	−0.43	1070.49
			V	−13.22	58.29	−58.29	−16.53	−8.92	−77.00
		柱底	M	25.43	99.68	−99.68	31.79	−15.25	−85.94
			N	1155.07	2.84	−2.84	1443.84	−0.43	1096.49
	3	柱顶	M	25.23	144.21	−144.21	31.54	−22.06	−135.33
			N	1790.88	3.58	−3.58	2238.60	−0.55	1700.96
			V	−12.36	75.90	−75.90	−15.45	−11.61	−95.64
		柱底	M	21.74	144.21	−144.21	27.18	−22.06	−138.66
			N	1818.19	3.58	−3.58	2272.74	−0.55	1726.96
	2	柱顶	M	43.14	197.87	−197.87	53.93	−30.27	−177.58
			N	2453.90	6.41	−6.41	3067.38	−0.98	2329.03
			V	−22.76	104.14	−104.14	−28.45	−15.93	−136.74
		柱底	M	43.35	197.87	−197.87	54.19	−30.27	−177.38
			N	2493.23	6.41	−6.41	3116.54	−0.98	2366.47
	1	柱顶	M	27.67	158.17	−158.17	34.59	−24.20	−148.44
			N	3095.07	8.26	−8.26	3868.84	−1.26	2937.38
			V	−10.38	106.87	−106.87	−12.98	−16.35	−127.97
		柱底	M	13.84	269.31	−269.31	17.30	−41.20	−284.41
			N	3136.47	8.26	−8.26	3920.59	−1.26	2976.79

附表 2.20 框架 D 柱弯矩组合表

柱号	层号	位置	内力	作用类别			竖向荷载组合	竖向荷载与地震作用组合	
				①(恒载+活载)	② 左震	③ 右震	$1.25 \times ①$	$\gamma_{RE}(1.12 \times ① + 1.3 \times ②)$	$\gamma_{RE}(1.12 \times ① + 1.3 \times ③)$
D柱	5	柱顶	M	−78.14	67.62	−67.62	−97.68	−10.35	−149.11
			N	274.28	13.20	−13.20	342.85	−2.02	246.53
			V	34.93	27.09	−27.09	43.66	−4.14	3.32
		柱底	M	−61.58	40.74	−40.74	−76.98	−6.23	−103.64
			N	303.03	13.20	−13.20	378.79	−2.02	273.90
	4	柱顶	M	−57.66	97.12	−97.12	−72.08	−14.86	−162.21
			N	612.32	41.34	−41.34	765.40	−6.33	537.25
			V	30.93	44.37	−44.37	38.66	−6.79	−19.58
		柱底	M	−59.89	71.49	−71.49	−74.86	−10.94	−136.01
			N	639.63	41.34	−41.34	799.54	−6.33	563.25
	3	柱顶	M	−64.20	126.40	−126.40	−80.25	−19.34	−200.79
			N	968.77	83.51	−83.51	1210.96	−12.78	829.99
			V	33.33	57.35	−57.35	41.66	−8.77	−31.64
		柱底	M	−62.44	91.53	−91.53	−78.05	−14.00	−160.58
			N	996.08	83.51	−83.51	1245.10	−12.78	855.99
	2	柱顶	M	−62.27	107.54	−107.54	−77.84	−16.45	−178.11
			N	1324.23	125.01	−125.01	1655.29	−19.13	1122.53
			V	34.79	56.60	−56.60	43.49	−8.66	−29.42
		柱底	M	−69.95	107.54	−107.54	−87.44	−16.45	−185.42
			N	1351.54	125.01	−125.01	1689.43	−19.13	1148.53
	1	柱顶	M	−43.17	87.90	−87.90	−53.96	−13.45	−138.23
			N	1663.45	171.45	−171.45	2079.31	−26.23	1394.15
			V	16.19	54.94	−54.94	20.24	−8.41	−45.30
		柱底	M	−21.59	131.86	−131.86	−26.99	−20.17	−166.26
			N	1692.20	171.45	−171.45	2115.25	−26.23	1421.52

四、截面设计

1. 框架梁

梁的配筋计算结果见附表 2.21 所列。

附表 2.21　框架梁纵向钢筋计算

层号	截面		$M(kN \cdot m)$	$A'_s(mm^2)$	$A_s(mm^2)$	实配钢筋	实配钢筋面积(mm^2)
5	支座	A	−80.00	511		3 φ 20	942
		B	−162.05	997		4 φ 20	1257
		D	121.72	593		3 φ 20	942
	AB 跨		80.20		526	3 φ 18	763
	BD 跨		191.60		1046	4 φ 22	1521
4	支座	A	−152.55	983		4 φ 22	1521
		B	−223.36	1524		4 φ 25	1963
		D	219.55	1110		4 φ 22	1521
	AB 跨		87.10		542	3 φ 22	1140
	BD 跨		311.60		1826	4 φ 25	1963
3	支座	A	−194.14	1325		4 φ 22	1521
		B	−290.49	1756		4 φ 25	1963
		D	281.54	1685		4 φ 25	1963
	AB 跨		86.10		531	3 φ 22	1140
	BD 跨		335.20		1924	4 φ 25	1963
2	支座	A	−208.99	1462		4 φ 22	1521
		B	−290.23	1749		4 φ 25	1963
		D	283.14	1694		4 φ 25	1963
	AB 跨		86.10		531	3 φ 22	1140
	BD 跨		339.30		1912	4 φ 25	1963
1	支座	A	−193.19	1317		4 φ 22	1521
		B	−333.21	1921		4 φ 25	1963
		D	271.32	1664		4 φ 25	1963
	AB 跨		102.30		764	3 φ 22	1140
	BD 跨		305.70		1821	4 φ 25	1963

附表 2.22　框架梁箍筋数量计算

层号	截面	$\gamma_{RE}V(kN)$	$0.2\beta_c f_c bh_0(kN)$	梁端加密区实配钢筋	非加密区实配钢筋
5	A	66.59	357	2Φ8@100	2Φ8@200
	B、D	138.96	446	2Φ8@100	2Φ8@200
4	A	100.22	357	2Φ8@100	2Φ8@200
	B、D	142.54	446	2Φ8@100	2Φ8@200
3	A	122.35	357	2Φ8@100	2Φ8@200
	B、D	161.69	446	2Φ8@100	2Φ8@200
2	A	124.95	357	2Φ8@100	2Φ8@200
	B、D	161.90	446	2Φ8@100	2Φ8@200
1	A	120.67	357	2Φ8@100	2Φ8@200
	B、D	168.24	446	2Φ8@100	2Φ8@200

2. 框架柱

柱的配筋计算结果见附表 2.23 所列。

附表 2.23　框架柱配筋计算

柱号	层号	M(kN·m)	$V(kN)$	$N(kN)$	计算面积	实配钢筋	实配面积	实配箍筋 加密区	实配箍筋 非加密区
A	5	43.43	39.76	244.50	500	4Φ16	804	2Φ8@100	2Φ8@200
	4	62.28	54.88	498.32	500	4Φ16	804	2Φ8@100	2Φ8@200
	3	73.33	68.11	834.30	500	4Φ16	804	2Φ8@100	2Φ8@200
	2	63.84	67.56	1172.88	500	4Φ18	1018	2Φ8@100	2Φ8@200
	1	129.14	61.28	1524.18	500	4Φ18	1018	2Φ8@100	2Φ8@200
B	5	56.04	53.65	487.68	500	4Φ20	1257	2Φ8@100	2Φ8@200
	4	111.00	77.00	1070.49	500	4Φ20	1257	2Φ8@100	2Φ8@200
	3	138.66	95.64	1726.96	500	4Φ20	1257	2Φ10@100	2Φ10@200
	2	177.58	136.74	2329.03	720	4Φ22	1901	2Φ10@100	2Φ10@200
	1	148.44	127.97	2937.38	720	4Φ22	1901	2Φ12@100	2Φ12@200
D	5	149.11	43.66	246.53	500	4Φ18	1018	2Φ8@100	2Φ8@200
	4	162.21	38.66	537.25	500	4Φ18	1018	2Φ8@100	2Φ8@200
	3	200.79	41.66	829.99	500	4Φ18	1018	2Φ8@100	2Φ8@200
	2	178.11	43.49	1122.53	500	4Φ20	1257	2Φ8@100	2Φ8@200
	1	166.26	45.30	1421.52	500	4Φ20	1257	2Φ10@100	2Φ10@200

注:钢筋面积单位为 mm²。

第三部分　　基础计算

一、基础底面尺寸的确定

基础底面尺寸是根据地基承载力条件、地基变形条件和上部结构荷载条件确定的。由于柱下独立基础的底面积不大,故假定基础是绝对刚性且地基土反力为线性分布。

$$A \geqslant \frac{F_K}{f_a - \gamma_G d}$$

其中:A 为基础底面面积,f_a 为修正后的地基承载力特征值,d 为基础埋置深度,γ_G 为基础自重和其上土重的平均重度。设计时先按上式算得 A,再选定基础底面积的一个边长 b,即可求得另一边长 $l = A/b$,当采用正方形时,$b = l = \sqrt{A}$。

由此估算,取基础尺寸为 2300 mm × 2300 mm,然后对基础进行计算。

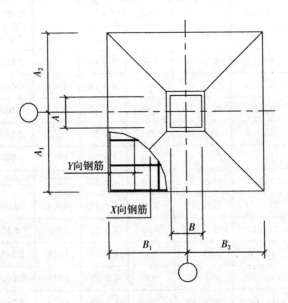

附图 2.9　基础平面图

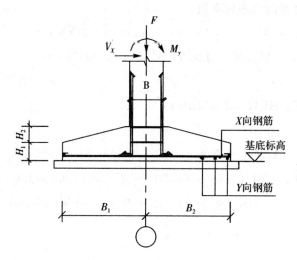

附图 2.10　基础计算简图

二、基本参数

1. 几何参数

已知尺寸：

$B_1 = 2300$ mm，　　　　　$A_1 = 2300$ mm

$H_1 = 300$ mm，　　　　　$H_2 = 550$ mm

$B\ \ = 600$ mm，　　　　　$A = 600$ mm

无偏心：

$B_2 = 2300$ mm，　　　　　$A_2 = 2300$ mm

基础埋深 $d = 1.90$ m

钢筋合力重心到板底距离 $a_s = 80$ mm

2. 荷载值

（1）作用在基础顶部的基本组合荷载

$F = 2976.79$ kN

$M_x = 284.41$ kN·m

$M_y = 0.00$ kN·m

$V_x = 127.97$ kN

$V_y = 0.00$ kN

折减系数 $K_s = 1.35$

（2）作用在基础底部的弯矩设计值

绕 X 轴弯矩：$M_{0x} = M_x - V_y \cdot (H_1 + H_2) = 284.41 - 0.00 \times 0.85 = 284.41$ kN·m

绕 Y 轴弯矩：$M_{0y} = M_y + V_x \cdot (H_1 + H_2) = 0.00 + 127.97 \times 0.85 = 108.77$ kN·m

（3）作用在基础底部的弯矩标准值

绕 X 轴弯矩：$M_{0xk} = M_{0x}/K_s = 284.41/1.35 = 210.67\text{kN} \cdot \text{m}$

绕 Y 轴弯矩：$M_{0yk} = M_{0y}/K_s = 108.77/1.35 = 80.57\text{kN} \cdot \text{m}$

3. 材料信息

混凝土：C25 钢筋：HRB335（20MnSi）

4. 基础几何特性

底面积：$S = (A_1 + A_2)(B_1 + B_2) = 4.60 \times 4.60 = 21.16\text{m}^2$

绕 X 轴抵抗矩：$Wx = (1/6)(B_1 + B_2)(A_1 + A_2)^2 = (1/6) \times 4.60 \times 4.60^2 = 16.22\text{m}^3$

绕 Y 轴抵抗矩：$Wy = (1/6)(A_1 + A_2)(B_1 + B_2)^2 = (1/6) \times 4.60 \times 4.60^2 = 16.22\text{m}^3$

三、计算过程

1. 修正地基承载力

计算公式：

按《建筑地基基础设计规范》（GB 50007－2002）下列公式验算：

$$f_a = f_{ak} + \eta_b \cdot \gamma \cdot (b - 3) + \eta_d \cdot \gamma_m \cdot (d - 0.5)$$

式中：$f_{ak} = 260.00\text{kPa}$

$\eta_b = 0.30, \eta_d = 1.60$

$\gamma = 18.00\text{kN/m}^3 \gamma_m = 18.00\text{kN/m}^3$

$b = 4.60\text{m}, d = 1.90\text{ m}$

如果 $b < 3\text{m}$，按 $b = 3\text{m}$，如果 $b > 6\text{m}$，按 $b = 6\text{m}$

如果 $d < 0.5\text{m}$，按 $d = 0.5\text{m}$

$f_a = f_{ak} + \eta_b \cdot \gamma \cdot (b - 3) + \eta_d \cdot \gamma_m \cdot (d - 0.5)$

$= 260.00 + 0.30 \times 18.00 \times (4.60 - 3.00) + 1.60 \times 18.00 \times (1.90 - 0.50)$

$= 308.96\text{kPa}$

修正后的地基承载力特征值 $f_a = 308.96\text{kPa}$

2. 轴心荷载作用下地基承载力验算

计算公式：

按《建筑地基基础设计规范》（GB 50007－2002）下列公式验算：

$$p_k = (F_k + G_k)/A$$

$F_k = F/K_s = 2976.79/1.35 = 2205.03\text{kN}$

$G_k = 20S \cdot d = 20 \times 21.16 \times 1.90 = 804.08\text{kN}$

$p_k = (F_k + G_k)/S = (2205.03 + 804.08)/21.16 = 142.21\text{kPa} \leqslant f_a$，满足要求。

3. 偏心荷载作用下地基承载力验算

计算公式：

按《建筑地基基础设计规范》(GB 50007－2002)下列公式验算：

当 $e \leqslant b/6$ 时，$p_{k\max} = (F_k + G_k)/A + M_k/W$

$$p_{k\min} = (F_k + G_k)/A - M_k/W$$

当 $e > b/6$ 时，$p_{k\max} = 2(F_k + G_k)/3la$

X、Y 方向同时受弯。

偏心距 $e_{xk} = M_{0yk}/(F_k + G_k) = 80.57/(2205.03 + 804.08) = 0.03$ m

$e = e_{xk} = 0.03$ m $\leqslant (B_1 + B_2)/6 = 4.60/6 = 0.77$ m

$p_{k\max X} = (F_k + G_k)/S + M_{0yk}/W_y$

$\qquad = (2205.03 + 804.08)/21.16 + 80.57/16.22 = 147.17\text{kPa}$

偏心距 $e_{yk} = M_{0xk}/(F_k + G_k) = 210.67/(2205.03 + 804.08) = 0.07$ m

$e = e_{yk} = 0.07$ m $\leqslant (A_1 + A_2)/6 = 4.60/6 = 0.77$ m

$p_{k\max Y} = (F_k + G_k)/S + M_{0xk}/W_x$

$\qquad = (2205.03 + 804.08)/21.16 + 210.67/16.22 = 155.19\text{kPa}$

$p_{k\max} = p_{k\max X} + p_{k\max Y} - (F_k + G_k)/S = 147.17 + 155.19 - 142.21 = 160.16\text{kPa}$

$\qquad \leqslant 1.2 \times f_a = 1.2 \times 308.96 = 370.75\text{kPa}$，满足要求。

4. 基础抗冲切验算

计算公式：

按《建筑地基基础设计规范》(GB 50007－2002)下列公式验算：

$F_l \leqslant 0.7 \cdot \beta_{hp} \cdot f_t \cdot a_m \cdot h_0$

$F_l = p_j \cdot A_l$

$a_m = (a_t + a_b)/2$

$p_{j\max,x} = F/S + M_{0y}/W_y = 2976.79/21.16 + 108.77/16.22 = 147.39\text{kPa}$

$p_{j\min,x} = F/S - M_{0y}/W_y = 2976.79/21.16 - 108.77/16.22 = 133.97\text{kPa}$

$p_{j\max,y} = F/S + M_{0x}/W_x = 2976.79/21.16 + 284.41/16.22 = 158.21\text{kPa}$

$p_{j\min,y} = F/S - M_{0x}/W_x = 2976.79/21.16 - 284.41/16.22 = 123.15\text{kPa}$

$p_j = p_{j\max,x} + p_{j\max,y} - F/S = 147.39 + 158.21 - 140.68 = 164.92\text{kPa}$

柱对基础的冲切验算：

$H_0 = H_1 + H_2 - a_s = 0.30 + 0.55 - 0.08 = 0.77$ m

X 方向：

$A_{Lx} = 1/4 \cdot (A + 2H_0 + A_1 + A_2)(B_1 + B_2 - B - 2H_0)$

$\qquad = (1/4) \times (0.60 + 2 \times 0.77 + 4.60)(4.60 - 0.60 - 2 \times 0.77)$

$\qquad = 4.15\text{m}^2$

$F_{Lx} = p_j \cdot A_{Lx} = 164.92 \times 4.15 = 683.60\text{kN}$

$a_b = \min\{A + 2H_0, A_1 + A_2\} = \min\{0.60 + 2 \times 0.77, 4.60\} = 2.14$ m

$$a_{mx} = (a_t + a_b)/2 = (A + a_b)/2 = (0.60 + 2.14)/2 = 1.37 \text{ m}$$

$$Flx \leqslant 0.7 \cdot \beta_{hp} \cdot f_t \cdot a_{mx} \cdot h_0 = 0.7 \times 1.00 \times 1270.00 \times 1.370 \times 0.770$$

$$= 933.90 \text{kN}, 满足要求。$$

Y 方向：

$$A_{ly} = 1/4 \cdot (B + 2H_0 + B_1 + B_2)(A_1 + A_2 - A - 2H_0)$$

$$= (1/4) \times (0.60 + 2 \times 0.77 + 4.60)(4.60 - 0.60 - 2 \times 0.77)$$

$$= 4.15 \text{m}^2$$

$$F_{ly} = p_j \cdot A_{ly} = 164.92 \times 4.15 = 683.60 \text{kN}$$

$$a_b = \min\{B + 2H_0, B_1 + B_2\} = \min\{0.60 + 2 \times 0.77, 4.60\} = 2.14 \text{ m}$$

$$a_{my} = (a_t + a_b)/2 = (B + a_b)/2 = (0.60 + 2.14)/2 = 1.37 \text{ m}$$

$$Fly \leqslant 0.7 \cdot \beta_{hp} \cdot f_t \cdot a_{my} \cdot h_0 = 0.7 \times 1.00 \times 1270.00 \times 1.370 \times 0.770$$

$$= 933.90 \text{kN}, 满足要求。$$

5. 基础受压验算

计算公式：《混凝土结构设计规范》(GB 50010－2002)

$$F_l \leqslant 1.35 \cdot \beta_c \cdot \beta_l \cdot f_c \cdot A_{ln}$$

局部荷载设计值：$F_l = 2976.79 \text{kN}$

混凝土局部受压面积：$A_{ln} = A_l = B \times A = 0.60 \times 0.60 = 0.36 \text{m}^2$

混凝土受压时计算底面积：$A_b = \min\{B + 2A, B_1 + B_2\} \times \min\{3A, A_1 + A_2\}$ $= 3.24 \text{m}^2$

混凝土受压时强度提高系数：$\beta_l = sq.(A_b/A_l) = sq.(3.24/0.36) = 3.00$

$$1.35\beta_c \cdot \beta_l \cdot f_c \cdot A_{ln}$$

$$= 1.35 \times 1.00 \times 3.00 \times 11900.00 \times 0.36$$

$$= 17350.20 \text{kN} \geqslant F_l = 2976.79 \text{kN}, 满足要求。$$

6. 基础受弯计算

计算公式：

按《简明高层钢筋混凝土结构设计手册(第二版)》中下列公式验算：

$$M_{\text{I}} = \beta/48 \cdot (L - a)^2 (2B + b)(p_{j\max} + p_{jnx})$$

$$M_{\text{II}} = \beta/48 \cdot (B - b)^2 (2L + a)(p_{j\max} + p_{jny})$$

柱根部受弯计算：

$$G = 1.35G_k = 1.35 \times 804.08 = 1085.51 \text{kN}$$

Ⅰ－Ⅰ 截面处弯矩设计值：

$$p_{jnx} = p_{j\min,x} + (p_{j\max,x} - p_{j\min,x})(B_1 + B_2 + B)/2/(B_1 + B_2)$$

$$= 133.97 + (147.39 - 133.97) \times (4.60 + 0.60)/2/4.60$$

$$= 141.55 \text{kPa}$$

$$M_{\mathrm{I}} = \beta/48 \cdot (B_1 + B_2 - B)^2 [2(A_1 + A_2) + A](p_{j\max.x} + p_{jnx})$$
$$= 1.0000/48 \times (4.60 - 0.60)^2 \times (2 \times 4.60 + 0.60) \times (147.39 + 141.55)$$
$$= 943.87 \mathrm{kN} \cdot \mathrm{m}$$

Ⅱ-Ⅱ 截面处弯矩设计值：

$$p_{jny} = p_{j\min.y} + (p_{j\max.y} - p_{j\min.y})(A_1 + A_2 + A)/2/(A_1 + A_2)$$
$$= 123.15 + (158.21 - 123.15) \times (4.60 + 0.60)/2/4.60$$
$$= 142.97 \mathrm{kPa}$$

$$M_{\mathrm{II}} = \beta/48 \cdot (A_1 + A_2 - A)^2 [2(B_1 + B_2) + B](p_{j\max.y} + p_{jny})$$
$$= 1.0000/48 \times (4.60 - 0.60)^2 \times (2 \times 4.60 + 0.60) \times (158.21 + 142.97)$$
$$= 983.85 \mathrm{kN} \cdot \mathrm{m}$$

Ⅰ-Ⅰ 截面受弯计算：

相对受压区高度：$\zeta = 0.029518$ 配筋率：$\rho = 0.001171$

$\rho < \rho_{\min} = 0.001500$ $\rho = \rho_{\min} = 0.001500$

计算面积：$1275.00 \mathrm{mm}^2/\mathrm{m}$

Ⅱ-Ⅱ 截面受弯计算：

相对受压区高度：$\zeta = 0.030788$ 配筋率：$\rho = 0.001221$

$\rho < \rho_{\min} = 0.001500$ $\rho = \rho_{\min} = 0.001500$

计算面积：$1275.00 \mathrm{mm}^2/\mathrm{m}$

四、计算结果

1. X 方向弯矩验算结果：

计算面积：$1275.00 \mathrm{mm}^2/\mathrm{m}$

采用方案：$D14@100$

实配面积：$1539.38 \mathrm{mm}^2/\mathrm{m}$

2. Y 方向弯矩验算结果：

计算面积：$1275.00 \mathrm{mm}^2/\mathrm{m}$

采用方案：$D14@100$

实配面积：$1539.38 \mathrm{mm}^2/\mathrm{m}$

参 考 文 献

［1］现行建筑设计规范大全．北京：中国建筑工业出版社，2004.

［2］蔡镇钰．建筑设计资料集．北京：中国建筑工业出版社，1995.

［3］林知炎，曹吉鸣．工程施工组织与管理．上海：同济大学出版社，2002.

［4］方承训，郭立民．建筑施工．武汉：武汉工业大学出版社，1994.

［5］彭圣浩．建筑工程施工组织设计实例应用手册．北京：中国建筑工业出版社，1999.

［6］钱昆润，葛筠圃，张星．建筑施工组织设计．南京：东南大学出版社，2000.

［7］梁兴文，史庆轩．土木工程专业毕业设计指导．北京：科学出版社，2002.

［8］朱德本编著．建筑学专业毕业设计指南．北京：中国水利水电出版社，2002.

［9］董军，张伟郁，顾建平．土木工程专业毕业设计指南．北京：中国水利水电出版社，2002.

［10］http://co.163.com.